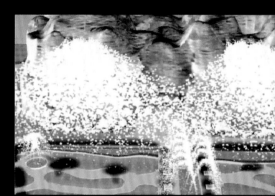

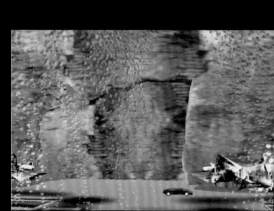

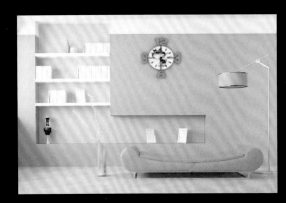

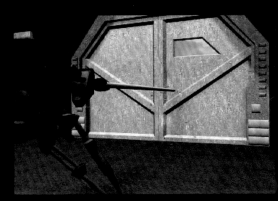

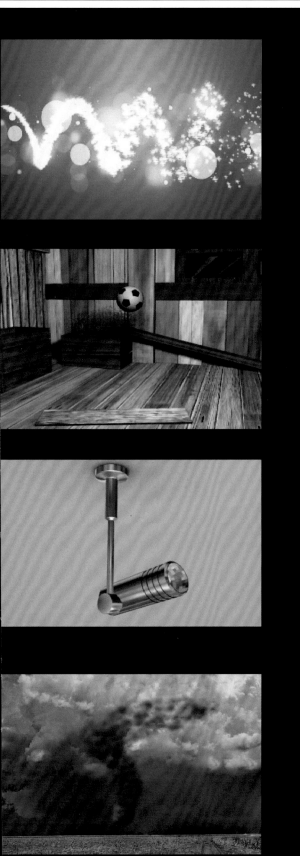

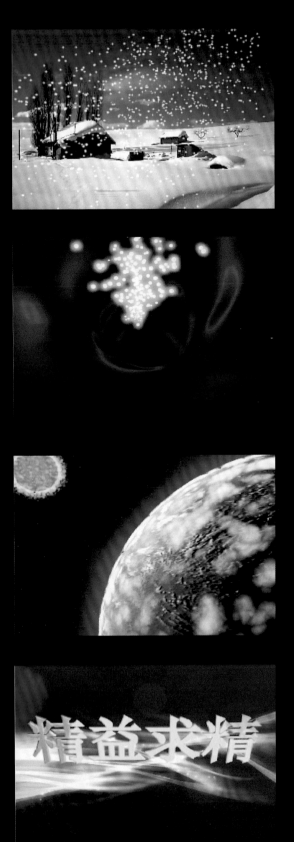

# 3ds Max
# 动画制作实例教程

任肖甜◎编著

中国铁道出版社
CHINA RAILWAY PUBLISHING HOUSE

## 内 容 简 介

　　本书以3ds Max 2015为平台，通过大量的实例详细介绍了简单的对象动画、修改器动画、摄影机动画、建筑灯光动画、使用约束和控制器制作动画、两足与四足角色动画、空间扭曲动画、粒子特效动画、大气特效与后期制作、常用三维文字标版动画、片头动画、星球爆炸动画等内容，可帮助读者全面掌握各种常见动画的制作流程、方法和技巧，为制作复杂大型动画奠定坚实基础。

　　配套资源中提供了书中实例的场景文件和素材文件，以及大部分实例制作的语音视频教学文件。

　　本书适合3ds Max初、中级读者阅读，是游戏制作、影视制作、卡通角色设计、原画设计和美术设计等从业人员的理想参考书，也可作为大、中专院校影视、动漫、广告及相关专业的教材。

## 图书在版编目（CIP）数据

3ds Max动画制作实例教程 / 任肖甜编著. — 北京：
中国铁道出版社，2016.8（2017.4重印）
　ISBN 978-7-113-21915-4

　Ⅰ．①3… Ⅱ．①任… Ⅲ．①三维动画软件—教材
Ⅳ．①TP391.41

　中国版本图书馆CIP数据核字（2016）第133011号

书　　　名：3ds Max 动画制作实例教程
作　　　者：任肖甜　编著

责任编辑：于先军　　　　　　　　　　　　读者热线电话：010-63560056
责任印制：赵星辰　　　　　　　　　　　　封面设计：MXK DESIGN STUDIO

出版发行：中国铁道出版社（北京市西城区右安门西街 8 号　邮政编码：100054）
印　　刷：北京米开朗优威印刷有限责任公司
版　　次：2016 年 8 月第 1 版　　　　　　2017 年 4 月第 3 次印刷
开　　本：787 mm×1 092 mm　1/16　印张：23.25　插页：4　字数：560 千
书　　号：ISBN 978-7-113-21915-4
定　　价：79.80 元

# 前 言

3ds Max在国内拥有庞大的用户群，它被广泛地应用于建筑、机械、游戏和影视等各个行业。目前，市面上介绍3ds Max的图书非常多，但绝大多数都是把重点放在介绍3ds Max的建模和材质渲染上，也就是说大都是介绍静帧效果制作，而本书则是一本介绍3ds Max动画方面的图书。

## 本书内容

本书共分为12章，详细讲解了3ds Max 2015中各种常用的动画技术。首先从简单的对象动画和修改器动画的制作方法开始讲解；其次介绍了摄影机动画、建筑灯光动画，以及使用约束和控制器制作建筑动画的制作过程，再次详细讲解了两足和四足角色动画的制作方法，然后介绍空间扭曲、粒子特效、后期合成及大气效果、常用三维文字标版动画的制作方法，最后通过两个综合实例来讲解3ds Max动画技巧的综合使用方法。

## 本书特色

本书内容实用，步骤详细，书中完全以实例形式来讲解3ds Max的知识点。这些实例按知识点的应用和难易程度进行安排，从易到难，从入门到提高，循序渐进地介绍了各种动画特效的制作。在讲解时，针对每个实例先提出学习目标，提示读者在制作动画过程中应该重点掌握的知识点。在实例操作过程中还为读者介绍了日常需要注意的技巧知识，使读者能在制作过程中勤于思考和总结。

1．实例丰富，实用性强：本书的每一个实例都包含丰富的实战技巧和经验，针对性强，专业水平高，紧跟行业应用的最新动向和潮流，既体现易学易用性，又体现3ds Max软件技术的先进性。

2．讲解细致，一步一图，易学易用：在介绍操作步骤时，每一个操作步骤后均附有对应的图形，并在图中配有相关的文字说明，可以使读者在学习过程中能够直观、清晰地看到操作的过程及效果，并便于理解。

3．目标明确，针对性强：书中在介绍每个实例之前，都给出了明确的学习目标，使读者在具体学习制作过程之前，能够做到心中有数，明确重点，从而有效地提高学习效率。

4．视频教学，轻松掌握：配套资源中提供了实例的语音视频教学文件，读者可通过观看视频教学轻松应对学习中遇到的困难，如专业教师在旁侧进行指导。

*FOREWORD*

## 关于配套资源

· 书中实例的项目文件。
· 书中实例制作的语音视频教学文件。

本书配套资源下载地址：http://www.crphdm.com/2016/0624/12023.shtml

## 读者对象

· 从事三维设计的工作人员。
· 影视动画制作人员。
· 在职动画师。
· 培训人员。
· 在校学生。

　　本书主要由陕西广播电视大学的任肖甜老师编写，在编写过程中得到了朋友和家人的大力支持与帮助，在此一并表示感谢。书中的错误和不足之处敬请广大读者批评指正。

编　者

2016年6月

配套资源下载地址：
http://www.crphdm.com/2016/0624/12023.shtml

# 目　录

# 第1章

## 对象动画

在3ds Max中，几乎可以对场景中的任何物体进行动画设置，3ds Max也为用户提供了多种创建动画的方法。本章将介绍如何使用3ds Max制作最简单的对象动画，主要应用到的知识点包括自动关键点和轨迹视图，在每个动画实例中都详细演示了相关知识点的使用方法。

# 实例01　关键点应用——推拉门动画

在3ds Max中，使用自动关键点模式制作动画是最简单的方法之一，其方法是使用【自动关键点】（AutoKey）按钮 自动关键点 开启动画记录，在场景中对象的位置、旋转和缩放所做的更改都会自动生成关键帧，记录成动画效果。

## 学习目标

掌握使用自动关键点模式设置动画的方法

掌握设置对象的移动变换关键点的方法

## 制作过程

资源路径：案例文件\Chapter 1\原始文件\制作推拉门动画\制作推拉门动画.max

案例文件\Chapter 1\最终文件\制作推拉门动画\制作推拉门动画.max

**步骤1** 在学习使用自动关键点模式制作篮球动画之前，先预览一下动画的最终效果，如图1-1所示。打开【案例文件\Chapter 1\原始文件\制作推拉门动画\制作推拉门动画.max】文件，在视图中观察该场景文件，如图1-2所示。

图1-1　推拉门动画效果

图1-2　打开场景文件

**步骤2** 在动画控制区域中单击【时间配置】按钮，在弹出的对话框中选中【1/2×】单选按钮，如图1-3所示。单击【确定】按钮，单击【自动关键点】按钮 自动关键点 开启动画记录模式，将时间滑块定位到第50帧，在【前】视图中选择【门（左）】对象沿X轴向左移动，如图1-4所示。

> 提示：在【前】视图中移动是为了更直观地看到移动后的效果，除此之外，用户还可以通过在【顶】视图中调整该对象的位置。

**步骤3** 将时间滑块移至第100帧处，在【前】视图中使用【选择并移动】工具沿X轴向右移动，如图1-5所示。设置完成后，选择【门（右）】对象，将时间滑块拖动至第50帧处，使用【选择并移动】工具沿X轴向右移动，如图1-6所示。

> 提示：在3ds Max中，用户可以根据需要设置动画的播放速度，【1/2×】可以将速度放慢，而【2×】可以将速度加快。

图1-3　选中【1/2×】单选按钮

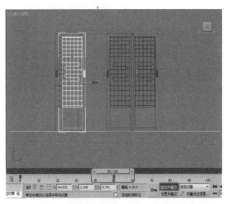

图1-4　开启动画记录并移动对象的位置

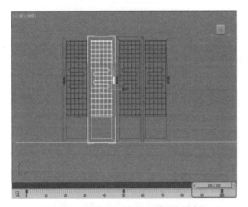

图1-5　在第100帧处添加关键帧

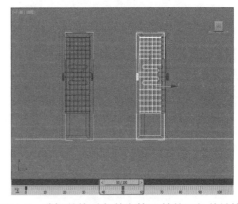

图1-6　选择其他对象并在第50帧处添加关键帧

步骤4　移动时间滑块至第100帧处，在【前】视图中使用【选择并移动】工具沿X轴向左移动，如图1-7所示。单击【自动关键点】按钮 自动关键点 关闭动画记录模式，拖动时间滑块查看动画效果，如图1-8所示。

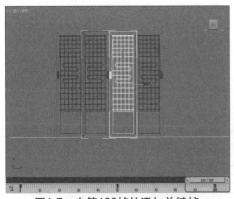

图1-7　在第100帧处添加关键帧

图1-8　查看动画效果

# 实例02　关键点应用——打开的盖

本例通过在自动关键点模式下，使用【选择并移动】工具和【选择并旋转】工具设置盖子的开启动画。

## 学习目标

掌握使用自动关键点模式设置动画的方法

掌握设置对象的旋转和移动变换关键点的方法

掌握调整运动轨迹的方法

## 制作过程

资源路径：案例文件\Chapter 1\原始文件\制作打开的盖\制作打开的盖.max

案例文件\Chapter 1\最终文件\制作打开的盖\制作打开的盖.max

**步骤1**　在学习制作打开的盖动画之前，先打开动画预览它的最终效果，如图1-9所示。打开【案例文件\Chapter 1\原始文件\制作打开的盖\制作打开的盖.max】文件，在摄影机视图中渲染默认的场景效果，如图1-10所示。

图1-9　打开的盖最终效果

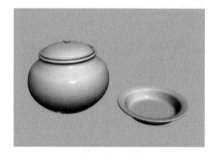

图1-10　场景原始文件

**步骤2**　单击【时间配置】按钮，弹出【时间配置】对话框，在【动画】选项组中将【长度】设置为160，设置完成后单击【确定】按钮，如图1-11所示。在场景中选择【盖】对象，单击【自动关键点】按钮开启动画记录模式，将时间滑块定位到第20帧，然后单击【设置关键点】按钮，添加关键帧，如图1-12所示。

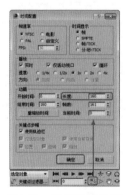

图1-11　设置动画长度

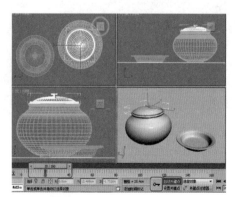

图1-12　添加关键帧

**步骤3** 拖动时间滑块至第40帧，然后使用【选择并移动】工具 ✛ 在【前】视图中调整其位置，如图1-13所示。拖动时间滑块至第60帧，使用【选择并移动】工具 ✛ 在【前】视图中调整其位置，如图1-14所示。

> **提示**：一般在1024×768分辨率下【工具栏】中的按钮不能全部显示出来，将鼠标光标移至【工具栏】上光标会变为【小手】，这时对【工具栏】进行拖动可将其余的按钮显示出来。命令按钮的图标很形象，用过几次就能记住它们。将鼠标光标在工具按钮上停留几秒后，会出现当前按钮的文字提示，有助于了解该按钮的用途。

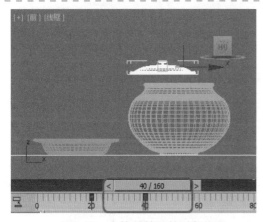

图1-13　在第40帧调整对象位置

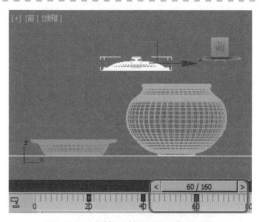

图1-14　在第60帧调整对象位置

**步骤4** 拖动时间滑块至第90帧，使用【选择并移动】工具 ✛，在【前】视图和【左】视图中调整其位置，如图1-15所示。拖动时间滑块至第110帧，使用【选择并移动】工具 ✛ 在【前】视图和【左】视图中调整其位置，如图1-16所示。

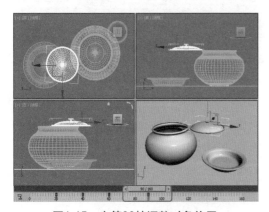

图1-15　在第90帧调整对象位置

图1-16　在第110帧调整对象位置

**步骤5** 拖动时间滑块至第120帧，使用【选择并移动】工具 ✛，在【前】视图中调整其位置，使用【选择并旋转】工具 ↻，在【前】视图中沿Z轴对其进行旋转，如图1-17所示。拖动时间滑块至第140帧，使用【选择并移动】工具 ✛，在【前】视图和【左】视图中调整其位置，使用【选择并旋转】工具 ↻，在【前】视图中沿Z轴对其进行旋转，如图1-18所示。

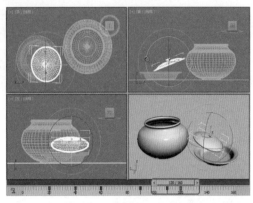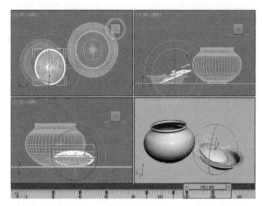

图1-17　在第120帧调整对象位置和旋转角度　　　图1-18　在第140帧调整对象位置和旋转角度

■■■ 步骤 6　切换至【运动】命令面板，然后单击【轨迹】按钮，即可显示出运动轨迹，如图1-19所示。然后使用【选择并移动】工具 ✥ 在各视图中调整运动轨迹，如图1-20所示。调整完成后，再次单击【自动关键点】按钮，关闭动画记录模式。

图1-19　显示运动轨迹

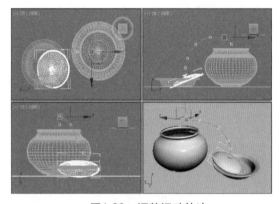

图1-20　调整运动轨迹

■■■ 步骤 7　设置动画的渲染参数后，单击【渲染】按钮，渲染输出连续的动画。在渲染帧窗口中预览动画第0帧的效果，如图1-21所示。预览渲染动画过程中某一帧效果如图1-22所示。

图1-21　预览第0帧的效果　　　　　　　图1-22　预览动画过程中的某一帧效果

# 实例03 关键点应用——蝴蝶动画

在3ds Max中，还可以使用【设置关键点】动画模式制作动画，与【自动关键点】模式不同，利用【设置关键点】模式可以控制设置关键点的对象及时间。它可以设置角色的姿势（或变换任何对象），并使用【设置关键点】按钮 ☞ 将该姿势创建为关键点，这种方法比较灵活。

## 学习目标

掌握使用【设置关键点】模式设置动画的方法

掌握蝴蝶对象的运动规律

学会使用【关键点过滤器】控制关键点

## 制作过程

资源路径：案例文件\Chapter 1\原始文件\制作蝴蝶动画\制作蝴蝶动画.max

案例文件\Chapter 1\最终文件\制作蝴蝶动画\制作蝴蝶动画.max

**步骤1** 在本例中，主要设置蝴蝶翅膀的动画关键点，先预览蝴蝶动画的最终效果，如图1-23所示。打开【案例文件\Chapter 1\原始文件\制作蝴蝶动画\制作蝴蝶动画.max】文件，如图1-24所示。

图1-23 蝴蝶动画的最终效果

图1-24 打开场景文件

**步骤2** 在动画控件区域单击【设置关键点】（SetKey）按钮 设置关键点，开启设置关键点模式，如图1-25所示。选择左边的一只翅膀，在第0帧处单击【设置关键点】按钮 ☞，设置第1个关键点，如图1-26所示。

图1-25 开启设置关键点模式

图1-26 设置第1个关键点

**步骤 3** 单击【关键点过滤器】（Key Filters）按钮 关键点过滤器... ，选择对象要设置的关键点，如图1-27所示。拖动时间滑块至第3帧处，使用旋转工具旋转翅膀，如图1-28所示，单击【设置关键点】按钮━，将此状态创建为关键点。

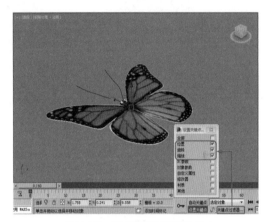 

图1-27　选择要设置的关键点　　　　　　　图1-28　旋转调整蝴蝶的翅膀

**步骤 4** 在状态栏上将时间滑块移至第6帧处，使用旋转工具旋转翅膀下垂的位置，按【K】键将该状态创建为关键点，如图1-29所示。将时间滑块移至第3帧处，按住【Shift】键将第3帧的状态拖动复制到第12帧处，效果如图1-30所示。

 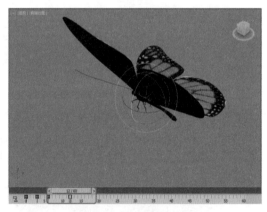

图1-29　设置第6帧的翅膀状态　　　　　　图1-30　复制翅膀关键点

**步骤 5** 将时间滑块移至第6帧处，按住【Shift】键将翅膀的状态复制到第18帧处，效果如图1-31所示。将时间滑块移至第21帧处，使用旋转工具旋转翅膀，使其稍微上扬，按【K】键完成关键点的创建，如图1-32所示。

**步骤 6** 按照每间隔3帧的方法在第24帧处设置翅膀的关键点，它的位置比上一帧的位置稍微高一点，如图1-33所示。将时间滑块移至第27帧处，再向上旋转一定的角度，如图1-34所示。

图1-31 设置第18帧的翅膀关键点

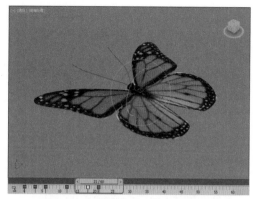

图1-32 设置第21帧的翅膀关键点

图1-33 第24帧的翅膀位置

图1-34 第27帧的翅膀位置

步骤7 在第30帧处使用旋转工具旋转调整翅膀的位置，并按【K】键设置关键点，如图1-35所示。使用复制关键点的方法完成后面动画关键点的制作，如图1-36所示。

图1-35 第30帧的翅膀位置

图1-36 制作完成后面的动画关键点

步骤8 单击【设置关键点】按钮 设置关键点 ，关闭动画模式。使用同样的方法为另外一只翅膀添加关键点，如图1-37所示。在【透视】视图中单击【播放动画】按钮 ► 预览动画，如图1-38所示。

图1-37　为另一只翅膀添加关键点

图1-38　预览动画

> 提示：在为另外一只翅膀添加关键点时，需要向相反的方向旋转。

步骤 9　选择摄影机视图，按【8】键快速打开【环境和效果】对话框，在【背景】选项组中为场景添加一个鲜花背景图像，将其拖动至【材质编辑器贴图#3】对话框中的一个材质样本球上，对其进行相应的设置，在视图中预览的效果如图1-39所示。按【F10】键打开【渲染设置】对话框，选择【渲染器】选项卡，在【渲染设置】对话框中开启运动模糊效果并设置参数，如图1-40所示。

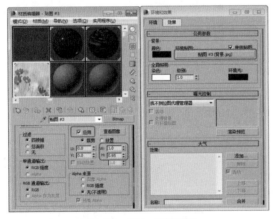

图1-39　添加背景图像

图1-40　使用运动模糊效果

步骤10　单击【设置关键点】按钮，开启动画模式，在第0帧处设置蝴蝶身体位置的关键点，如图1-41所示。将时间滑块移至第30帧处，移动蝴蝶的位置，如图1-42所示，按【K】键创建关键点。

图1-41　设置蝴蝶身体在第0帧的位置

图1-42　设置第30帧蝴蝶的位置

**步骤11** 使用相同的方法，分别在第45帧和第60帧处设置蝴蝶的关键点，如图1-43和图1-44所示。

图1-43 设置第45帧蝴蝶的位置　　　　　　图1-44 设置第60帧蝴蝶的位置

**步骤12** 关闭动画模式后在视图中播放预览动画，确定动画的连贯性后在【渲染设置】对话框中设置渲染输出动画。图1-45所示为渲染到第30帧处的动画效果，图1-46所示为渲染到第55帧处的动画效果。

图1-45 渲染输出第30帧的动画效果　　　　图1-46 渲染输出第60帧的动画效果

> 提示：将蝴蝶飞舞的动画关键帧设置完成后，需要在场景中创建一个Plane（平面）对象，在【材质编辑器】中将Matte/Shadow（无光/投影）材质赋给平面对象，并在场景中创建灯光，使蝴蝶在背景图像上产生阴影投射效果。

## 实例04 关键点应用——象棋动画

本例通过制作象棋棋子动画，讲解使用【设置关键点】模式制作棋子的移动关键点的设置方法，使读者能更加熟练地掌握3ds Max关键帧动画的设置方法。

**学习目标**

了解象棋的走法和杀法

使用【设置关键点】按钮设置棋子的移动关键点

## 制作过程

资源路径：案例文件\Chapter 1\原始文件\制作象棋动画\制作象棋动画.max

案例文件\Chapter 1\最终文件\制作象棋动画\制作象棋动画.max

▊ 步骤 1 本例将制作象棋棋子移动的动画，图1-47所示为棋子动画的最终效果。打开象棋动画的原始文件，如图1-48所示。

图1-47 象棋最终动画

图1-48 打开原始场景文件

▊ 步骤 2 单击动画控制区域中的【设置关键点】按钮 设置关键点，开启设置关键点动画模式，如图1-49所示。选择白方的一个白兵对象，单击【设置关键点】按钮 ⚷，为选择的白兵对象设置一个关键点，如图1-50所示。

图1-49 开启设置关键点模式

图1-50 设置白兵对象的关键点

▊ 步骤 3 移动时间滑块至第10帧处，使用移动工具沿着Y轴向前移动白兵一段距离，并单击【设置关键点】按钮 ⚷，设置一个关键点，如图1-51所示。移动时间滑块至第20帧处，选择黑方的一个黑兵对象，单击【设置关键点】按钮 ⚷，设置一个关键点，如图1-52所示。

▊ 步骤 4 在第30帧的位置上，将黑兵对象向前移动两步，并单击【设置关键点】按钮 ⚷，设置一个关键点，如图1-53所示。将时间滑块移至第40帧处，选择白方的另一个白兵对象，并设置一个关键点记录它的位置，如图1-54所示。

▊ 步骤 5 将时间滑块移至第50帧处，向前移动两步白兵，并设置为它的第2个关键点，如图1-55所示。同时在这一帧上选择黑方的黑后棋子，单击【设置关键点】按钮 ⚷，设置一个关键点，如图1-56所示。

图1-51 设置白兵对象的移动关键点

图1-52 设置黑兵对象的关键点

图1-53 设置黑兵对象的位置关键点

图1-54 设置白兵的关键点

图1-55 设置白兵的第2个关键点

图1-56 设置黑后棋子的关键点

步骤6 将时间滑块移至第60帧处，使用移动工具移动黑后的位置，并单击【设置关键点】按钮 ，设置一个关键点，如图1-57所示。在第77帧的位置上为黑后和白王棋子设置关键点，将时间滑块移至第100帧处，调整它们的位置关系，如图1-58所示。

步骤7 单击【设置关键点】按钮 设置关键点 ，退出设置关键点模式，单击【播放动画】按钮 ，播放预览动画，如图1-59所示。在确认棋子动画的准确性后，打开【渲染设置】对话框，设置渲染动画效果，如图1-60所示。

图1-57 设置第60帧处黑后的位置关键点　　图1-58 设置第100帧处黑后和白王的位置

提示：在第77～100帧之间要手动设置白王棋子的旋转关键点，使它产生翻转的动画效果。

图1-59 播放预览动画　　　　图1-60 渲染棋子动画

# 实例05 旋转工具应用——篮球动画

在3ds Max中，用户可以根据需要对对象进行任意角度的旋转，并且可以通过自动关键点功能将旋转设置为动画，下面将详细介绍整个动画的制作过程。

## 学习目标

掌握【选择并旋转】工具的调用方法

使用【选择并旋转】工具旋转篮球的角度

使用【选择并移动】工具移动篮球的位置

使用【自动关键点】按钮设置篮球的旋转及移动动画

## 制作过程

资源路径：案例文件\Chapter 1\原始文件\使用旋转工具制作篮球动画\使用旋转工具制作篮球动画.max

案例文件\Chapter 1\最终文件\使用旋转工具制作篮球动画\使用旋转工具制作篮球动画.max

步骤1 在学习制作篮球动画之前，先预览一下动画的最终效果，如图1-61所示。打开【案例文件\Chapter 1\原始文件\使用旋转工具制作篮球动画\使用旋转工具制作篮球动画.max】文件，如图1-62所示。

图1-61　动画最终效果

图1-62　打开原始文件

步骤2　单击主工具栏中的【选择并移动】按钮✥，在场景中选择篮球对象，如图1-63所示，按【N】键打开自动关键点记录模式，将时间滑块拖至120帧处，在工具栏中右击【选择并旋转】工具🗘，在弹出的对话框中将【偏移：世界】下的【Y】设置为318，如图1-64所示。

提示：与【选择并旋转】工具相同，如果在【选择并移动】上右击鼠标，同样也会弹出【移动变换输入】对话框，用户可以通过在该对话框中输入相应的参数来调整对象的位置。

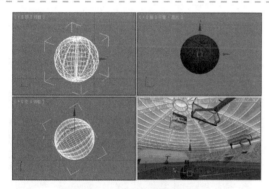

图1-63　选择篮球对象

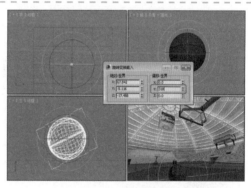

图1-64　设置篮球旋转角度

步骤3　设置完成后，将该对话框关闭，拖动时间滑块，即可查看篮球旋转动画，如图1-65所示为第69帧时的旋转角度，继续选中该篮球，在工具栏中单击【选择并移动】工具✥，然后将【X、Y、Z】分别设置为448、687、−34，如图1-66所示，设置完成后，按【N】键关闭自动关键点记录模式。

图1-65　第69帧时的效果

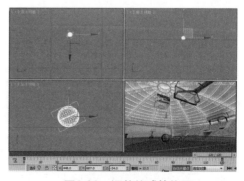

图1-66　调整篮球的位置

## 实例06  轨迹视图应用——秋千动画

本例主要使用【轨迹视图-曲线编辑器】对话框制作秋千前后摆动的动画效果，并使用【往复】曲线超出范围类型实现前后循环摆动的动画效果。

### 学习目标

学会使用【角度捕捉】调整对象的旋转角度

使用【自动关键点】按钮设置秋千摆动的关键点

使用【往复】类型曲线设置秋千的往复循环

启用秋千的运动模糊效果

### 制作过程

资源路径：案例文件\Chapter 1\原始文件\制作秋千动画\制作秋千动画.max

案例文件\Chapter 1\最终文件\制作秋千动画\制作秋千动画.max

**步骤1** 使用【轨迹视图-曲线编辑器】对话框编辑制作秋千动画，首先需要设置好秋千的几个关键点，在制作之前先预览秋千动画的最终效果，如图1-67所示。打开【案例文件\Chapter 1\原始文件\制作秋千动画\制作秋千动画.max】文件，如图1-68所示。

图1-67  秋千动画最终效果

图1-68  打开场景文件

提示：3ds Max Design 是单文档应用程序，这意味着一次只能编辑一个场景。可以运行多个3ds Max Design软件，在每个软件中打开一个不同的场景，但这样做将需要大量的内存。要获得最佳性能，建议每次只对一个场景进行操作。

**步骤2** 单击主工具栏中的【角度捕捉】按钮，然后在该按钮上右击，在弹出的对话框中选择【选项】选项卡，设置【角度】参数为20，如图1-69所示。单击【自动关键点】按钮 自动关键点，开启动画记录模式，如图1-70所示。

**步骤3** 单击主工具栏中的【选择并旋转】按钮，在第0帧处将秋千向前旋转20°，如图1-71所示。将时间滑块移至第10帧处，将秋千旋转到初始位置，如图1-72所示。

**步骤4** 将时间滑块移至第20帧处，使用旋转工具将椅子对象旋转到后方-20°的位置，如图1-73所示，这样从第0帧到第20帧之间就形成一个来回摇摆的效果。在主工具栏中单击【曲线编辑器】按钮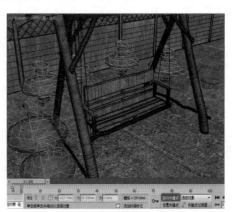，打开【轨迹视图-曲线编辑器】对话框，如图1-74所示。

图1-69  设置角度捕捉参数

图1-70  启用【自动关键点】记录模式

图1-71  旋转20°秋千的位置

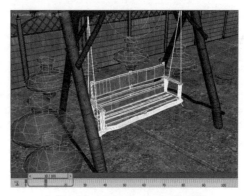

图1-72  旋转秋千到初始位置

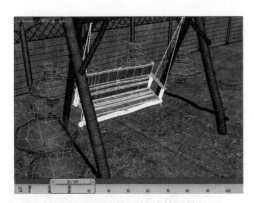

图1-73  设置第20帧处的旋转位置

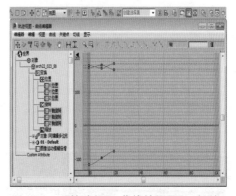

图1-74  【轨迹视图-曲线编辑器】对话框

步骤5 展开【旋转】目录，在其下选择椅子对象的XYZ轴的3个变换曲线，如图1-75所示。在该对话框中选择【编辑】|【控制器】|【超出范围类型】命令，然后在弹出的对话框中选择【往复】曲线类型，如图1-76所示。

步骤6 选择了【往复】范围类型后，可以在对话框中看到摇椅的变换曲线产生了循环，这样表示椅子将以第0帧到20帧为单位无限循环下去，如图1-77所示。选择变换曲线，在曲线编辑器的工具栏中单击【将切线设置为线性】按钮，将对象的运动变为匀速状态，如图1-78所示。

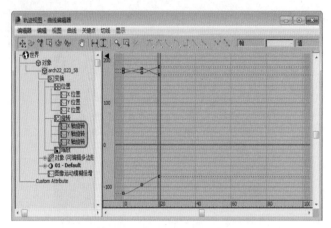

图1-75　选择对象的变换曲线

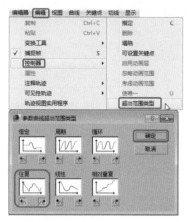

图1-76　选择【往复】范围类型

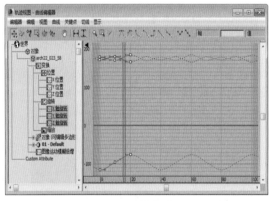

图1-77　往复曲线效果

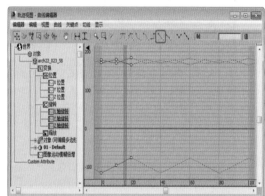

图1-78　将对象的运动变为匀速状态

提示：【往复】曲线类型是指在动画重复范围内切换向前或是向后，在想要切换动画向前或者向后时，就可以使用【往复】类型。秋千动画是一个向前和向后来回摇摆的效果，因此应该选择此类型曲线。

步骤 7　设置完成后，退出动画关键点记录模式，在摄影机视图中单击【播放动画】按钮▶，播放预览动画，如图1-79所示。在确认动画的连贯后，启用秋千的运动模糊效果，在【渲染设置】对话框中设置渲染输出动画。如图1-80所示，为渲染其中某一帧的效果。

图1-79　播放预览动画

图1-80　渲染输出动画效果

实例07 变换工具应用——树叶飘落动画

本例主要讲解树叶飘落动画的制作方法，在这个动画中主要使用了【噪波】修改器和透明贴图来制作树叶模型，通过将树叶的变换参数设置为动画关键点，来模拟树叶在空中飞舞的动画效果。

## 学习目标

【噪波】修改器的使用方法
使用透明贴图模拟制作真实模型
设置树叶的变换动画关键帧

## 制作过程

资源路径：案例文件\Chapter 1\原始文件\制作树叶飘落动画\制作树叶飘落动画.max

案例文件\Chapter 1\最终文件\制作树叶飘落动画\制作树叶飘落动画.max

步骤1 在学习制作树叶飘落动画之前，先预览树叶飘落动画的最终效果，如图1-81所示。打开素材文件，在【几何体】对象面板中单击【平面】按钮，在【顶】视图中创建一个平面对象，在【参数】卷展栏中将【长度】、【宽度】分别设置为154.0、106.0，如图1-82所示。

图1-81 树叶飘落动画效果

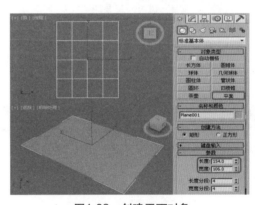

图1-82 创建平面对象

步骤2 选择平面对象，在修改器下拉列表框中选择【噪波】修改器，在【参数】卷展栏中将【种子】设置为21，将【比例】设置为68.0，将Z设置为100.0，如图1-83所示。按【M】键快速打开【材质编辑器】对话框，如图1-84所示。

提示：打开【材质编辑器】对话框后，在【模式】菜单中，提供了【Slate 材质编辑器】和【精简材质编辑器】两种材质编辑器模式。

步骤3 在该对话框中选择一个材质样本球，在【贴图】卷展栏中单击【漫反射颜色】右侧的【无】按钮，在弹出的【材质/贴图浏览器】对话框中选择【位图】贴图，单击【确定】按钮，在弹出的对话框中选择一个树叶贴图，如图1-85所示。

步骤4 使用相同的方法为【不透明度】和【凹凸】通道添加其他树叶的贴图，如图1-86所示。

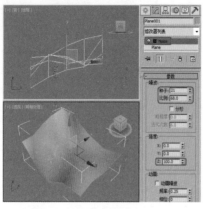

图1-83 设置【噪波】修改器

图1-84 【材质编辑器】对话框

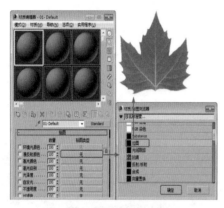

图1-85 选择添加位图贴图

图1-86 添加不透明度贴图和凹凸贴图

步骤 5 将制作的树叶材质赋予场景中的树叶对象，在视图中显示的材质效果如图1-87所示。单击【自动关键点】按钮 自动关键点，开启动画记录模式，在第30帧处使用旋转和移动工具将树叶移动一段距离并旋转它的位置，如图1-88所示。

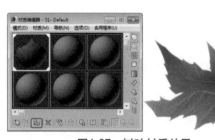

图1-87 树叶材质效果

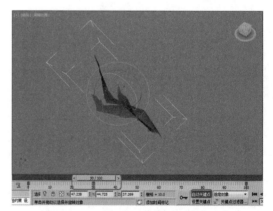

图1-88 设置树叶在第30帧的变换位置

步骤 6 移动时间滑块至第80帧处，继续将树叶向下移动一段距离，并使用旋转工具旋转树叶，如图1-89所示。移动时间滑块至第90帧处，在该帧上调整树叶的位置、旋转角度和大小，如图1-90所示。

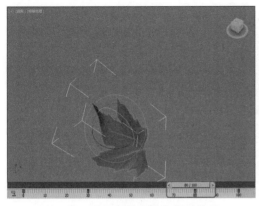

图1-89 设置树叶在第80帧的位置

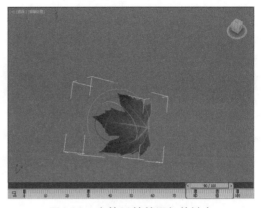

图1-90 在第90帧处添加关键点

步骤 7 在第100帧处对树叶进行调整，调整后的效果如图1-91所示。将树叶的动画关键帧设置完成后，单击【自动关键点】按钮退出动画记录模式，在视图中复制多个树叶对象，并对复制后的对象进行设置，如图1-92所示。

图1-91 在第100帧处添加关键点

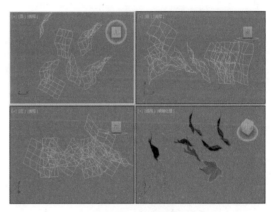

图1-92 复制树叶对象

步骤 8 按【C】键将【透视】视图转为摄影机视图，按【8】键，在弹出的对话框中指定一个背景贴图，按【M】键打开材质编辑器，按住鼠标将【环境和效果】对话框中的环境贴图拖动至材质编辑器中的材质样本球上，在【坐标】卷展栏中将【贴图】设置为【屏幕】，如图1-93所示。按【Alt+B】组合键，在弹出的对话框中单击【使用环境背景】单选按钮，单击【确定】按钮，即可在摄影机视图中添加背景贴图，效果如图1-94所示。

提示：在3ds Max中选择【视图】|【视口背景】|【配置视口背景】命令，执行该操作后，也可以打开【视口配置】对话框。

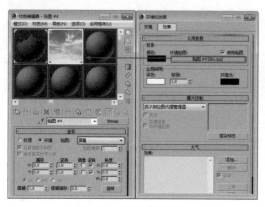

图1-93　设置背景贴图

图1-94　添加背景后的效果

# 第 2 章

## 修改器动画

在3ds Max的【创建】命令面板中可以选择并创建对象，如几何体、灯光、摄影机和骨骼等，但创建的这些模型对象有时还不完全符合用户的要求，这时就需要在【修改】命令面板中进一步修改对象，如更改对象的原始创建参数、使用修改器修改对象等。

3ds Max为用户提供了多种用于修改对象的修改器，设置不同的修改参数，可以得到许多不同的形状效果。这些修改参数也可以设置为动画，3ds Max将记录对象形状的变化过程，制作各种各样的动画效果。在本章中将讲解使用修改器制作动画的方法。

## 实例08 弯曲修改器应用——翻书动画

使用【弯曲】修改器修改了几何体对象，使用FFD（长方体）修改器调整书本的形状，它允许将当前选择对象围绕单独轴转360°，在对象几何体中产生均匀弯曲的效果，可以在X、Y、Z 3个轴上控制弯曲的角度和方向，这些参数可以设置为动画效果。在本例中将会使用【弯曲】修改器设置书页的翻动效果，下面将详细地演示翻书动画的制作方法。

### 学习目标

掌握在【层次】命令面板中调整对象坐标轴点位置的方法
掌握FFD（长方体）修改器的使用方法
掌握【弯曲】修改器参数的设置

### 制作过程

资源路径：案例文件\Chapter 2\原始文件\制作翻书动画\制作翻书动画.max

案例文件\Chapter 2\最终文件\制作翻书动画\制作翻书动画.max

**步骤1** 本例主要利用在【自动关键点】模式下，将【弯曲】修改器应用到书本上制作弯曲的翻页效果，如图2-1所示。打开翻书动画的原始文件，如图2-2所示。

图2-1 翻书动画的最终效果

图2-2 打开翻书动画的原始文件

**步骤2** 选择场景中书本的左侧部分，进入【修改】命令面板，从修改器下拉列表框中选择添加FFD（长方体）修改器，如图2-3所示。将当前选择集定义为【控制点】，选择并移动控制点以更改书本的形状，如图2-4所示。

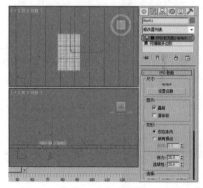

图2-3 添加FFD（长方体）修改器

图2-4 移动控制点更改书本形状

步骤3 关闭当前选择集，在修改器堆栈列表框中选择FFD（长方体）修改器并右击，在弹出的快捷菜单中选择【复制】命令，如图2-5所示。在场景中选择书本的右边部分，在修改器堆栈中右击，在弹出的快捷菜单中选择【粘贴】命令，如图2-6所示。

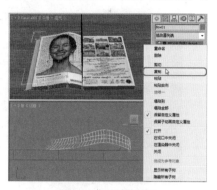

图2-5 复制修改器

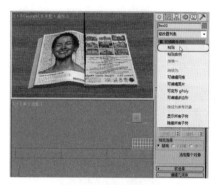

图2-6 粘贴修改器

提示：在同一个场景中对象的修改器可以进行复制或粘贴，这样不仅能产生相同的修改效果，同时也能节省调整的时间，提高工作效率。

步骤4 在【透视】视图中预览书的修改效果，如图2-7所示。选择书本中央的书页对象，进入【层次】命令面板，单击【仅影响轴】按钮，如图2-8所示。

图2-7 书本的修改效果

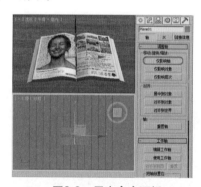

图2-8 层次命令面板

步骤5 切换到【前】视图，将书页的坐标轴点移动至靠近桌面的位置处，如图2-9所示。调整完成后，单击【仅影响轴】按钮，将其关闭，进入【修改】命令面板，在修改器下拉列表框中选择添加【弯曲】修改器，如图2-10所示。

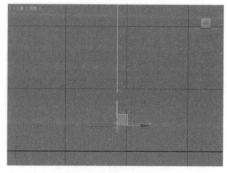

图2-9 移动坐标轴点

图2-10 添加【弯曲】修改器

**步骤6** 单击【自动关键点】按钮，开启动画记录模式，在第0帧处设置【弯曲】修改器的【角度】参数为162.0，将【弯曲轴】设置为X，如图2-11所示。将时间滑块移至第120帧处，设置【弯曲】修改器的【角度】参数为−110.0，如图2-12所示。

图2-11 设置第0帧处的弯曲参数

图2-12 设置第120帧处的弯曲参数

> 提示：使用【弯曲】修改器修改对象时，可以调整它的Gizmo子对象层级，可以在此子对象层级上对Gizmo进行变换并设置动画，也可以改变弯曲修改器的效果。转换Gizmo将以相等的距离转换它的中心。根据中心转动和缩放Gizmo。

**步骤7** 在修改器下拉列表框中选择添加FFD4×4×4修改器，将当前选择集定义为【控制点】，在第0帧处将控制点移动调整为如图2-13所示的形状，将时间滑块向前移至第120帧处，再次移动修改器的控制点，如图2-14所示。

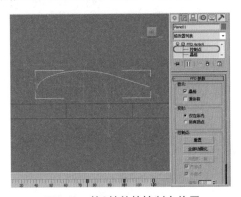

图2-13 第0帧处的控制点位置

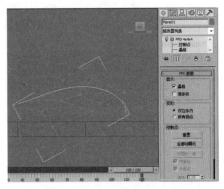

图2-14 第120帧处的控制点位置

**步骤8** 在Perspective（透视）视图中预览书页翻开的效果，如图2-15所示。单击【自动关键点】按钮，退出动画记录模式，关闭当前选择集。单击【播放动画】按钮►，播放预览动画，检查翻页过程中书页的位置是否正确，如图2-16所示。

**步骤9** 选择书页对象并右击，在弹出的快捷菜单中选择【对象属性】命令，如图2-17所示。在弹出的对话框中选择【图像】单选按钮，将【运动模糊】选项组的【倍增】设置为0.5，如图2-18所示。

**步骤10** 在场景中播放预览动画，确认准确无误后按【F10】键快速打开【渲染设置】对话框，设置动画的渲染范围、输出格式和大小尺寸等信息，最后单击【渲染】按钮渲染动画，渲染到第10帧处的效果如图2-19所示，渲染到第100帧处的效果如图2-20所示。

图2-15　书页翻开状态效果

图2-16　预览检查动画

图2-17　选择【对象属性】命令

图2-18　渲染运动模糊效果

图2-19　渲染到第10帧的动画效果

图2-20　渲染到第100帧的动画效果

 **实例 09　拉伸修改器应用——跳动的球**

　　【拉伸】修改器可以用来模拟挤压和拉伸变形的传统动画效果，它是沿着特定的拉伸轴应用缩放效果，并沿着剩余的其他两个轴应用相反的缩放效果，下面将通过塑料球变形的动画实例，来详细讲解将【拉伸】修改器的参数设置为动画的方法。

## 学习目标

　　掌握【拉伸】修改器的参数功能

　　学会使用【拉伸】修改器的参数设置变形动画

## 制作过程

　　资源路径：案例文件\Chapter 2\原始文件\制作跳动的球体\制作跳动的球体.max

　　　　　　案例文件\Chapter 2\最终文件\制作跳动的球体\制作跳动的球体.max

█ 步骤 1 在学习制作塑料球变形动画之前，先打开动画的最终效果预览一下，如图2-21所示。选择场景中的球体，拖动时间滑块至第90帧，在场景中选择球体，单击【自动关键点】按钮，使用【选择并移动】工具 █，将其向右移动至合适的位置，如图2-22所示。

图2-21　跳动的球体动画最终效果

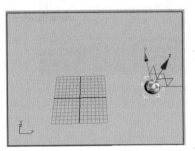

图2-22　移动球体

█ 步骤 2 将时间滑块移动至第30帧位置处，进入【运动】 ◎ 面板，在【创建关键点】区域中单击【位置】按钮，在第30帧位置创建一个位移关键帧，如图2-23所示。将时间滑块移动至第60帧位置处，单击【位置】按钮，在第60帧位置添加一个位移关键帧，如图2-24所示。

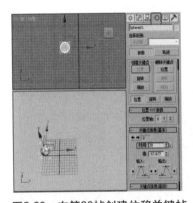

图2-23　在第30帧创建位移关键帧

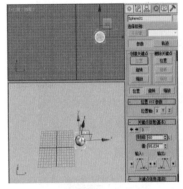

图2-24　在第60帧创建位移关键帧

█ 步骤 3 选择第0帧的关键帧，按【Shift】键的同时将其移动至第5帧位置处，复制一个关键帧，如图2-25所示。选择位于第30帧处的关键帧，按【Shift】键在第25帧处复制一个关键帧，在第35帧处复制一个关键帧，如图2-26所示。

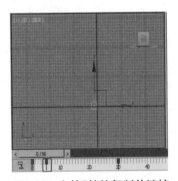

图2-25　在第5帧处复制关键帧

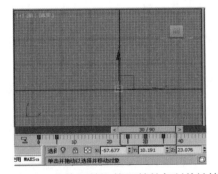

图2-26　在第25帧和第35帧处复制关键帧

📖 提示：复制关键帧时，在屏幕底部的信息栏中会提示复制关键点（S）从0复制到5（S）的信息。

步骤4 选择位于第60帧的关键帧，分别在第55帧、第65帧位置复制该关键帧，如图2-27所示。选择位于第90帧处的关键帧，按【Shift】键在第85帧处复制一个关键帧，如图2-28所示。

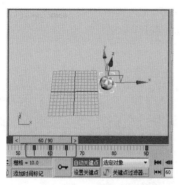

图2-27 在第55帧、第65帧复制关键帧

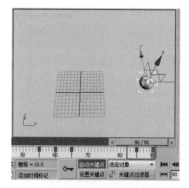

图2-28 在第85帧复制关键帧

步骤5 切换至【前】视图，将时间滑块移动至第15帧位置，使用【选择并移动】工具 选择球体，在屏幕底端的Z轴输入框中输入80.0，如图2-29所示。将时间滑块移动至第45帧位置，在Z轴输入框中输入80.0，如图2-30所示。

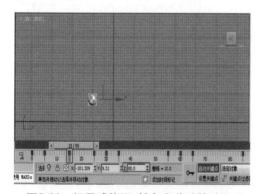

图2-29 记录球体沿Z轴向上移动的动画1

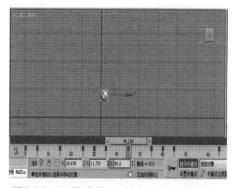

图2-30 记录球体沿Z轴向上移动的动画2

步骤6 将时间滑块移动至第75帧位置处，并在Z轴输入框中输入80.0，如图2-31所示。在工具栏中单击【曲线编辑器】按钮 ，打开【轨迹视图-曲线编辑器】对话框，在左侧的【对象】序列下选择【Sphere01】球体01，将该序列下的【变换】|【位置】打开，选择【X位置】选项，再选择所有的关键帧，将它们的类型设置为线性，如图2-32所示。

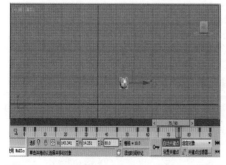

图2-31 记录球体沿Z轴向上移动的动画3

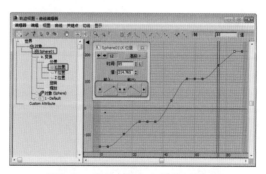

图2-32 修改X轴向上的关键点类型

步骤 7 单击【自动关键点】按钮，退出动画模式，切换至【修改】命令面板，在【修改器列表】列表中选择【拉伸】修改器，将当前集定义为【中心】，再在【前】视图中沿Y轴将拉伸修改器的中心点调整到球体的底端，如图2-33所示。将当前集定义为【Gizmo】，在工具栏中选择【均匀缩放】工具，将拉伸修改器的线框放大至170%，如图2-34所示。

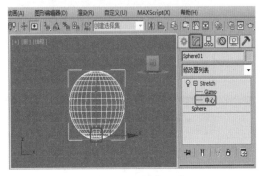

图2-33 调整中心点

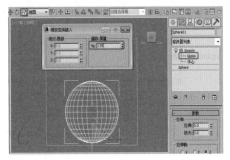

图2-34 放大拉伸修改器的线框

步骤 8 关闭当前选择集，在【参数】卷展栏中将【拉伸】值设置为-0.6，将时间滑块移动至第0帧位置，如图2-35所示。将时间滑块移动至第15帧，单击【自动关键点】按钮，在【参数】卷展栏中将拉伸修改器的【拉伸】值设置为1.0，如图2-36所示。

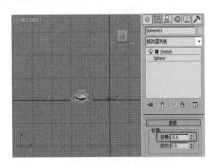

图2-35 调整拉伸修改器的线框

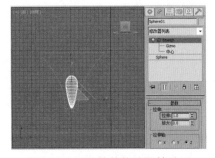

图2-36 记录拉伸修改器的动画

提示：通过拉伸可以得到不同的伸展效果，常用来模拟【挤压和拉伸】的传统动画效果。

步骤 9 将时间滑块移动至第30帧位置，将拉伸修改器的【拉伸】值设置为-0.6，如图2-37所示。将时间滑块移动至第45帧位置，将拉伸修改器的【拉伸】值设置为1.0，如图2-38所示。

图2-37 记录拉伸修改器的动画1

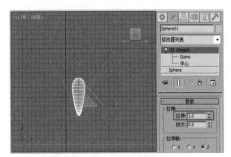

图2-38 记录拉伸修改器的动画2

步骤10 使用同样的方法在第60帧位置处将【拉伸】值设置为-0.6，在第75帧位置处将【拉伸】值设置为1，在第90帧位置处将【拉伸】值设置为-0.6，观察球体的位置和变化，如图2-39所示。单击【自动关键点】按钮，在【修改器列表】中选择【X变换】修改器，将当前集定义为【Gizmo】，为球体制作一个变形线框修改器。将时间滑块移动至第5帧位置，单击【自动关键点】按钮，在工具栏中选择【旋转】工具，在【前】视图中沿Z轴将球体旋转-20°，如图2-40所示。

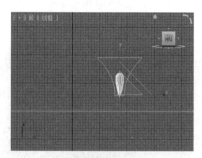

图2-39 观察球体的位置和变化

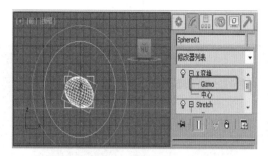

图2-40 旋转球体

步骤11 使用同样的方法在第25帧位置将球体沿Z轴旋转40°，在第35帧位置处将球体沿Z轴旋转-40°，在第55帧位置将球体沿Z轴旋转40°，在第65帧位置处将球体沿Z轴旋转-40°，在第85帧位置处将球体沿Z轴旋转40°，如图2-41所示。设置完成后在摄影机视图中观察效果，如图2-42所示。

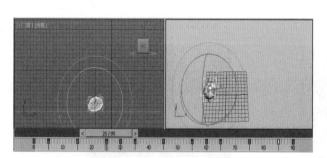

图2-41 设置旋转角度

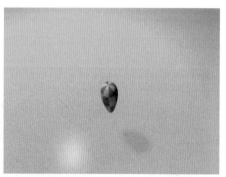

图2-42 在摄影机视图中观察效果

# 实例10 柔体修改器应用——触须动画

【柔体】修改器使用对象顶点之间的虚拟弹力线模拟软体动力学效果，可以设置弹力线的刚度，设置如何拉伸，以及它们可移动的距离，此系统的最简单功能是使顶点妨碍对象移动，在本例中将讲解利用【柔体】修改器制作螳螂触须动画的制作方法。

## 学习目标

了解【柔体】修改器的参数功能

掌握设置【柔体】修改器参数动画的方法

使用【自动关键点】按钮设置旋转动画的方法

## 制作过程

资源路径：案例文件\Chapter 2\原始文件\制作触须动画\制作触须动画.max

案例文件\Chapter 2\最终文件\制作触须动画\制作触须动画.max

■■■ 步骤 1 在学习制作螳螂触须动画之前，先打开螳螂触须动画最终文件，预览螳螂的最终动画效果，如图2-43所示。打开该动画场景的原始文件，在【透视】视图中预览场景，如图2-44所示。

图2-43 螳螂最终动画效果

图2-44 打开场景文件

■■■ 步骤 2 选择螳螂的头部，切换至【修改】命令面板，在修改器下拉列表中选择【柔体】修改器，如图2-45所示，在【参数】面板中将【柔软度】、【强度】和【倾斜】分别设置为1.0、3.0、7.0，勾选【使用跟随弹力】和【使用权重】复选框，如图2-46所示。

图2-45 选择【柔体】修改器

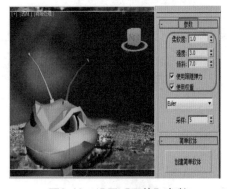

图2-46 设置【柔体】参数

■■■ 步骤 3 单击【自动关键点】按钮，开启动画记录模式，如图2-47所示。将时间滑块移至第23帧处，在工具栏中单击【选择并旋转】按钮，在【前】视图中沿Z轴向左旋转-61°，如图2-48所示。

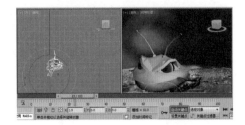

图2-47 开启动画记录模式

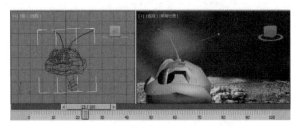

图2-48 设置第23帧的动画效果

步骤 4 将时间滑块移至第30帧处，将螳螂的头部沿Z轴向右旋转118°，设置第3个关键点，如图2-49所示。关闭自动关键点，在修改器下拉列表框中选择【网格平滑】修改器，将模型细分，如图2-50所示。

图2-49　设置第30帧处的关键点

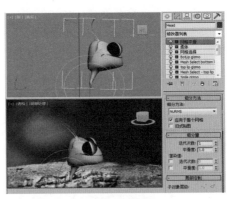

图2-50　添加【网格平滑】修改器

步骤 5 在视图中单击【播放动画】按钮▶，播放预览螳螂头部触须移动的效果，如图2-51所示。在触须移动时头部的肌肉也随着变化，如图2-52所示。

📖 提示：在移动调整顶点对象时，可以使用一个【体积选择】修改器来快速选择调整顶点。

图2-51　触须移动效果

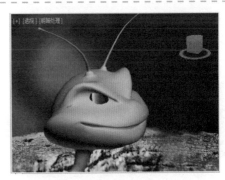

图2-52　头部肌肉随着触须变化

步骤 6 播放预览动画的连贯性后，按【F10】键快速打开【渲染设置】对话框，设置动画的渲染尺寸为640×480，并设置保存为AVI动画格式，单击【渲染】按钮渲染输出动画，如图2-53所示，渲染到第100帧处时，动画效果如图2-54所示。

图2-53　【渲染设置】对话框

图2-54　渲染到第100帧处的动画效果

# 实例 11　融化修改器应用——冰激凌动画

本例通过讲解制作冰激凌融化的方法，介绍【融化】修改器的使用方法，以及使用【融化】修改器参数设置动画关键帧的方法。

## 学习目标

掌握【融化】修改器的参数应用

学会使用【自动关键点】按钮设置融化的关键帧

学会使用FFD【自由变形】修改器修改冰激凌的融化形状

## 制作过程

资源路径：案例文件\Chapter 2\原始文件\制作冰激凌动画\制作冰激凌动画.max

案例文件\Chapter 2\最终文件\制作冰激凌动画\制作冰激凌动画.max

**步骤 1** 在学习制作冰激凌融化动画前，先打开最终文件，预览一下该动画的最终效果，如图2-55所示。从本书配套资源中打开冰激凌场景的原始文件，在【透视】视图中预览到的场景效果如图2-56所示。

图2-55　冰激凌动画的最终效果

图2-56　打开原始场景文件

**步骤 2** 选择冰激凌对象，在修改器下拉列表框中选择【融化】修改器，如图2-57所示，单击【自动关键点】按钮，开启动画记录模式，将时间滑块移至第60帧处，在【融化】修改器的参数面板中设置【融化】选项组中的【数量】为25.0，如图2-58所示。

图2-57　选择【融化】修改器

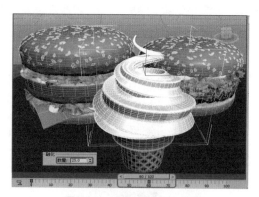

图2-58　设置【融化】参数

步骤3 在【扩散】选项组中将【融化百分比】参数设置为50，查看冰激凌的融化效果，如图2-59所示。在修改器下拉列表框中为冰激凌应用FFD3×3×3修改器，并在第60帧处调整控制点，如图2-60所示，修改冰激凌的形状。

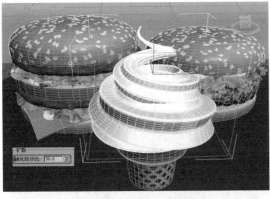

图2-59　设置扩散参数　　　　　　　　　　　　图2-60　调整控制点

步骤4 单击【自动关键点】按钮，退出动画记录模式，在视图中拖动时间滑块预览冰激凌的融化效果，图2-61所示为第50帧处冰激凌的形状效果。在【渲染设置】对话框中设置好动画的渲染输出参数后，单击【渲染】按钮渲染动画，效果如图2-62所示。

图2-61　第50帧处冰激凌形状效果　　　　　　　图2-62　渲染输出动画效果

 **实例12　噪波修改器应用——海面动画**

【噪波】修改器是一种用于模拟对象形状随机变化的重要动画工具，它主要通过沿着3个轴的任意组合调整对象顶点的位置，在本例中将详细讲解使用【噪波】修改器制作海面动画效果的设置方法。

**学习目标**

学会使用【自动关键点】按钮设置海面动画

重点掌握如何使用【噪波】修改器参数设置水面动画

## 制作过程

资源路径：案例文件\Chapter 2\原始文件\制作海面动画\制作海面动画.max

案例文件\Chapter 2\最终文件\制作海面动画\制作海面动画.max

步骤 1 在学习制作海面动画前，先打开最终文件，预览一下该动画的最终效果，如图2-63所示。打开海面动画的原始文件，在【透视】视图中预览到的场景效果如图2-64所示。

图2-63　海面动画的最终效果　　　　　　图2-64　打开原始场景文件

步骤 2 在场景中选择【水面】对象，切换到【修改】命令面板，在【修改器列表】中选择【噪波】修改器，如图2-65所示。单击【自动关键点】按钮，开启动画记录模式，拖动时间滑块至第0帧，在【参数】卷展栏中将【噪波】选项组中的【种子】设置为20，将【强度】选项组中的【X】、【Y】、【Z】分别设置为+20.0、−10.0、10.0，如图2-66所示。

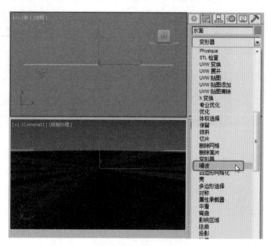

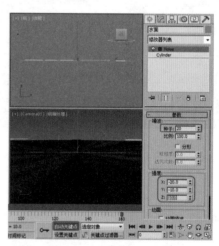

图2-65　选择【噪波】修改器　　　　　　图2-66　在第0帧设置参数

> 提示：噪波可以使对象表面产生凹凸不平的效果，多用来制作海面、群山或表面不光滑的物体。

步骤 3 拖动时间滑块至第160帧，在【参数】卷展栏中将【噪波】选项组中的【种子】设置为40，将【强度】选项组中的【X】、【Y】、【Z】分别设置为0.0、20.0、20.0，如图2-67所示。再次单击【自动关键点】按钮，退出动画记录模式。在摄影机视图中拖动时间滑块可以预览海面波动的动画效果，预览动画后可在【渲染设置】对话框中设置渲染输出动画，当渲染到第100帧处时，动画效果如图2-68所示。

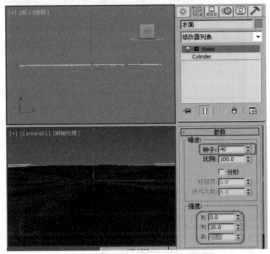

图2-67　在第160帧设置参数

图2-68　渲染动画效果

 **实例 13　涟漪修改器应用——涟漪动画**

利用Ripple（涟漪）修改器可以在对象几何体中产生同心波纹效果。用户可以设置两个涟漪中的任意一个或者两个涟漪的组合。涟漪使用标准的 Gizmo 和中心，可以变换提高可能的涟漪效果。

**学习目标**

了解【涟漪】（Ripple）修改器的参数功能

掌握【涟漪】修改器的动画参数设置方法

**制作过程**

资源路径：案例文件\Chapter 2\原始文件\制作水面涟漪动画\制作水面涟漪动画.max

案例文件\Chapter 2\最终文件\制作水面涟漪动画\制作水面涟漪动画.max

步骤1 在学习使用【涟漪】修改器制作动画之前，先预览本例的涟漪动画效果，如图2-69所示。打开水面涟漪动画场景原始文件，如图2-70所示。

步骤2 在场景文件中选择【水面】对象，切换至【修改】命令面板，在修改器下拉列表中选择【涟漪】修改器，将时间滑块拖动至第0帧，单击【自定关键点】按钮，在【参数】卷展栏中将【振幅1】、【振幅2】、【波长】、【相位】、【衰退】分别设置为15.0、10.0、15.0、2.0、0.006，如图2-71所示。将时间滑块拖动至第80帧，在【参数】卷展栏中将【振幅1】、【波长】、【相位】分别设置为10.7、45.0、5.0，如图2-72所示。

图2-69 涟漪动画最终效果

图2-70 打开原始场景文件

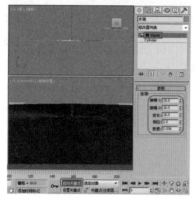

图2-71 在第0帧处设置参数

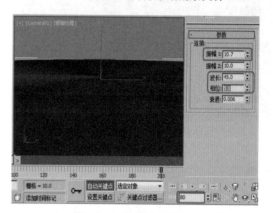

图2-72 在第80帧处设置参数

步骤3 将时间滑块拖动至第200帧，在【参数】卷展栏中将【振幅1】、【振幅2】、【波长】分别设置为13.2、8.62、27.5，如图2-73所示。单击【自定关键点】按钮，选择任意一帧渲染即可，效果如图2-74所示。

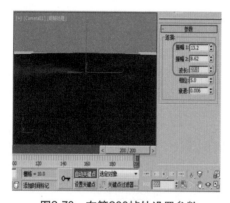

图2-73 在第200帧处设置参数

图2-74 渲染后的效果

# 实例14 弯曲修改器应用——卷轴画

本例主要讲解使用【弯曲】修改器来制作卷轴画的动画效果，主要使用这个修改器来设置卷轴画打开的卷动效果。

## 学习目标

熟练应用【弯曲】修改器修改对象

## 制作过程

资源路径：案例文件\Chapter 2\原始文件\制作卷轴画动画\制作卷轴画动画.max

案例文件\Chapter 2\最终文件\制作卷轴画动画\制作花朵绽放动画.max

▊ 步骤 1 本例主要利用在【自动关键点】模式下，将【弯曲】修改器应用到书本上制作弯曲的卷轴画效果，如图2-75所示。打开卷轴画的原始文件，如图2-76所示。

图2-75　卷轴画展开的最终效果 　　　　　　图2-76　打开原始场景文件

▊ 步骤 2 在场景中选择画轴2对象，单击【自动关键点】按钮，将时间滑块移动到0帧位置处，如图2-77所示。在工具栏中单击【选择并移动】按钮，将画轴2移动到如图2-78所示的位置。

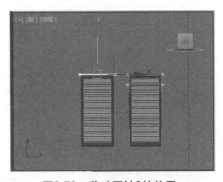

图2-77　单击【自动关键点】按钮 　　　　　　图2-78　移动画轴2的位置

▊ 步骤 3 将时间滑块移动到100帧位置处，将画轴2移动到如图2-79所示的位置。然后单击【自动关键点】按钮，退出动画模式。使用同样的方法，对画轴4进行动画模式的设置。

▊ 步骤 4 在场景中选择画对象，进入【修改】命令面板，从修改器下拉列表框中选择【弯曲】修改器，并将当前选择集定义为【Gizmo】。在【参数】卷展栏中将【角度】设置为-4600.0，将【弯曲轴】设置为X轴，在【限制】选项组中勾选【限制效果】复选框，将【上限】设置为300.0，如图2-80所示。

> 📖 提示：在使用【弯曲】修改器之前，必须为弯曲的模型设置足够的【高度分段】值，如果需要对对象进行弯曲操作时，必须将【高度分段】值设置的高一些，以便使弯曲之后的模型比较光滑。

图2-79　将时间滑块移动到100帧的位置

图2-80　设置参数

步骤5 将时间滑块移动到0帧位置处，单击【自动关键点】按钮，将画对象移动到如图2-81所示的位置。然后将时间滑块移动到100帧位置处，如图2-82所示。然后单击【自动关键点】按钮，退出动画模式。使用同样的方法，对【画001】、【底图】和【底图001】进行动画模式的设置。

图2-81　拾取副本花瓣对象

图2-82　调整副本对象

提示：选择【限制效果】选项，是指对物体指定限制效果，影响区域将由下面的上、下限值来确定。

步骤6 设置完成后在场景中预览动画即可。播放预览动画的连贯性后，按【F10】键快速打开【渲染设置：默认扫描线渲染器】对话框，设置动画的尺寸为640×480，并将其保存为AVI动画格式，单击【渲染】输出动画，如图2-83所示。渲染到第100帧处时动画效果如图2-84所示。

图2-83　设置渲染参数

图2-84　在100帧处的渲染效果

# 实例 15  毛发和头发修改器应用
## ——小草生长动画

【毛发和头发】修改器是头发和毛发功能的核心所在，该修改器可应用于要生长头发的任意对象，既可为网格对象也可为样条线对象。下面将介绍使用该修改器制作小草生长动画的操作方法。

### 学习目标

掌握【毛发和头发】修改器的参数设置方法

掌握使用【自动关键点】按钮设置毛发的生长关键帧的文件

### 制作过程

资源路径：案例文件\Chapter 2\原始文件\制作小草生长动画\制作小草生长动画.max

案例文件\Chapter 2\最终文件\制作小草生长动画\制作小草生长动画.max

**步骤 1** 在学习使用【毛发和头发】修改器制作小草动画的方法之前，先预览小草的最终效果，如图2-85所示。打开小草动画原始场景文件，如图2-86所示。

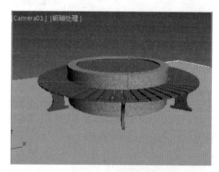

图2-85  小草动画最终效果 　　　　　　图2-86  原始场景文件

**步骤 2** 在【创建】面板中选择【图形】选项，在该选项中单击【圆】按钮。在【顶】视图中绘制一个圆形，并将其【半径】设置为570.0，如图2-87所示，切换至【修改】命令面板，然后在修改器下拉列表中选择【挤出】修改器，将【数量】设置为5.0，在视图中调整其位置，如图2-88所示。

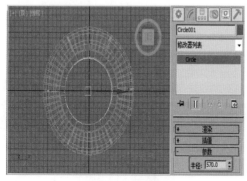
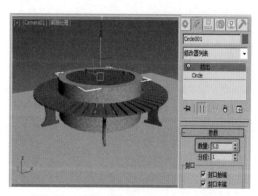

图2-87  设置圆半径 　　　　　　图2-88  选择【挤出】修改器后的效果

提示：【挤出】编辑修改器是将二维的样条曲线增加厚度，挤出成为三维实体。这是一种常用的建模方法，可以进行面片、网格对象和ＮＵＲＢＳ对象等三类模型的输出。

步骤 3 在修改器下拉列表中选择【Hair和Fur（WSM）】修改器，打开【材质参数】卷展栏，将【梢颜色】的RGB值设置为78、194、0，将【根颜色】的RGB值设置为0、88、10，如图2-89所示。将对象的颜色设置为土黄色，打开【常规参数】卷展栏，单击【自动关键点】按钮，将时间滑块拖动至第0帧，将【剪切长度】设置为31.0，如图2-90所示。

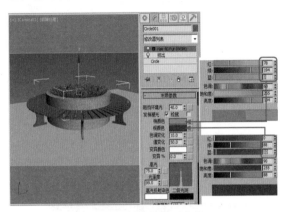
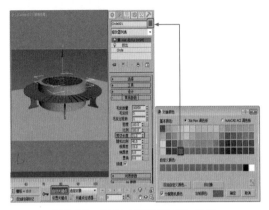

图2-89　设置材质参数　　　　　　　　　　　　图2-90　设置【剪切长度】参数

步骤 4 将时间滑块拖动至第100帧处，将【剪切长度】设置为100.0，如图2-91所示。设置完成后，单击【自动关键点】按钮，在第100帧处渲染小草的生长效果，如图2-92所示。

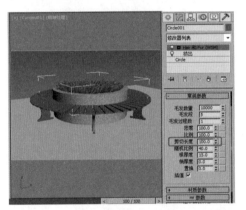

图2-91　设置第100帧处的【剪切长度】参数　　　　图2-92　在第100帧处渲染小草生长效果

# 实例 16　波浪修改器应用——波浪文字动画

【波浪】修改器能在对象几何体上产生波浪效果。可以使用两种波浪之一，或将其组合使用。波浪使用标准 Gizmo 和中心，可以进行变换从而增加可能的波浪效果。下面将通过制作一个波浪文字动画来讲解使用【波浪】修改器设置动画的方法。

## 学习目标

掌握摄影机动画的制作方法

理解【波浪】修改器参数的含义

掌握设置【波浪】修改器参数关键帧的方法

## 制作过程

资源路径：案例文件\Chapter 2\原始文件\制作波浪文字动画\制作波浪文字动画.max

案例文件\Chapter 2\最终文件\制作波浪文字动画\制作波浪文字动画.max

**步骤 1** 在学习使用【波浪】修改器制作文字动画的方法之前，先预览文字动画的最终效果，如图2-93所示。打开波浪文字动画原始场景文件，如图2-94所示。

图2-93　波浪文字动画最终效果

图2-94　打开原始场景文件

**步骤 2** 在【创建】面板中选择【摄影机】对象，在其卷展栏中单击【目标】按钮，在场景中创建摄影机，激活【透视】视图，按【C】键将其转换为摄影机视图。单击【选择并移动】按钮，在其他视图中调整摄影机，如图2-95所示。选择创建的摄影机，单击【自动关键点】按钮，开启动画记录模式，拖动滑块至第30帧，然后单击【设置关键点】按钮 ☞ ，添加关键帧，如图2-96所示。

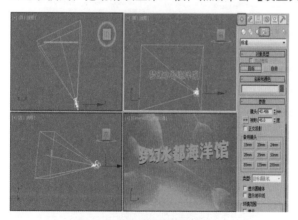

图2-95　创建并调整摄影机

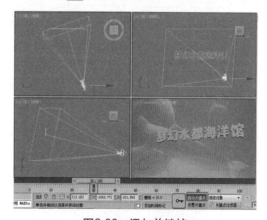

图2-96　添加关键帧

**步骤 3** 拖动时间滑块至第0帧处，然后在视图中调整摄影机，如图2-97所示。再次单击【自动关键点】按钮，关闭动画记录模式。在场景中选择文字对象，切换到【修改】命令面板，在修改器列表中选择【波浪】修改器，如图2-98所示。

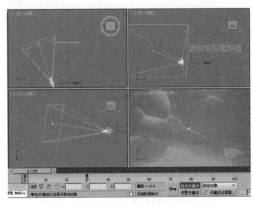

图2-97　调整摄影机

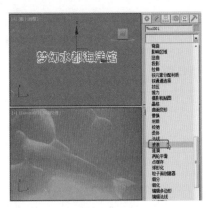

图2-98　选择【波浪】修改器

步骤4 在【波浪】修改器中将当前选择集定义为【Gizmo】，如图2-99所示。在工具栏中选择【选择并旋转】按钮，然后旋转选择对象，如图2-100所示。

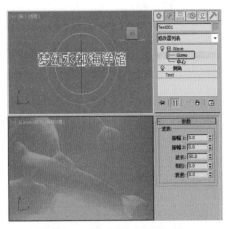

图2-99　选择【Gizmo】选项

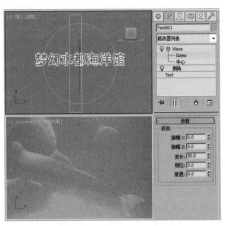

图2-100　旋转选择对象

步骤5 关闭当前选择集，单击【自动关键点】按钮，开启动画记录模式，拖动时间滑块至第30帧，在【参数】卷展栏中将【振幅1】、【振幅2】、【相位】设置为5.0、20.0、0.0，如图2-101所示。拖动时间滑块至第100帧，在【参数】卷展栏中将【相位】设置为5.0，如图2-102所示。

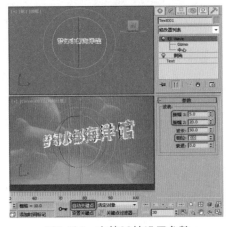

图2-101　在第30帧设置参数

图2-102　设置相位

提示：关于相位的设置就是在对象上变换波浪图案，正数在一个方向移动图案，负数在另一个方向移动图案，这种效果在制作动画时尤为明显。

步骤6 单击主工具栏中的【渲染设置】按钮🔲，弹出【渲染设置】对话框，将渲染尺寸设置为640像素×480像素，并渲染文字动画，其中渲染到第25帧和第55帧的效果分别如图2-103和图2-104所示。

图2-103　渲染到第25帧的文字动画效果　　图2-104　渲染到第55帧的文字动画效果

提示：用户在设置振幅时要分清振幅1是沿着【Gizmo】的Y轴产生正弦波，振幅2是沿着X轴产生波，在这两种情况下波峰和波谷的方向都是一致的，将值在正负之间切换将反转波峰和波谷的位置。

# 第3章

## 摄影机动画

　　3ds Max中的摄影机拥有超现实摄影机的能力，更换镜头动作可以瞬间完成，无级变焦更是真实摄影机所无法比拟的。对于景深的设置，直观地用范围表示，而无须通过光圈计算。对于摄影机的动画，除了位置变动外，还可以表现焦距、视角和景深等动画效果。摄影机在建筑漫游动画中也起到了非常重要的作用。

# 实例 17　摄影机应用——室内浏览动画

当【自动关键点】或【设置关键点】按钮处于活动状态时，通过在不同的关键帧中变换或更改其创建参数，可以设置摄影机动画，3ds Max 可以在关键帧之间插补摄影机变换和参数值，就像其用于对象几何体一样。

## 学习目标

学会使用目标摄影机设置动画关键帧

## 制作过程

资源路径：案例文件\Chapter 3\原始文件\制作室内浏览动画\制作室内浏览动画.max

　　　　　　案例文件\Chapter 3\最终文件\制作室内浏览动画\制作室内浏览动画.max

步骤 1 在学习使用摄影机制作室内浏览动画之前，先预览本例的最终效果，如图3-1所示，打开原始场景文件，如图3-2所示，在【透视】视图中观察场景。

图3-1　摄影机室内浏览动画效果

图3-2　打开原始场景文件

步骤 2 激活透视视图，按【Ctrl+C】组合键，快速创建一个摄影机，如图3-3所示，单击【自动关键点】按钮 自动关键点，开启动画记录模式，如图3-4所示。

图3-3　创建摄影机

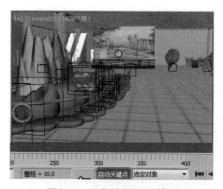
图3-4　开启动画记录模式

　　提示：当添加目标摄影机时，3ds Max 将自动为该摄影机指定注视控制器，摄影机目标对象指定为"注视"目标。可以使用"运动"命令面板上的控制器将场景中的任何其他对象指定为"注视"目标。

步骤 3 切换到【顶】视图中，在第0帧处调整摄影机的位置，如图3-5所示。拖动时间滑块移至第151帧处，将摄影机对象移动一段距离，目标对象保持不变，如图3-6所示。

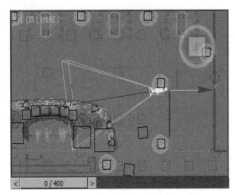 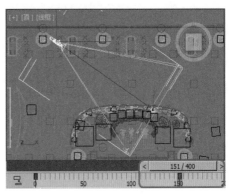

图3-5　设置第0帧的摄影机位置　　　　　图3-6　设置第151帧的摄影机位置

步骤 4 按【C】键快速切换到摄影机视图，预览摄影机视图的效果，如图3-7所示。在第200帧处移动摄影机的目标位置，如图3-8所示。

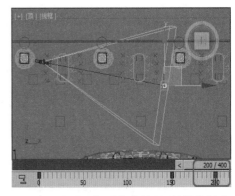

摄影机视图　　　　　　　渲染后的效果

图3-7　预览摄影机视图和渲染后的效果　　　　图3-8　设置目标对象在第200帧的关键点

步骤 5 按【C】键快速切换到摄影机视图，预览第200帧的摄影机效果，如图3-9所示。将时间滑块移至第302帧，移动调整摄影机的目标对象，将它的位置调整为如图3-10所示的效果。

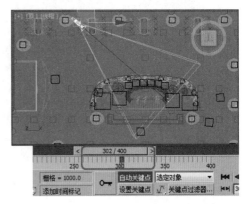

摄影机视图　　　　　　　渲染后的效果

图3-9　第200帧的摄影机视图和渲染后的效果　　　图3-10　设置第302帧目标的关键点

提示：制作摄影机的动画方法有很多种，可以使用动画约束为摄影机和目标对象添加约束，让摄影机按照移动的方式自动运动。

**步骤6** 将视图切换到摄影机视图中，观察第302帧的摄影机视图和渲染后的效果，如图3-11所示。单击【渲染产品】按钮 ，渲染第100帧的室内浏览动画，效果如图3-12所示。

摄影机视图　　　　渲染后的效果

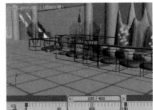 

摄影机视图　　　　渲染后的效果

图3-11　第302帧的摄影机视图和渲染后的效果　　　　图3-12　渲染第100帧的动画

**步骤7** 拖动时间滑块在视图中预览动画，在第200帧处时，渲染动画静帧效果，如图3-13所示。渲染第300帧的摄影机动画效果如图3-14所示，单击【自动关键点】按钮 自动关键点 ，退出动画记录模式。完成动画制作。

摄影机视图　　　　渲染后的效果

摄影机视图　　　　渲染后的效果

图3-13　渲染第200帧的摄影机动画　　　　图3-14　渲染第300帧的摄影机动画

 **实例18　摄影机应用——穿梭动画**

在3ds Max中包括【目标】和【自由】两种摄影机，这两种摄影机都可以用来制作动画。下面将介绍使用【自由】摄影机设置摄影机穿梭动画的操作方法。

**学习目标**

掌握【自由】摄影机的位置变换方法

熟练使用【自动关键点】按钮设置摄影机的关键点

**制作过程**

资源路径：案例文件\Chapter 3\原始文件\制作穿梭动画\制作穿梭动画.max

案例文件\Chapter 3\最终文件\制作穿梭动画\制作穿梭动画.max

**步骤1** 自由摄影机的穿梭动画最终效果如图3-15所示。打开本例的原始文件，如图3-16所示，该场景文件为一个峡谷场景。

**步骤2** 激活【透视】视图，按【Ctrl+C】组合键创建摄影机，如图3-17所示。在各个视图中调整摄影机的位置，如图3-18所示。

图3-15 穿梭动画最终效果

图3-16 打开原始场景文件

图3-17 创建摄影机

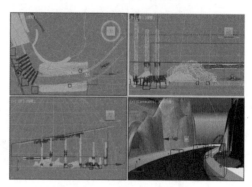

图3-18 调整摄影机的位置

> 提示：自由摄影机的初始方向是沿着单击视口的活动构造网格的负Z轴方向的。由于摄影机是在活动的构造平面上创建的，在此平面上也可以创建几何体，所以在"摄影机"视口中查看对象之前必须移动摄影机。从若干视口中检查摄影机的位置以将其校正。

**步骤 3** 单击【自动关键点】按钮 自动关键点 ，将时间滑块拖动至第40帧处，使用【选择并移动】工具 ✛ 调整摄影机的位置，如图3-19所示。将时间滑块拖动至第80帧处，再次对摄影机进行调整，如图3-20所示。

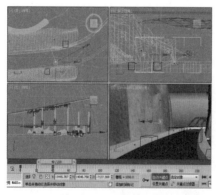

图3-19 调整第40帧处摄影机的位置

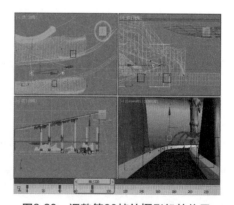

图3-20 调整第80帧处摄影机的位置

**步骤 4** 使用同样的方法在其他帧调整摄影机位置，如图3-21所示。设置完成后，单击【自动关键点】按钮，然后按【F10】键打开【渲染设置】对话框，设置渲染尺寸为320×240像素，渲染输出，当渲染到第135帧处时，效果如图3-22所示。

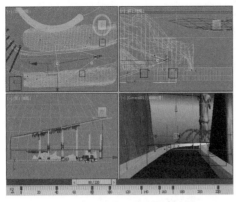

图3-21 在其他帧上调整摄影机的位置

图3-22 渲染摄影机第135帧处的效果

提示：设置了动画渲染的帧范围参数和保存格式后，开始渲染帧范围时，如果没有指定保存动画的文件（使用【文件】按钮），将会出现一个警告对话框进行提示。在渲染动画时，可以对某一帧进行渲染，这样不仅可以查看动画的局部效果，还能大大的提高工作效率。

## 实例19 摄影机应用——环游动画

摄影机对象不仅可以在【自动关键点】模式下设置动画，还可以通过约束来设置动画。本例将讲解使用路径约束为摄影机对象设置环游动画，详细介绍摄影机在约束动画中的使用技巧。

### 学习目标

掌握路径约束的添加方法

### 制作过程

资源路径：案例文件\Chapter 3\原始文件\制作环游动画\制作环游动画.max

案例文件\Chapter 3\最终文件\制作环游动画\制作环游动画.max

步骤1 本例将介绍如何使用摄影机对象制作约束动画，在学习制作方法之前，先预览摄影机环游动画的最终效果，如图3-23所示。打开原始场景文件，如图3-24所示。

图3-23 摄影机环游动画效果

图3-24 打开原始场景文件

步骤 2 选择【创建】|【摄影机】|【自由】工具，在【前】视图中创建摄影机，如图3-25所示，并旋转其角度和位置，激活【透视】视图，按【C】键转换为摄影机视图，确认摄影机处于选中状态，在菜单栏中选择【动画】|【约束】|【路径约束】命令，如图3-26所示。

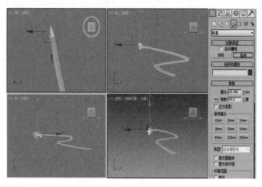

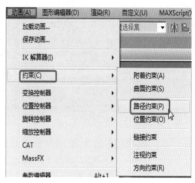

图3-25　创建摄影机　　　　　　　　　　图3-26　选择【路径约束】命令

步骤 3 在视图中拾取路径，拾取后的效果如图3-27所示，在场景中右击，在弹出的快捷菜单中选择【全部取消隐藏】命令，效果如图3-28所示。

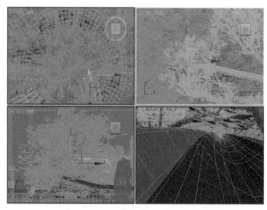

图3-27　拾取路径后的效果　　　　　　　图3-28　取消对象隐藏后的效果

步骤 4 切换至【运动】命令面板，在【路径选项】选项组中勾选【跟随】复选框，取消勾选【恒定速度】复选框，在视图中对摄影机进行调整，参数设置如图3-29所示。设置完成后，按【F9】键进行渲染，效果如图3-30所示。

图3-29　摄影机参数设置　　　　　　　　图3-30　渲染后的效果

# 实例20 摄影机应用——旋转动画

摄影机对象在建筑动画中起着非常重要的作用，设计者可以运用摄影机设置任意的动画效果，以便更好地浏览场景对象。

下面将讲解使用摄影机对象制作旋转动画效果的方法。

## 学习目标

掌握设置摄影机对象的运动关键帧

## 制作过程

资源路径：案例文件\Chapter 3\原始文件\制作摄影机旋转动画\制作摄影机旋转动画.max

案例文件\Chapter 3\最终文件\制作摄影机旋转动画\制作摄影机旋转动画.max

**步骤1** 摄影机旋转动画的制作方法很简单，只需将摄影机对象设置几个关键点，使它的运动轨迹成斜线或弧线即可，在学习之前先预览一下本例的最终效果，如图3-31所示。打开本例的原始场景文件，如图3-32所示。

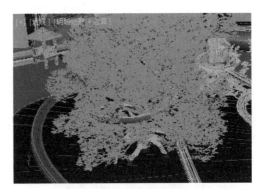

图3-31 摄影机旋转动画最终效果　　　　图3-32 打开原始场景文件

**步骤2** 在【透视】视图中选取一个好的观察角度，按【Ctrl+C】组合键快速创建一盏摄影机对象，如图3-33所示。调整摄影机的角度，按【C】键将【透视】视图快速切换到摄影机视图，观察此时的场景效果，如图3-34所示。

**步骤3** 单击【自动关键点】按钮，开启动画记录模式。将视图切换到【顶】视图，将摄影机对象移动到水渠上，如图3-35所示。将时间滑块移动至第20帧位置，在视图中调整摄影机的位置，切换至摄影机视图观察此时的场景效果，如图3-36所示。

**步骤4** 将时间滑块移至第50帧处，将摄影机对象向左移动一段距离，效果如图3-37所示，按【C】键进入摄影机视图，观察此时的场景效果，如图3-38所示。

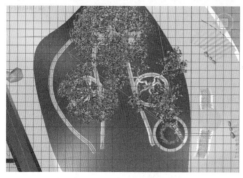

图3-33　创建摄影机对象

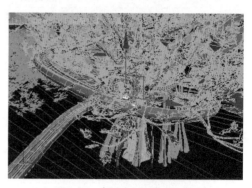

图3-34　摄影机视图场景效果

图3-35　移动摄影机对象

图3-36　第20帧处的摄影机视图场景效果

图3-37　设置第50帧的摄影机位置

图3-38　第50帧处的摄影机视图场景效果

步骤 5　将时间滑块移至第100帧处，继续向左边移动摄影机对象，为它设置第100帧的关键点，如图3-39所示。按【C】键切换到摄影机视图，预览第100帧的摄影机视图效果，如图3-40所示。

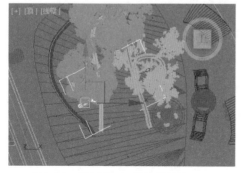

图3-39　设置第100帧的关键点

图3-40　第100帧处的摄影机视图效果

提示：如果在场景中只有一个摄影机时，不论摄影机是否为选中状态，按【C】键都会直接将当前视图切换为摄影机视图。

步骤 6 在第120帧处将摄影机继续向左移动，使摄影机围绕水渠做环绕运动，如图3-41所示。在摄影机视图中观察摄影机的效果，如图3-42所示。

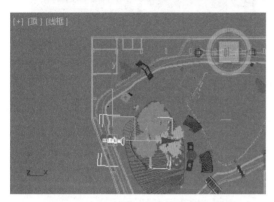
图3-41 设置第120帧的摄影机位置

图3-42 摄影机视图场景效果

步骤 7 单击【自动关键点】按钮，退出动画记录模式，选择摄影机对象并右击，在弹出的快捷菜单中选择【对象属性】命令，弹出【对象属性】对话框，勾选【轨迹】复选框，如图3-43所示。在【顶】视图中可观察到摄影机整个运动轨迹为一条斜线，如图3-44所示。

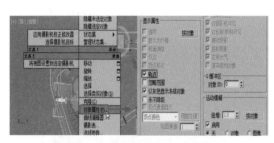
图3-43 勾选【轨迹】复选框

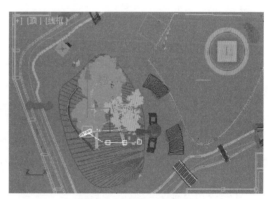
图3-44 显示运动轨迹

步骤 8 在动画控件区域单击【播放动画】按钮▶，在视图中播放动画以便检查动画的连贯性，播放到第40帧处的效果如图3-45所示，播放到第70帧处的动画效果如图3-46所示。

图3-45 预览第40帧的效果

图3-46 预览第70帧的效果

步骤9 在检查完动画的连贯性后，按【F10】键快速打开【渲染设置】对话框，设置动画的渲染尺寸为640像素×480像素，如图3-47所示，渲染到第60帧处时，动画效果如图3-48所示。

图3-47 设置动画渲染尺寸

图3-48 渲染到第60帧的动画效果

# 实例21 摄影机应用——仰视旋转动画

在建筑动画中，经常会制作摄影机仰视的镜头，这样能通过摄影机对象从不同角度观察场景，本例将介绍摄影机仰视镜头动画的制作方法。

## 学习目标

学会创建仰视摄影机镜头

学会使用【自动关键点】按钮为摄影机设置仰视动画关键帧

## 制作过程

资源路径：案例文件\Chapter 3\原始文件\制作摄影机仰视动画\制作摄影机仰视动画.max

案例文件\Chapter 3\最终文件\制作摄影机仰视动画\制作摄影机仰视动画.max

步骤1 在制作摄影机仰视动画之前，先预览动的最终效果，如图3-49所示。打开本例的原始场景文件，在【透视】视图中预览到的场景文件如图3-50所示。

图3-49 摄影机仰视动画最终效果

图3-50 打开原始场景文件

步骤2 进入【创建】命令面板，在【摄影机】对象面板中单击【目标】按钮，在场景中创建目标摄影机，激活【透视】视图，按【C】键将其切换为摄影机视图，然后在其他视图中调整其位置，如图3-51所示。单击【自动关键点】按钮，开启动画记录模式，然后单击【设置关键点】按钮 ⊶，在第0帧处添加关键帧，如图3-52所示。

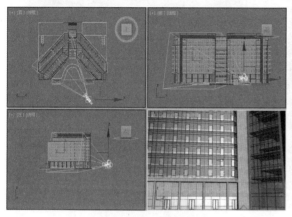 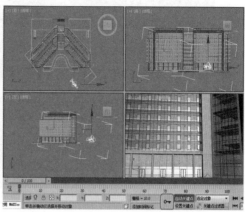

图3-51　创建并调整摄影机位置　　　　　　　　图3-52　在第0帧处添加关键帧

步骤3 拖动时间滑块至第100帧处，然后在其他视图中调整摄影机位置，如图3-53所示。调整完成后，再次单击【自动关键点】按钮，关闭动画记录模式。在摄影机视图中可以预览到摄影机沿着建筑做仰视并旋转的运动效果，如图3-54所示。

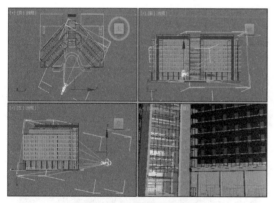 

图3-53　调整摄影机位置　　　　　　　　　　图3-54　摄影机运动效果

步骤4 设置动画的渲染参数后，单击【渲染】按钮，渲染输出连续的动画。在渲染帧窗口中预览动画第0帧的效果，如图3-55所示。渲染动画中间过程的某一帧效果如图3-56所示。

图3-55　渲染第0帧的动画效果

图3-56　渲染动画过程中的某一帧效果

## 实例 22　摄影机应用——俯视旋转动画

摄影机对象可以在建筑物高处向下俯视观察物体，可用于制作建筑动画中的俯视镜头动画，仍然使用设置关键点的制作方法来完成。

### 学习目标

掌握摄影机俯视镜头中运动的规律

学会使用【自动关键点】按钮为摄影机设置俯视动画关键帧

### 制作过程

资源路径：案例文件\Chapter 3\原始文件\制作摄影机俯视动画\制作摄影机俯视动画.max

案例文件\Chapter 3\最终文件\制作摄影机俯视动画\制作摄影机俯视动画.max

**步骤 1** 在学习制作摄影机俯视动画之前，先预览该动画的最终效果，如图3-57所示。打开该案例的原始场景文件，如图3-58所示，在【透视】视图中观察场景的默认效果。

图3-57　摄影机俯视动画最终效果

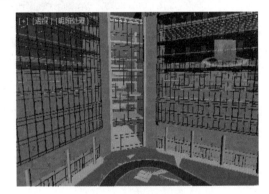

图3-58　打开原始场景文件

**步骤 2** 进入【创建】命令面板，在【摄影机】对象面板中单击【目标】按钮，在【前】视图中创建目标摄影机，激活【透视】视图，按【C】键将其切换为摄影机视图，然后在其他视图中调整其位置，如图3-59所示。单击【自动关键点】按钮，开启动画记录模式，然后单击【设置关键点】按钮，在第0帧处添加关键帧，如图3-60所示。

提示：按【N】键可快速开启动画记录模式。

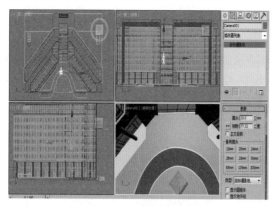

图3-59 创建并调整摄影机位置

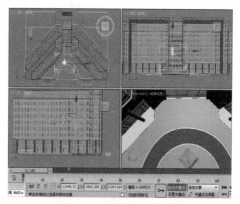

图3-60 在第0帧处添加关键帧

步骤 3 拖动时间滑块至第100帧，然后在其他视图中调整摄影机位置，如图3-61所示。调整完成后，再次单击【自动关键点】按钮，关闭动画记录模式。设置动画的渲染参数后，单击【渲染】按钮，渲染输出连续的动画。在渲染帧窗口中预览动画第0帧的效果，如图3-62所示。

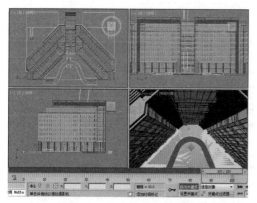

图3-61 调整摄影机位置

图3-62 渲染第0帧的动画效果

步骤 4 在渲染帧窗口中预览动画第50帧的效果，如图3-63所示。在渲染帧窗口中预览动画第80帧的效果，如图3-64所示。

图3-63 渲染第50帧的动画效果

图3-64 渲染第80帧的动画效果

## 实例 23　摄影机应用——缩放动画

通过更改镜头的焦距，可以使用缩放朝向或背离摄影机进行移动。与推拉不同，它是物理移动，焦距保持不变。可以通过设置摄影机 FOV 参数值，制作缩放动画。本例将介绍摄影机缩放动画的设置方法。

### 学习目标

了解摄影机FOV参数的含义

掌握摄影机FOV参数动画关键帧的设置方法

### 制作过程

资源路径：案例文件\Chapter 3\原始文件\制作摄影机缩放动画\制作摄影机缩放动画.max

案例文件\Chapter 3\最终文件\制作摄影机缩放动画\制作摄影机缩放动画.max

步骤1 在学习制作摄影机缩放动画之前，先预览一下本例的最终效果，如图3-65所示。打开本例的原始场景文件，如图3-66所示，使用该场景介绍摄影机缩放动画的制作方法。

图3-65　摄影机缩放动画的最终效果　　　　图3-66　打开原始场景文件

步骤2 切换至【创建】|【摄影机】面板，在【对象类型】选项组中选择【目标】选项，在场景中创建一个摄影机，并在【参数】卷展栏中将【镜头】设置为66.195mm，将【视野】设置为30.425度，如图3-67所示。切换至【透】视图，按【C】键将其转换为摄影机视图，调整摄影机的位置，观察效果如图3-68所示。

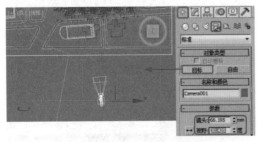

摄影机视图　　　　　　　　渲染后的效果

图3-67　创建并设置摄影机参数　　　图3-68　摄影机视图效果与渲染后的效果

步骤3 单击【自动关键点】按钮，开启动画记录模式，选择摄影机对象，将时间滑块移至第40帧位置，设置摄影机的【视野】参数为25.0度，此时摄影机范围缩小了，如图3-69所示。将时间滑块移动至第80帧位置处，在【参数】卷展栏中将【视野】参数设置为15.0度，如图3-70所示。

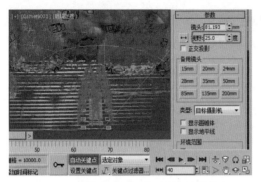
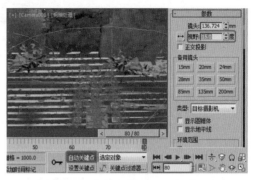

图3-69 在第40帧设置【视野】参数　　　　　　图3-70 在第80帧设置【视野】参数

> 提示：【镜头】和【视野】是两个相互储存的参数，摄影机的拍摄范围通过这两个值来确定，这两个参数描述同一个摄影机属性，所以改变了其中的一个值也就改变了另一个参数值。

步骤4 单击【自动关键点】按钮，退出动画记录模式。在摄影机视图中单击【播放动画】按钮▶，播放预览动画。图3-71所示为第10帧的摄影机动画效果。当动画播放到第60帧时，摄影机视图的画面效果如图3-72所示。

图3-71 第10帧的摄影机动画效果　　　　　　图3-72 第60帧的摄影机动画效果

步骤5 在检查完动画的准确性后，按【F10】键，弹出【渲染设置】对话框，设置动画的渲染输出，在渲染到第40帧时，动画效果如图3-73所示。从渲染效果可以看出摄影机的焦距在进行缩放变化，图3-74所示为渲染到第80帧的动画效果。

图3-73 第40帧的摄影机动画效果　　　　　　图3-74 渲染到第80帧的动画效果

# 实例 24　摄影机应用——平移动画

在摄影机视口控件区域使用【推拉摄影机】按钮 ，启用【自动关键点】动画模式后，可以制作镜头平移的动画效果。本例将详细讲解使用视口控件按钮设置摄影机平移动画的操作方法。

## 学习目标

熟练掌握摄影机视口控件按钮的使用方法

掌握摄影机镜头平移的运动规律

## 制作过程

资源路径：案例文件\Chapter 3\原始文件\制作摄影机平移动画\制作摄影机平移动画.max

案例文件\Chapter 3\最终文件\制作摄影机平移动画\制作摄影机平移动画.max

**步骤 1** 下面将介绍摄影机镜头平移动画的制作方法，在学习制作方法之前，先预览动画的最终效果，如图3-75所示。打开本例的原始场景文件，如图3-76所示。

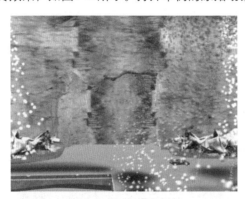

图3-75　动画最终效果

图3-76　打开原始场景文件

**步骤 2** 切换至【摄影机】面板，在【对象类型】中选择【目标】摄影机类型，在场景中创建摄影机，如图3-77所示。按【C】键，在弹出的对话框中选择【Camera007】摄影机，摄影机视图的效果如图3-78所示。

> 提示：如果场景中只有一个摄影机，那么这个摄影机将自动被选中，不会出现【选择摄影机】对话框。

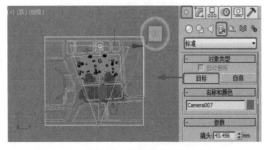

图3-77　创建摄影机对象

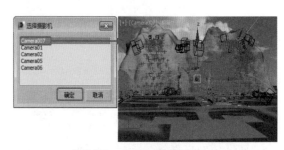

图3-78　摄影机视图效果

步骤 3 单击【自动关键点】按钮，开启动画记录模式，在摄影机视口控件区域单击【推拉摄影机】按钮，将第0帧位置的视图推拉到如图3-79所示的范围。将时间滑块移至第50帧处，使用【推拉摄影机】按钮将摄影机视图向前推进，如图3-80所示。

图3-79　在第0帧处推拉摄影机视图

图3-80　在第50帧处推拉摄影机视图

步骤 4 将时间滑块移至第100帧，使用【推拉摄影机】按钮将摄影机继续向前推进，设置为第3个关键点效果，如图3-81所示。将时间移至第120帧处，将摄影机视图向前再推拉一段距离，观察假山中间的入口处，如图3-82所示。

图3-81　在第100帧处推拉摄影机视图

图3-82　在第120帧处推拉摄影机视图

步骤 5 在场景中选择摄影机对象，此时可以观察到摄影机对象已经自动生成了4个关键点，如图3-83所示。单击【自动关键点】按钮，退出动画记录模式，在摄影机视图中拖动时间滑块至第80帧位置，预览摄影机效果如图3-84所示。

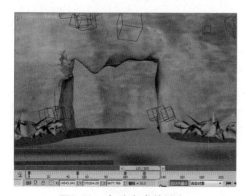

图3-83　自动生成关键点

图3-84　预览第80帧位置的摄影机效果

提示：推拉摄影机是指沿视线移动摄影机的出发点，保持出发点与目标点之间连线的方向不变，使出发点在此线上滑动，这种方式不改变目标点的位置，只改变出发点的位置。

**步骤 6** 在预览检查动画的连贯性后，可以打开【渲染设置】对话框设置摄影机动画的渲染参数，将渲染尺寸设置为640像素×480像素，如图3-85所示。渲染第10帧处的摄影机动画效果如图3-86所示。

图3-85　设置渲染参数　　　　　　　图3-86　渲染第10帧的动画效果

**步骤 7** 渲染摄影机运动到第40帧处的画面效果，如图3-87所示，在第90帧处的动画效果如图3-88所示。

图3-87　渲染第40帧的动画效果　　　　　图3-88　渲染第90帧的动画效果

 **实例25** 自动关键点应用——摄影机旋转动画

在【自动关键点】模式下，移动或旋转摄影机和目标对象都能自动记录为动画关键点，在建筑动画场景中主要通过摄影机对象来游离观察场景。下面将介绍使用摄影机对象制作旋转镜头动画的方法。

**动画目的**

掌握摄影机的变换方法

掌握摄影机关键点的设置方法

## 制作过程

资源路径：案例文件\Chapter 3\原始文件\制作摄影机旋转动画\制作摄影机旋转动画.max

案例文件\Chapter 3\最终文件\制作摄影机旋转动画\制作摄影机旋转动画.max

步骤 1 在学习制作摄影机实现镜头旋转效果的方法之前，先打开本例的最终效果预览一下，如图3-89所示。打开与本例相关的原始场景文件，如图3-90所示。

图3-89 镜头旋转动画最终效果 　　　　　　　图3-90 打开原始场景文件

步骤 2 在【摄影机】对象面板中单击【目标】按钮，在【顶】视图中创建摄影机，并调整其位置，如图3-91所示，按【N】键开启【自动关键点】动画记录模式，如图3-92所示。

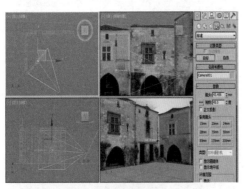
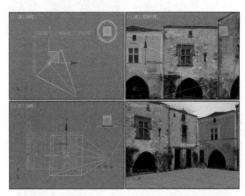

图3-91 创建并调整摄影机位置 　　　　　　　图3-92 开启动画记录模式

📖 提示：在移动摄影机对象时，可以使用视口控件的【平移】按钮🖐，通过拖动鼠标沿着平行于摄影机视图的方向移动摄影机及其目标，可以将它设置为动画关键帧。

步骤 3 将时间滑块移至第20帧处，向右移动摄影机对象和目标对象，此时系统将自动为摄影机对象记录一个关键点信息，如图3-93所示。在任意视图中按【C】键切换到摄影机视图，可以观察到摄影机视图效果，如图3-94所示。

步骤 4 将时间滑块向前移至第40帧处，将摄影机对象向右再继续移动旋转一下，设置为第2个关键点，它的位置效果如图3-95所示，在摄影机视图中观察到的画面效果如图3-96所示。

步骤 5 将时间滑块移至第60帧处，将摄影机对象向右侧的墙体方向移动，位置效果如图3-97所示，按【C】键切换到摄影机视图，按【F9】键进行渲染，效果如图3-98所示。

📖 提示：在创建摄影机点的时候，也可以通过键盘输入的方式直接生成到准确的位置。

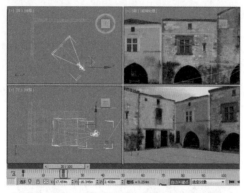

图3-93　设置第20帧处摄影机的位置

图3-94　第20帧处摄影机视图效果

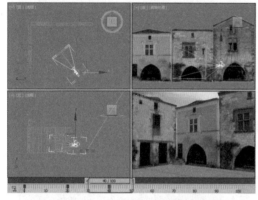

图3-95　设置第40帧的摄影机位置

图3-96　第40帧处摄影机视图效果

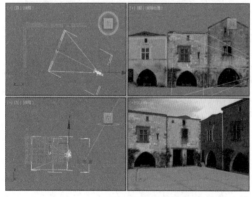

图3-97　设置第60帧的摄影机位置

摄影机视图　　　　　　渲染后的效果

图3-98　摄影机视图和渲染后的效果

步骤6 将时间滑块移至第80帧处，将摄影机对象向前推拉一段距离，如图3-99所示，使摄影机对象实现平移动画。按【N】键退出动画记录模式，在摄影机视图中拖动时间滑块可预览摄影机对象的运动效果，如图3-100所示。

步骤7 在检查确认了摄影机动画的准确性后，单击【渲染设置】按钮，弹出【渲染设置】对话框，设置动画的渲染输出，在渲染第10帧处得到的画面效果如图3-101所示，渲染到第70帧处时的场景画面效果如图3-102所示。

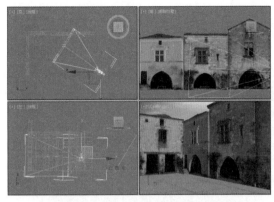

图3-99 设置第80帧的摄影机位置

图3-100 预览摄影机运动效果

图3-101 渲染到第10帧的摄影机动画效果

图3-102 渲染到第70帧的摄影机动画效果

# 第4章

# 建筑灯光动画

　　灯光对象在3ds Max场景中扮演着非常重要的角色，它能为场景提供鲜明的光亮对比度和绚丽的光照效果，通过为灯光设置动画，能为整体的动画效果起到画龙点睛的作用，这也是建筑动画中必不可少的技术。

# 实例26 泛光灯应用——太阳升起动画

【泛光灯】是从单个光源向各个方向投射阴影，它主要用于将辅助照明添加到场景中，或模拟点光源，在建筑动画中可以用它来模拟制作太阳。下面将介绍建筑动画中太阳升起动画的制作方法。

**学习目标**

掌握泛光灯的创建方法及参数设置

掌握泛光灯镜头特效的添加方法及动画设置

掌握摄影机移动关键帧的设置

**制作过程**

资源路径：案例文件\Chapter 4\原始文件\制作太阳升起动画\制作太阳升起动画.max

案例文件\Chapter 4\最终文件\制作太阳升起动画\制作太阳升起动画.max

步骤1 在学习制作太阳升起动画的设置方法之前，先预览一下太阳升起动画的最终效果，如图4-1所示。打开本例的场景原始文件，该场景为一个室外建筑模型，如图4-2所示。

图4-1 太阳升起动画效果

图4-2 打开场景文件

步骤2 单击【自动关键点】按钮，开启动画记录模式，将时间滑块拖动至第100帧处，切换至【顶】视图，将摄影机向左移动一段距离，使它产生移动动画，如图4-3所示。按【F9】键快速渲染一次场景，效果如图4-4所示。

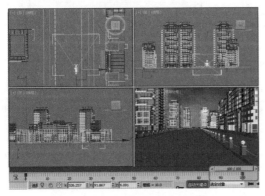

图4-3 第100帧处的摄影机视图

图4-4 渲染默认场景效果

步骤 3 再次单击【自动关键点】按钮，执行【创建】|【灯光】|【标准】命令，单击【泛光灯】按钮，在场景中创建一盏泛光灯对象，将它置于接近地平面的位置，如图4-5所示。选择创建的泛光灯对象，在主菜单栏中选择【渲染】|【效果】命令，弹出【环境和效果】对话框，如图4-6所示。

> 提示：【泛光灯】：向四周发散光线，标准的泛光灯用来照亮场景，它的优点是易于建立和调节，不用考虑是否有对象在范围外而不被照射；缺点就是不能创建太多，否则显得无层次感。泛光灯可以投射阴影和投影，单个投射阴影的泛光灯等同于6盏聚光灯的效果，从中心指向外侧。

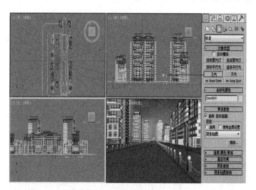

图4-5 创建泛光灯对象

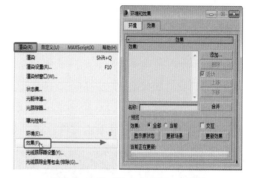

图4-6 【环境和效果】对话框

步骤 4 单击【添加】按钮，在弹出的对话框的【效果】选项卡中选择添加【镜头效果】选项，如图4-7所示。选择添加的【镜头效果】选项后，进入它的参数卷展栏，为灯光添加【光晕】效果，如图4-8所示。

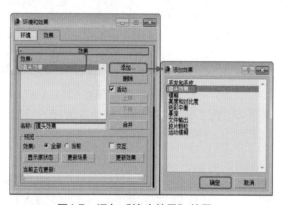

图4-7 添加【镜头效果】效果

图4-8 添加【光晕】效果

步骤 5 切换至【修改】面板，单击【常规参数】展卷栏中【阴影】选项组下的【排除】按钮，将场景中的所有对象排除，如图4-9所示。单击【确定】按钮，展开【大气和效果】展卷栏，单击【添加】按钮，在弹出的【添加大气或效果】对话框中，选择【现有】单选按钮，添加【镜头效果】效果，如图4-10所示。

步骤6 返回摄影机视图中，在默认的参数设置下渲染灯光，效果如图4-11所示，在第0帧处单击【自动关键点】按钮，开启动画记录设置，将时间滑块移至第40帧处，将泛光灯对象向建筑大楼上方移动一段距离，如图4-12所示。

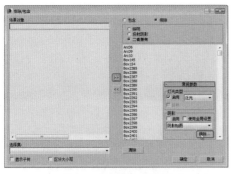

图4-9 排除场景对象

图4-10 添加【镜头效果】效果

图4-11 渲染特效

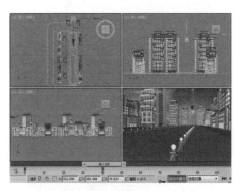

图4-12 在第40帧处移动灯光位置

步骤 7 将时间滑块移至第100帧处，将灯光对象再向上移动一段距离，模拟太阳正午时刻的位置，如图4-13所示。进入灯光的参数卷展栏，在第100帧处，在【强度/颜色/衰减】展卷栏中设置灯光的【倍增】值为1.3，并将灯光颜色设置为黄色，即（255，255，0），如图4-14所示。

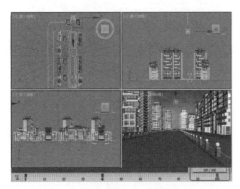

图4-13 在第1000帧处移动灯光位置

图4-14 设置灯光的倍增参数

提示：使用该参数增加强度可以使颜色看起来有【烧坏】的效果。它也可以生成颜色，通常将【倍增】参数设置为其默认值1.0，特殊效果和特殊情况除外。高【倍增】值会冲蚀颜色。负的【倍增】值将导致【黑色灯光】，即灯光使对象变暗而不是使对象变亮。

步骤 8 单击【自动关键点】按钮，退出动画记录模式，在摄影机视图中拖动时间滑块可以预览摄影机和灯光对象的运动位置效果，如图4-15所示，按【F10】键快速打开【渲染设置】对话框，设置好渲染输出参数后渲染动画，当渲染到第10帧时，效果如图4-16所示。

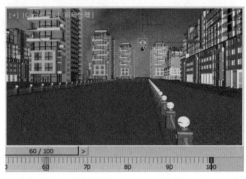

图4-15　预览对象的运动位置效果

图4-16　渲染到第10帧的效果

步骤9 渲染到第50帧时可以看见太阳已经升起了，如图4-17所示。在渲染到第100帧时灯光正处于正午时刻的位置上，效果如图4-18所示。

图4-17　渲染到第50帧的效果

图4-18　渲染到第100帧的效果

# 实例27　聚光灯应用——时间动画

【目标聚光灯】像闪光灯一样投影聚焦的光束，下面将介绍使用【目标聚光灯】参数，制作一段从黎明到天亮时间变化的动画效果。

## 学习目标

掌握【目标聚光灯】的创建方法
掌握【目标聚光灯】参数的设置方法

## 制作过程

资源路径：案例文件\Chapter 4\原始文件\制作时间动画\制作时间动画.max
案例文件\Chapter 4\最终文件\制作时间动画\制作时间动画.max

步骤1 在学习制作建筑动画中的时间变化动画之前，先预览一下动画的最终效果，如图4-19所示。从本书配套资源中打开该动画的原始场景文件，如图4-20所示。

步骤2 进入【灯光】对象面板，单击【目标聚光灯】按钮，在【前】视图中创建一盏目标聚光灯对象，并在其他视图中调整目标聚光灯，如图4-21所示。切换到【修改】命令面板，在【常规参数】卷展栏中勾选【阴影】下的【启用】复选框，在【强度/颜色/衰减】卷展栏中将【倍增】设置为0.1，在【聚光灯参数】卷展栏中将【聚光区/光束】和【衰减区/区域】设置为

11.37和47.755，如图4-22所示。

图4-19　动画最终效果

图4-20　打开原始场景文件

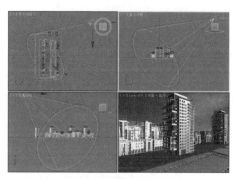

图4-21　创建并调整目标聚光灯对象

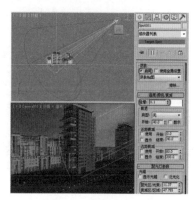

图4-22　设置灯光参数

> 　提示：选中灯光时，在【聚光灯参数】卷展栏中勾选【显示光锥】复选框后，该圆锥体始终可见，因此当取消选择该灯光后取消勾选该复选框有明显效果。【聚光区/光束】参数用于调整灯光圆锥体的角度；【衰减区/区域】参数用于调整灯光衰减区的角度。

**步骤 3** 在摄影机视图中按【F9】键快速渲染场景，效果如图4-23所示。在【顶】视图中按住【Shift】键复制3盏目标聚光灯，将它们的位置调整为如图4-24所示的效果。

图4-23　渲染场景效果

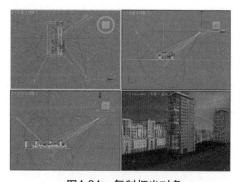

图4-24　复制灯光对象

**步骤 4** 此时按【F9】键快速渲染一次场景，效果如图4-25所示。单击【自动关键点】按钮，开启动画记录模式，拖动时间滑块至第100帧处，并将4盏灯光的【倍增】值设置为0.3，使场景产生由黎明到天亮的变化效果，如图4-26所示。

图4-25 渲染场景效果

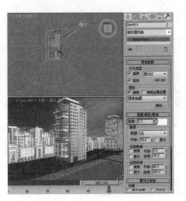

图4-26 设置灯光关键帧

步骤 5 单击【自动关键点】按钮，退出动画记录模式，在第0帧处单击【渲染产品】按钮 ，渲染场景，效果如图4-27所示。在第100帧处渲染场景的效果如图4-28所示。

图4-27 渲染第0帧的动画效果

图4-28 渲染第100帧的动画效果

## 实例28 平行灯光应用——阳光移动动画

3ds Max中包括【目标平行光】和【自由平行光】两种平行光，平行灯光以一个方向投射平行光线，它主要用于模拟阳光照射效果，可以为它的参数设置动画效果。

### 学习目标

掌握使用泛光灯对象模拟太阳的方法
掌握【目标平行光】的创建方法
掌握平行灯光体积特效的运用及动画的设置方法

### 制作过程

资源路径：案例文件\Chapter 4\原始文件\制作太阳光移动动画\制作太阳光移动动画.max
案例文件\Chapter 4\最终文件\制作太阳光移动动画\制作太阳光移动动画.max

步骤 1 在学习制作阳光移动动画之前，先预览动画的最终效果，如图4-29所示。打开本例的原始场景文件，如图4-30所示，该场景为校园的一角。

步骤 2 进入【灯光】对象面板，单击【泛光】按钮，在场景的房顶上创建一盏泛光灯对象，如图4-31所示。切换到【修改】命令面板，在【强度/颜色/衰减】卷展栏中将【倍增】值设置为1.2，将灯光颜色RGB值分别设置为245、224、205，如图4-32所示。

图4-29 阳光移动动画最终效果

图4-30 打开原始场景文件

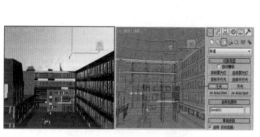

图4-31 创建泛光灯对象

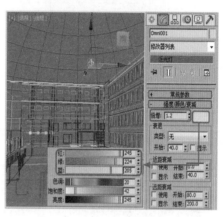

图4-32 设置灯光的倍增和颜色值

步骤 3 在【大气和效果】卷展栏中，单击【添加】按钮，在弹出的【添加大气或效果】对话框中选择【镜头效果】选项，单击【确定】按钮，即可添加【镜头效果】，如图4-33所示。选择添加的【镜头效果】，单击【设置】按钮，在弹出的对话框中展开【镜头效果参数】卷展栏，并为灯光添加【光晕】效果，如图4-34所示。

> 提示：【泛光灯】向四周发散光线，标准的泛光灯用来照亮场景，它的优点是易于建立和调节，不用考虑是否有对象在范围外而不被照射；缺点是不能创建太多，否则显的无层次感。泛光灯用于将【辅助照明】添加到场景中，或模拟点光源。

图4-33 添加【镜头效果】效果

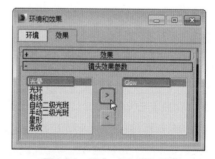

图4-34 添加【光晕】效果

步骤 4 在【光晕元素】卷展栏中，将【大小】设置为45.0，将【强度】设置为160.0，并取消勾选【光晕在后】复选框，如图4-35所示。在【透视】视图中选取一个好的观察角度，渲染场景，效果如图4-36所示。

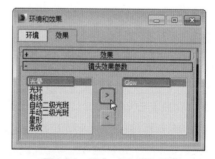

步骤5 单击【灯光】对象面板中的【目标平行光】按钮，在场景中创建一盏平行灯光，使它产生沿着太阳向下照射的效果，如图4-37所示。切换到【修改】命令面板，在【常规参数】卷展栏中勾选【启用】复选框，在【强度/颜色/衰减】卷展栏中将【倍增】值设置为0.8，设置灯光颜色的RGB值分别为248、239、213，如图4-38所示。

图4-35 设置光晕参数

图4-36 渲染场景效果

提示：【强度】参数控制单个效果的总体亮度和不透明度。该值越大，效果越亮越不透明；该值越小，效果越暗越透明。当勾选【启用】复选框后，将光晕应用于渲染图像。【阻光度】参数用于确定镜头效果对特定效果的影响程度。

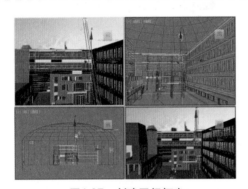

图4-37 创建平行灯光

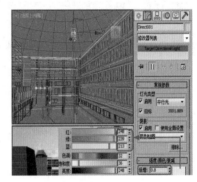

图4-38 设置平行光参数

提示：【目标平行光】：照射区域呈圆柱形或矩形，主要用于模拟阳光的照射，对于户外场景尤为适用。如果作为体积光源，可以产生一个光柱，常用来模拟探照灯、激光光束等特殊效果。

步骤6 在【平行光参数】卷展栏中，将【聚光区/光束】和【衰减区/区域】分别设置为147.0、260.0，并选中【矩形】单选按钮，在【阴影参数】卷展栏中将【密度】设为1.5，如图4-39所示。在【阴影贴图参数】卷展栏中将【偏移】设置为0.01，将【大小】设置为1024，将【采样范围】设置为30.0，如图4-40所示。

步骤7 在【大气和效果】卷展栏中单击【添加】按钮，在弹出的【添加大气或效果】对话框中选择【体积光】选项，单击【确定】按钮，即可添加一个体积光特效，如图4-41所示。按【F9】键渲染一次默认参数下的体积光效果，如图4-42所示。

步骤8 在【大气和效果】卷展栏中选择添加的【体积光】特效，单击【设置】按钮，在弹出的【环境和效果】对话框中展开【体积光参数】卷展栏，将【密度】设置为1.0，将【最大亮度%】设置为50.0，如图4-43所示。再次渲染场景，效果如图4-44所示。

图4-39　设置【平行光参数】和【阴影参数】

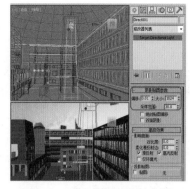

图4-40　设置【阴影贴图参数】

图4-41　添加【体积光】特效

图4-42　渲染默认参数效果

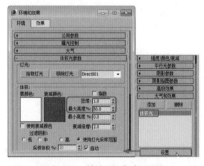

图4-43　体积光参数设置

图4-44　渲染体积光效果

📖　提示：【体积光】特效根据灯光与大气（雾、烟雾等）的相互作用提供灯光效果，只有在摄影机视图和透视视图中才会渲染体积光效果，正交视图或用户视图不会渲染体积光效果。

步骤9　单击【自动关键点】按钮，开启动画记录模式。下面开始设置灯光动画，将时间滑块移至第60帧处，单击工具栏中的【选择并移动】按钮 ✛，并在视图中调整平行灯光，如图4-45所示。将泛光灯对象向左侧移动一定距离，并单击工具栏中的【选择并旋转】按钮 ↻，将泛光灯对象沿Y轴旋转-120度，如图4-46所示。

📖　提示：旋转工具可以将对象沿着任意轴向进行旋转。在选中对象后，单击【选择并旋转】工具或按【E】键，被选中对象上会出现分别代表X、Y、Z三个旋转方向的圆，红色的圆以X轴为旋转轴，绿色的圆以Y轴为旋转轴，蓝色的圆以Z轴为旋转轴。默认的选定轴为Z轴。

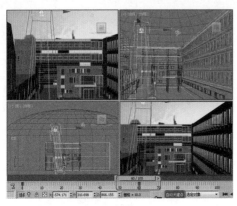
图4-45 调整平行灯光

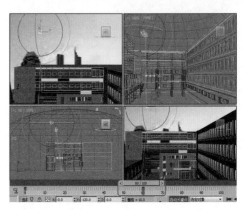
图4-46 调整泛光灯

步骤10 单击【渲染设置】按钮 ，弹出【渲染设置：默认扫描线渲染器】对话框，设置动画渲染的大小尺寸和渲染格式，当渲染到第10帧时的动画效果如图4-47所示，渲染到第30帧时的动画效果如图4-48所示。

图4-47 渲染到第10帧的动画效果

图4-48 渲染到第30帧的动画效果

步骤11 动画渲染到第50帧时，平行光和泛光灯运动的位置效果如图4-49所示，渲染到第60帧时的动画效果如图4-50所示。

图4-49 渲染到第50帧的动画效果

图4-50 渲染到第60帧的动画效果

# 实例29 区域泛光灯应用——日落动画

当使用Mental ray渲染器渲染场景时，【区域泛光灯】mr Area Omni从球体或圆柱体体积发射光线，而不是从点光源发射光线。使用默认线扫描渲染器时，mr Area Omni像其他标准的泛光灯一样发射光线，本例将讲解使用区域泛光灯添加镜头特效后制作日落动画。

## 学习目标

掌握（区域泛光灯）的创建方法及参数设置

掌握（区域泛光灯）镜头特效的添加

掌握（区域泛光灯）移动关键帧的设置

## 制作过程

资源路径：案例文件\Chapter 4\原始文件\制作日落动画\制作日落动画.max

案例文件\Chapter 4\最终文件\制作日落动画\制作日落动画.max

■■■ 步骤1 在学习制作日落动画之前，先预览该动画的最终效果，如图4-51所示。打开本例的原始场景文件，如图4-52所示，并在摄影机视图中观察效果。

图4-51 日落动画最终效果　　　　　图4-52 打开原始场景文件

■■■ 步骤2 进入【灯光】对象面板，单击【mr Area Omni】按钮在场景中创建一盏区域泛光灯对象，它的位置关系如图4-53所示。进入【修改】命令面板，在【常规参数】卷展栏中单击【排除】按钮，弹出【排除/包含】对话框，在该对话框中选中【包含】单选按钮，如图4-54所示。

提示：当使用Mental ray渲染器渲染场景时，区域泛光灯从球体或圆柱体体积发射光线，而不是从点源发射光线。使用默认的扫描线渲染器，区域泛光灯像其他标准的泛光灯一样发射光线。

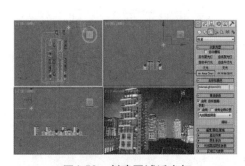
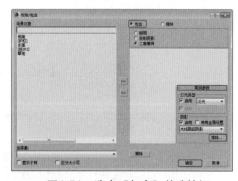

图4-53 创建区域泛光灯　　　　　图4-54 选中【包含】单选按钮

■■■ 步骤3 单击【确定】按钮，在【强度/颜色/衰减】卷展栏中将【倍增】设置为1.5，并单击其右侧的色块，在弹出的对话框中将RGB值分别设置为249、166、34，如图4-55所示。激活摄影机视图，按【F9】键快速渲染一次场景，效果如图4-56所示。

■■■ 步骤4 展开【大气和效果】卷展栏，单击【添加】按钮，在弹出的【添加大气或效果】对话框中选择【镜头效果】选项，单击【确定】按钮，即可添加一个镜头效果，如图4-57所示。在

【大气和效果】卷展栏中选择添加的镜头效果，单击【设置】按钮，在弹出的对话框中展开【镜头效果参数】卷展栏，在左侧列表框中选择【光晕】镜头特效，并单击 > 按钮，即可添加该效果，如图4-58所示。

图4-55　设置灯光倍增和颜色

图4-56　渲染场景效果

> 提示：【强度/颜色/衰减】卷展栏是标准的附加参数卷展栏，它主要对灯光的颜色、强度以及灯光的衰减进行设置。

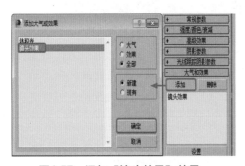

图4-57　添加【镜头效果】效果

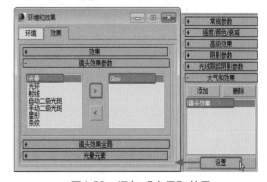

图4-58　添加【光晕】效果

步骤5 在默认的【光晕】参数设置下渲染场景，效果如图4-59所示，在【镜头效果参数】卷展栏中添加【星形】效果，然后在【星形元素】卷展栏中，将【大小】、【宽度】和【锥化】分别设置为20.0、3.0、1.0，将【强度】、【角度】和【锐化】分别设置为6.0、24.0、2.0，并勾选【光晕在后】复选框，如图4-60所示。

图4-59　渲染场景效果

图4-60　设置星形效果参数

步骤6 返回到场景中，按【F9】键快速渲染一次，效果如图4-61所示。在【镜头效果参数】卷展栏中添加【条纹】效果，然后在【条纹元素】卷展栏中，将【大小】、【宽度】和【锥化】分别设置为30.0、1.5、0.6，将【强度】、【角度】和【锐化】分别设置为8.0、−15.0、9.8，如图4-62所示。

图4-61 快速渲染场景

图4-62 设置条纹参数

步骤7 此时渲染灯光的条纹效果如图4-63所示，单击【自动关键点】按钮，开启动画记录模式，将时间滑块移至第100帧处，将区域泛光灯对象向大楼左下侧移动，并在【强度/颜色/衰减】卷展栏中将【倍增】设置为1.0，如图4-64所示。

图4-63 渲染条纹效果

图4-64 移动灯光对象

提示：【锥化】参数用来控制条纹的各辐射线的锥化。锥化使各条纹点的末端变宽或变窄。数字较小，末端较尖，而数字较大，则末端较平。【锐化】参数用来指定条纹的总体锐度。数字越大，生成的条纹越鲜明、清晰。

步骤8 按【F9】键快速渲染第100帧处灯光的位置效果，如图4-65所示。然后在【镜头效果参数】卷展栏中选择添加的星形效果，并在【星形元素】卷展栏中，将【宽度】、【锥化】、【角度】和【锐化】分别设置为3.3、1.2、20.0、2.5，如图4-66所示。

步骤9 在【镜头效果参数】卷展栏中选择添加的条纹效果，并在【条纹元素】卷展栏中将【强度】和【角度】分别设置为23.0、0.0，如图4-67所示。单击【自动关键点】按钮，退出动画记录模式，拖动时间滑块可以预览灯光的运动效果，如图4-68所示。

图4-65 渲染第100帧的灯光效果

图4-66 设置星形参数关键帧

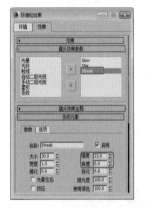

图4-67 设置条纹参数关键帧

图4-68 预览灯光运动效果

提示：【角度】参数指定条纹的角度。可以输入正值也可以输入负值，这样在设置动画时，条纹可以绕顺时针或逆时针方向旋转。为【强度】参数设置动画关键帧参数后，条纹效果能由弱变强地产生变化效果。

步骤 10 按【F10】键，弹出【渲染设置】对话框，设置动画的渲染输出，在渲染到第30帧时的效果如图4-69所示。在渲染到第70帧时的效果如图4-70所示。

图4-69 渲染到第30帧的效果

图4-70 渲染到第70帧的效果

# 实例30 泛光灯应用——阳光旋转动画

本例通过为【泛光灯】对象添加镜头特效，设置灯光的移动旋转动画关键帧来制作一段高空阳光旋转动画。

## 学习目标

掌握设置【泛光灯】倍增参数动画的方法

掌握【镜头效果】的应用方法

掌握灯光移动旋转关键帧的设置方法

## 制作过程

资源路径：案例文件\Chapter 4\原始文件\制作阳光旋转动画\制作阳光旋转动画.max

案例文件\Chapter 4\最终文件\制作阳光旋转动画\制作阳光旋转动画.max

步骤 1 在学习制作阳光移动旋转动画的方法之前，先来预览一下阳光动画的最终效果，如图4-71所示。打开原始场景文件，如图4-72所示。

图4-71 阳光动画的最终效果

图4-72 打开原始场景文件

步骤 2 切换至【创建】|【灯光】面板，在【对象类型】选项栏中选择【泛光】命令，在雕塑上方的位置上创建一盏泛光灯，如图4-73所示。选择创建的泛光灯对象，切换至【修改】面板，在强度/颜色/衰减卷展栏中将【倍增】设置为0.3，如图4-74所示。

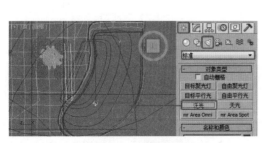

图4-73 创建泛光灯

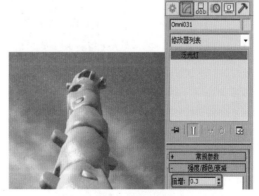

图4-74 设置灯光倍增参数

提示：【倍增】：对灯光的照射强度进行控制，标准值为1，如果设置为2，则照射强度会增加1倍。如果设置为负值，将会产生吸收光的效果。通过这个选项增加场景的亮度可能会造成场景曝光，还会产生视频无法接受的颜色，所以除非是特殊效果或特殊情况，否则应尽量设置为1。

步骤3 在菜单栏中选择【渲染】|【效果】命令，打开【环境和效果】对话框，在【效果】选项卡中将其默认的【镜头效果】删除，然后重新为其添加一个【镜头效果】，如图4-75所示。选择添加的【镜头特效】，在【镜头效果参数】卷展栏中添加【光晕】效果，如图4-76所示。

图4-75　添加【镜头特效】

图4-76　添加【光晕】效果

步骤4 在【镜头效果全局】卷展栏中单击【灯光】组中的【拾取灯光】按钮，在场景中选择创建的泛光灯对象，如图4-77所示。在【光晕元素】卷展栏中将【大小】设置为50.0，在【径向颜色】选项组中将第二个颜色的RGB值设置为52、126、208，如图4-78所示。

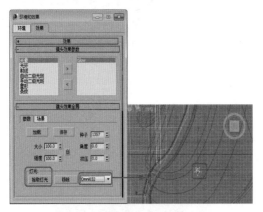

图4-77　选择泛光灯对象

图4-78　光晕参数

步骤5 切换至摄影机视图，按【F9】键渲染此时的光晕效果，如图4-79所示。然后为灯光添加一个【手动二级光斑】效果，并在【手动二级光斑元素】卷展栏中将【大小】设置为5.0，如图4-80所示。

提示：在渲染输出之前，要先确定好将要输出的视图。渲染出的结果是建立在所选视图的基础之上的。选取方法是单击相应的视图，被选中的视图将以亮边显示。

步骤6 为灯光添加【自动二级光斑】效果，并在【自动二级光斑元素】卷展栏中将【最小】设置为2.0，将【轴】设置为1.5，将【数量】设置为15，将【最大】设置为15.0，将【强度】设置为150.0，将【使用源色】设置为40.0，如图4-81所示。为灯光添加【条纹】效果，单击【自动关键点】按钮，开启动画记录模式，将时间滑块移动至第60帧位置，将【角度】设置为30.0，如图4-82所示。

图4-79　渲染光晕效果

图4-80　设置【手动二级光斑元素】参数

图4-81　设置【自动二级光斑元素】参数

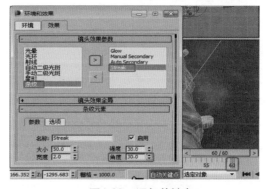

图4-82　添加关键点

步骤 7　在第0帧位置将泛光灯的位置调整至合适的位置，如图4-83所示。将时间滑块移至第60帧位置，使用【移动】和【旋转】工具将灯光移动至合适的位置，如图4-84所示。

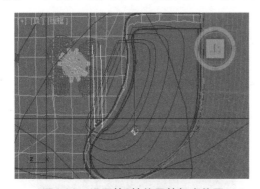

图4-83　设置第0帧位置的灯光位置

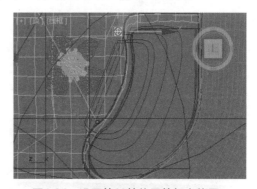

图4-84　设置第60帧位置的灯光位置

步骤 8　单击【自动关键点】按钮，关闭动画记录模式，在场景中预览灯光的运动效果如图4-85所示，预览动画效果如图4-86所示。

图4-85　预览灯光运动效果　　　　　　图4-86　预览动画效果

 实例 31　泛光灯应用——路灯动画

本例将介绍使用【泛光灯】对象的【倍增】参数，结合【自发光】参数来设置夜晚的路灯动画，主要使用开启【自动关键点】动画模式来完成。

**学习目标**

熟练掌握路灯模型的创建方法及复制方法

熟练掌握【泛光灯】的创建和复制

熟练掌握使用【泛光灯】参数设置动画的方法

**制作过程**

资源路径：案例文件\Chapter 4\原始文件\制作路灯动画\制作路灯动画.max

案例文件\Chapter 4\最终文件\制作路灯动画\制作路灯动画.max

步骤 1　在讲解制作路灯动画之前，先预览一下路灯动画的最终效果，如图4-87所示，打开原始场景文件，如图4-88所示。

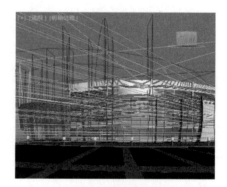

图4-87　路灯动画最终效果　　　　　　图 4-88　打开原始场景文件

步骤 2　在视图中选取一个合适的观察角度，按【F9】键快速渲染一次场景，默认灯光下的效果如图4-89所示。切换至【创建】|【灯光】面板，在【对象类型】卷展栏中选择【泛光灯】效果，在场景中创建一盏泛光灯，将其位置调整至灯罩内，如图4-90所示。

> 提示：泛光灯可以投射阴影和投影，单个投射阴影的泛光灯等同于六盏聚光灯的效果，从中心指向外侧。另外泛光灯常用来模拟灯泡、台灯等光源对象。

图4-89 渲染默认场景效果

图4-90 创建泛光灯

■ 步骤3 单击【自动关键点】按钮，开启动画记录模式，在第0帧处进入灯光参数面板，设置其【倍增】值为0，将颜色的RGB值设置为238、249、254，如图4-91所示。将时间滑块移动至第60帧位置处，将泛光灯的【倍增】值设置为2.5，单击【自动关键点】按钮，退出动画记录模式，然后勾选【远距衰减】卷展栏中的【使用】和【显示】复选框，如图4-92所示。

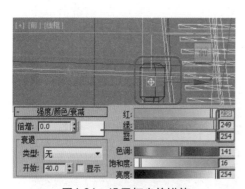

图4-91 设置灯光倍增值

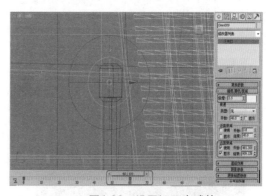

图4-92 设置远距衰减值

■ 步骤4 在场景中按住【Shift】键，将设置好关键帧参数的泛光灯以【实例】方式复制6个副本，分别放在其他的路灯上，如图4-93所示。按【M】键快速弹出【材质编辑器】对话框，选择ludeng材质球，将其颜色设置为白色，如图4-94所示。

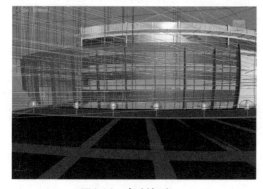

图4-93 复制灯光

图4-94 设置ludeng材质球颜色

提示：材质的制作是一个相对复杂的过程，材质中的贴图主要用于模拟物体的质地、提供纹理图案、反射、折射等其他效果，依靠各种类型的贴图可以制作出千变万化的材质。用户可以通过本章的学习对3ds Max进一步了解。

步骤 5 单击【自动关键点】按钮，开启动画记录模式，将时间滑块移至第60帧处，将【自发光】参数设置为100，如图4-95所示。将这个材质应用给灯罩对象，关闭动画记录模式，在第0帧处渲染场景，效果如图4-96所示。

图4-95　设置第60帧的自发光参数　　　　　　图4-96　渲染第0帧的场景效果

步骤 6 将时间滑块移至第20帧处，按【F9】键渲染场景的路灯效果如图4-97所示，发现路灯已开始渐渐亮起来了，到了第60帧处时，整个路灯完全亮了，如图4-98所示。

图4-97　渲染第20帧的路灯效果　　　　　　图4-98　渲染第60帧的路灯效果

 **实例32　自由聚光灯应用——灯光摇曳动画**

【自由聚光灯】对象的功能和【目标聚光灯】一样，只是它没有目标对象，用户可以移动或旋转调整【自由聚光灯】对象的灯光方向，还可以为它设置动画，下面介绍使用【自由聚光灯】对象制作灯光摇曳动画的方法。

**学习目标**

掌握标准几何体的创建和编辑方法

熟练掌握对象关键帧的设置

掌握【选择并链接】工具的应用

## 制作过程

资源路径: 案例文件\Chapter 4\原始文件\制作灯光摇曳动画\制作灯光摇曳动画.max

案例文件\Chapter 4\最终文件\制作灯光摇曳动画\制作灯光摇曳动画.max

**步骤 1** 在学习灯光摇曳动画之前, 先预览这个动画的最终效果, 如图4-99所示。打开原始场景文件, 如图4-100所示, 该场景为一个地下室仓库模型。

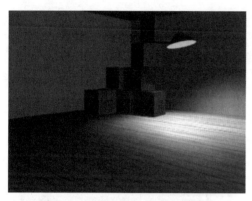
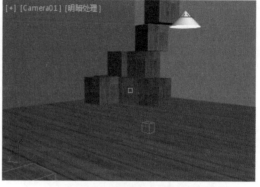

图4-99　灯光摇曳动画最终效果　　　　图4-100　打开原始场景文件

**步骤 2** 按【H】键, 在弹出的对话框中选择【Fspot01】, 单击【确定】按钮, 选择灯光对象, 如图4-101所示。在工具栏中单击【选择并链接】按钮 🔗, 将灯光链接到圆锥体对象上, 如图4-102所示。

> 📖 提示: 【选择并链接】: 使用【选择并链接】工具可以通过将两个对象链接作为子和父, 子级将继承应用于父的变换(移动、旋转、缩放), 但是子级的变换对父级没有影响。

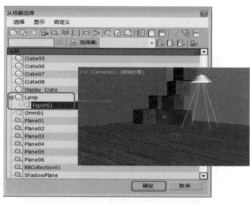
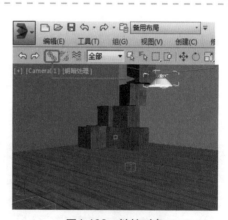

图4-101　选择灯光对象　　　　图4-102　链接对象

**步骤 3** 单击【自动关键点】按钮, 开启动画记录模式, 将时间滑块移至第40帧处, 使用旋转工具旋转圆锥体对象, 如图4-103所示。将时间滑块拖动至第80帧处, 再次使用【旋转并移动】工具设置该对象的角度, 如图4-104所示。

**步骤 4** 使用相同的方法设置其他帧处的位置和角度, 效果如图4-105所示。单击【自动关键点】按钮, 关闭动画记录模式, 在第40帧处按【F9】键快速渲染灯光运动效果, 如图4-106所示。

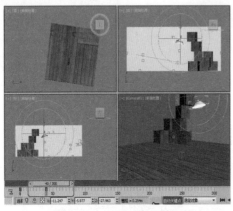

图4-103　旋转圆锥体对象

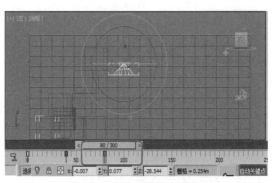

图4-104　在第80帧上设置对象角度

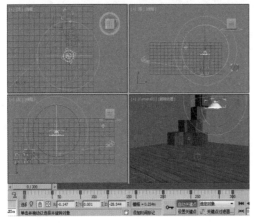

图4-105　设置其他关键帧后的效果

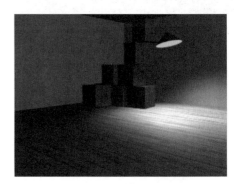

图4-106　渲染后的效果

提示：在设置圆锥体对象的旋转关键帧之前，先要在【层次】命令面板中将对象的坐标轴中心调整到圆锥体的顶端，这样对象才能绕着圆锥顶点旋转。

步骤 5　在第80帧处灯光又回到了原始位置，渲染出来的效果如图4-107所示，在第120帧处，灯光向左运动了，渲染效果如图4-108所示。

图4-107　第80帧处的渲染效果

图4-108　第120帧处的渲染效果

# 实例33　泛光灯应用——灯光闪烁动画

本例将介绍为【泛光灯】对象的【倍增】参数设置动画关键帧，使它产生由暗变亮的效果，通过将曲线超出范围类型设置为【循环】，来为灯光设置闪烁效果。

## 学习目标

掌握使用【泛光灯】的【倍增】参数设置动画的方法
掌握设置灯光闪烁效果的方法

## 制作过程

资源路径：案例文件\Chapter 4\原始文件\制作灯光闪烁动画\制作灯光闪烁动画.max
案例文件\Chapter 4\最终文件\制作灯光闪烁动画\制作灯光闪烁动画.max

步骤1 在制作灯光闪烁动画之前，先预览一下动画的最终效果，如图4-109所示。打开灯光闪烁动画的原始场景文件，如图4-110所示，该场景为一间小木屋。

图4-109　灯光闪烁最终效果

图4-110　打开原始场景文件

步骤2 选择摄影机视图，单击【渲染产品】按钮，渲染默认场景效果，如图4-111所示。进入【灯光】对象面板，单击【泛光灯】按钮，在灯泡内创建一盏泛光灯，如图4-112所示。

提示：在选择视图时可以按下键盘上的字母进行切换，例如，按【T】键当前视图就会切换为【顶】视图；按【F】键，当前视图就会切换至【前】视图；按【L】键，当前视图就会切换为【左】视图；按【P】键，当前视图就会切换到【透视】视图，按【C】键，当前视图就会切换至【Camera01】。

图4-111　渲染默认场景

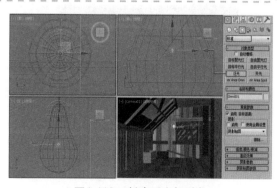

图4-112　创建泛光灯对象

步骤 3 在场景中按【N】键快速开启动画记录模式，将时间滑块移至第0帧处，切换至【修改】命令面板，在【强度/颜色/衰减】卷展栏中设置【倍增】参数为0.0，如图4-113所示，将时间滑块移至第15帧处，在【强度/颜色/衰减】卷展栏中将【倍增】设置为1.5，如图4-114所示。

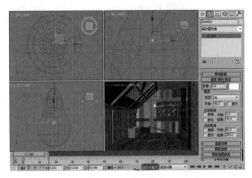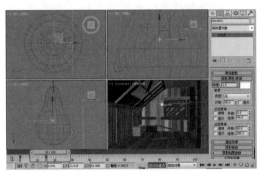

图4-113 设置第0帧灯光参数　　　　　　　图4-114 设置第15帧灯光参数

步骤 4 单击灯光【倍增】参数后的色块，在弹出的【颜色选择器：灯光颜色】对话框中将颜色RGB值分别设置为255、245、195，如图4-115所示。在摄影机视图中按【F9】键渲染一次场景的灯光效果，如图4-116所示。

提示：【颜色块】：用于设置灯光的颜色。

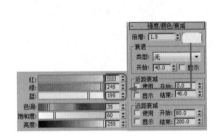

图4-115 设置灯光颜色　　　　　　　图4-116 渲染场景灯光效果

步骤 5 将时间滑块移至第30帧处，在【强度/颜色/衰减】卷展栏中将【倍增】设置为0.0，如图4-117所示。按【N】键退出动画记录模式，在【大气和效果】卷展栏中单击【添加】按钮，在弹出的【添加大气或效果】对话框中选择【镜头效果】，单击【确定】按钮，即可添加【镜头效果】，如图4-118所示。

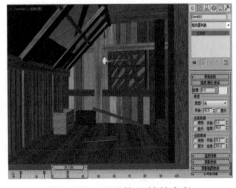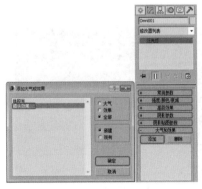

图4-117 设置第30帧的参数　　　　　　　图4-118 添加镜头效果

> 📖 提示：灯光对象的特效添加方法还可以在【环境和效果】对话框中进行，在【大气】卷展栏中单击【添加】按钮，在弹出的【添加大气效果】对话框中选择需要添加的效果，单击【确定】按钮，然后在【环境和效果】对话框中单击【拾取灯光】按钮，再拾取场景中的灯光。

■ 步骤6 在【大气和效果】卷展栏中选择添加的【镜头效果】，单击【设置】按钮，在弹出的【环境和效果】对话框中展开【镜头效果参数】卷展栏，并添加【光晕】效果，如图4-119所示。按【N】键快速开启动画记录模式，确认时间滑块位于第15帧处，在【光晕元素】卷展栏中将【强度】设置为170.0，并单击【径向颜色】选项组中的第二个色块，在弹出的对话框中将RGB值分别设置为255、246、0，如图4-120所示。

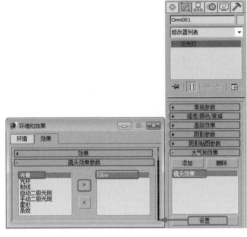

图4-119　添加【光晕】效果

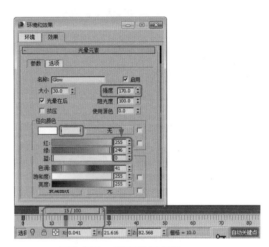

图4-120　设置光晕参数

■ 步骤7 返回摄影机视图，按【F9】键快速渲染场景中的灯光效果，如图4-121所示，将时间滑块移至起始帧处，将【强度】设置为100.0，如图4-122所示。

图4-121　渲染效果

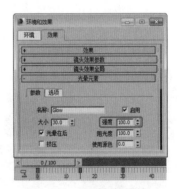

图4-122　设置起始帧的

■ 步骤8 按【N】键退出动画记录模式，在主工具栏中单击【曲线编辑器】按钮🖵，弹出【轨迹视图-曲线编辑器】对话框，并在左侧的控制器窗口中选择【泛光灯】的【倍增】选项，在右侧的功能曲线窗口中将显示倍增参数的关键点，如图4-123所示，拖动鼠标将3个关键点全部选中，然后在菜单栏中选择【编辑】|【控制器】|【超出范围类型】命令，如图4-124所示。

■ 步骤9 弹出【参数曲线超出范围类型】对话框，选择【循环】类型，如图4-125所示。单击【确定】按钮，此时功能曲线窗口中将循环显示第0～30帧的关键点信息，如图4-126所示。

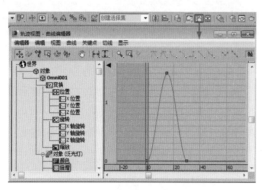

图4-123 选择【倍增】选项

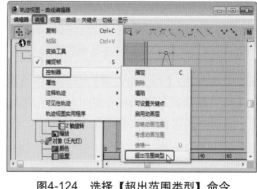

图4-124 选择【超出范围类型】命令

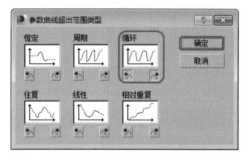

图4-125 选择【循环】类型

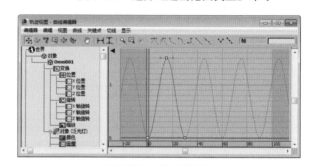

图4-126 循环效果

> 提示：在一个范围内重复相同的动画，但是会在范围内的结束帧和起始帧之间进行插值来创建平滑的循环。如果初始和结束关键点同时位于范围的末端，循环实际上会与周期类似。如果使用【位置范围】来扩展范围栏超出关键点，附加的长度会确定在结束帧和起始帧之间用于插值的时间量。使用带有扩展范围栏的循环来产生平滑的重复动画。

▓▓ **步骤 10** 在摄影机视图中拖动时间滑块预览动画，当在第45帧时，按【F9】键渲染场景的灯光效果，如图4-127所示，从效果图上可以看出第45帧和第15帧的效果一样，在第60帧处渲染场景的灯光效果如图4-128所示。

图4-127 渲染第45帧的效果

图4-128 渲染第60帧的效果

▓▓ **步骤 11** 在检查确认了动画循环的连贯性后，按【F10】键快速打开【渲染设置：默认扫描线渲染器】对话框，设置动画的渲染输出，在渲染到第70帧时，灯光的闪烁效果如图4-129所示，在渲染到第85帧时的效果如图4-130所示。

图4-129　渲染到第70帧的效果

图4-130　渲染到第85帧的效果

 **实例34　目标聚光灯应用——日光模拟动画**

3ds Max中提供了【目标聚光灯】、【自由聚光灯】、【目标平行光】、【自由平行光】和【泛光灯】等8种类型的标准灯光，这些灯光可以在场景中相互作用。一个场景中往往需要多个灯光照明才能体现出真实的照明效果，下面将介绍使用【目标聚光灯】制作一个日光模拟动画的方法。

**学习目标**

掌握【目标聚光灯】的使用方法

掌握日光模拟动画关键帧的设置方法

**制作过程**

资源路径：案例文件\Chapter 4\原始文件\制作日光模拟动画\制作日光模拟动画.max

案例文件\Chapter 4\最终文件\制作日光模拟动画\制作日光模拟动画.max

■ 步骤1 在学习制作该动画之前，先预览一下日光模拟动画的最终效果，如图4-131所示。打开本例的相关原始场景文件，如图4-132所示。

图4-131　日光模拟动画效果

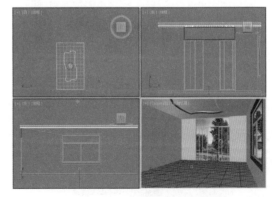

图4-132　打开原始场景文件

■ 步骤2 选择【创建】|【灯光】|【标准】命令，单击【目标聚光灯】按钮，在场景中创建一盏目标聚光灯对象，如图4-133所示。按【N】键开启动画记录模式，在第0帧处将灯光的目标对

象向下移动一段距离，如图4-134所示。

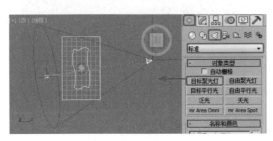

图4-133　创建目标聚光灯

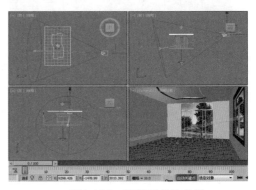

图4-134　调整对象的位置

步骤3 将时间滑块移动至100帧位置处，调整灯光的位置，效果如图4-135所示。单击【自动关键点】按钮，退出动画记录模式，渲染摄影机运动到第30帧处时的画面效果，如图4-136所示。

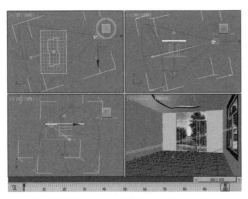

图4-135　调整灯光的位置

图4-136　渲染第30帧的效果

步骤4 渲染动画在第60帧时的效果如图4-137所示，渲染到第100帧处时的画面效果如图4-138所示。

图4-137　渲染第60帧的效果

图4-138　渲染第100帧的效果

> 提示：一般情况下，通常选择【透视】图或【Camera】视图来进行渲染。可先选择视图再渲染，也可以在【渲染设置】对话框中设置视图。

# 第5章

## 约束和控制器 动画

　　3ds Max中提供了多种类型的动画约束和动画控制器。动画控制器是处理所有动画值的存储和插值的插件。约束是自动化动画过程控制器的一种特殊类型，通过与另一个对象的绑定关系，可以使用约束来控制对象的位置、旋转或缩放。约束需要一个设置动画的对象及至少一个目标对象。本章将通过大量的实例来讲解动画约束和控制器的使用方法。

# 实例 35  路径约束应用——汽车动画

路径约束会使一个对象沿着一条样条线或在多个样条线之间进行移动，通过设置参数能对样条线平均距离间的移动进行限制，可以制作出各种不同的动画效果。下面将介绍使用路径约束技术制作汽车行驶动画的制作方法。

## 学习目标

掌握样条线的绘制及编辑方法
掌握路径约束的添加方法
掌握路径约束参数的动画关键帧设置

## 制作过程

资源路径：案例文件\Chapter 5\原始文件\制作汽车动画\制作汽车动画.max
案例文件\Chapter 5\最终文件\制作汽车动画\制作汽车动画.max

步骤 1  在学习制作汽车动画之前，先预览汽车行驶的最终效果，如图5-1所示。打开本例的相关原始场景文件，如图5-2所示。

图5-1  汽车动画最终效果

图5-2  打开原始场景文件

步骤 2  在场景中选择一辆大巴车和路面对象，按【Alt+Q】组合键将选择对象孤立显示，如图5-3所示。单击动画控件区域的【时间配置】按钮，弹出【时间配置】对话框，设置汽车动画的时间为200帧，如图5-4所示。

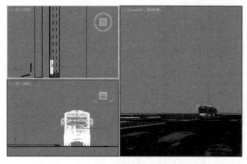

图5-3  选择一辆车和路面

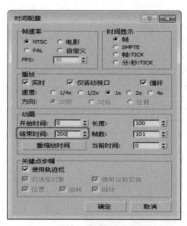

图5-4  设置动画时间

**步骤 3** 选择【创建】|【图形】命令，单击【线】按钮，在【顶】视图中绘制一条直线，用做第一辆汽车的运动路径，如图5-5所示。选择汽车对象，在主菜单栏中选择【动画】|【约束】|【路径约束】命令，如图5-6所示。

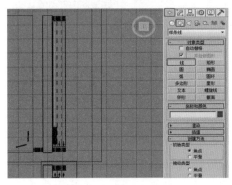

图5-5 绘制一条直线

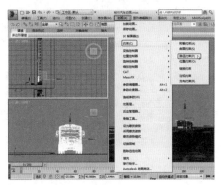

图5-6 选择【路径约束】命令

> 提示：在绘制【线】时，在视图中单击确定第一个顶点，然后拖动鼠标确定样条线的长度，单击确定第二个点，右击将完成线的绘制。例如，同时按住【Shift】键进行绘制，将得到一条垂直的直线。

**步骤 4** 在场景中拾取样条线对象，此时汽车就自动跳至样条线的起点位置，如图5-7所示。调整样条线的位置，在视图中拖动时间滑块可以预览到汽车开始沿着样条线运动，如图5-8所示。

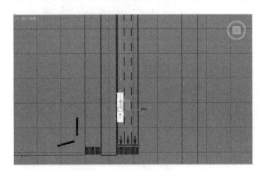

图5-7 拾取样条线

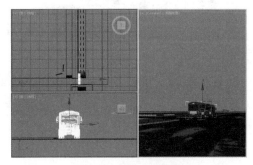

图5-8 预览汽车的运动

**步骤 5** 取消孤立，在场景中加选另一辆小轿车，在此执行那孤立命令。将它孤立显示出来，如图5-9所示。单击【线】按钮，再绘制出一条样条线，如图5-10所示。

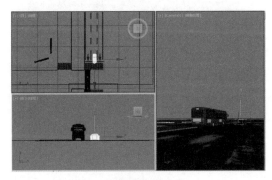

图5-9 选择第2辆汽车

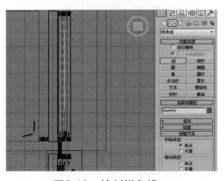

图5-10 绘制样条线

**步骤 6** 使用相同的方法为第2辆小轿车添加【路径约束】命令，如图5-11所示。切换到【前】视图，向上移动样条线，将车子的位置调整到地面上，如图5-12所示。

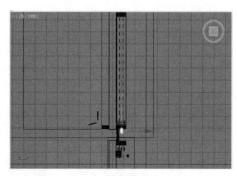

图5-11 添加路径约束

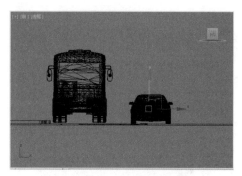

图5-12 调整车的位置

**步骤 7** 选择小轿车对象，进入【运动】命令面板，在【位置列表】卷展栏中选择添加的路径约束，如图5-13所示。按【N】键开启动画记录模式，在第200帧处，进入到【路径约束】参数卷展栏中设置路径参数，如图5-14所示。

图5-13 选择添加的路径约束

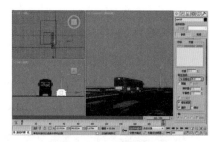

图5-14 设置路径参数

> 📖 提示：在默认情况下，当约束对象到达路径末端时，它不会越过末端点。【循环】复选框启用后会改变这一行为，当约束对象到达路径末端时会循环回起始点。【相对】复选框启用后将保持约束对象的原始位置。对象会沿着路径同时有一个偏移距离，这个距离基于其原始的世界空间位置。

**步骤 8** 按【N】键退出动画记录模式，单击【线】按钮，在【顶】视图中绘制新的路径样条线，如图5-15所示。将第3辆小汽车约束到该样条线上，它的位置效果如图5-16所示。

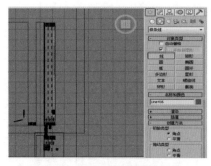

图5-15 绘制新的路径样条线

图5-16 约束第3辆小汽车位置

**步骤 9** 按【N】键开启动画记录模式，切换至【修改】命令面板，在第200帧处将第3辆小汽车的路径参数设置为60.0%，如图5-17所示。按照相同的方法将其他的车辆都添加【路径约束】，此时这些车辆产生了不同速度的行驶效果，在【摄影机】视图中预览汽车的运动效果，如图5-18所示。

图5-17 设置第3辆汽车的路径参数

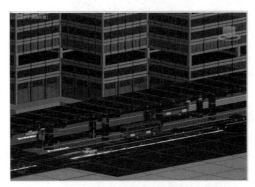

图5-18 预览汽车的运动效果

步骤 10 按【C】键切换到【摄影机】视图中，拖动时间滑块播放整个汽车行驶的动画效果，在第35帧处汽车行驶的位置效果如图5-19所示。在第50帧处汽车运动的位置效果如图5-20所示。

图5-19 在第35帧汽车运动效果

图5-20 在第50帧汽车运动效果

步骤 11 将场景中的所有对象显示出来，如图5-21所示。在视图中反复拖动时间滑块预览动画，确认汽车运动的连贯性后，按【F9】键快速渲染场景中的画面。如图5-22所示为第0帧处的画面效果。

图5-21 显示所有对象

图5-22 预览第0帧的画面效果

步骤 12 在第60帧处汽车运动的效果如图5-23所示。当汽车运动到第100帧时，它们的位置效果如图5-24所示。

步骤 13 在第175帧处时，前面的车辆开过以后，后面将继续有汽车行驶过来，如图5-25所示。在第40帧的位置上时，所有的汽车运动的位置效果如图5-26所示。

图5-23　第60帧的汽车运动效果

图5-24　第100帧的汽车运动效果

图5-25　第175帧的汽车运动效果

图5-26　第40帧的汽车运动效果

## 实例 36　路径约束应用——篮球火动画

下面继续介绍使用【路径约束】和【位置约束】制作篮球火的动画，其中在设置篮球火的动画时应用到了【大气和效果】参数，在制作篮球火飞行动作时，应用到了【轨迹视图：曲线编辑器】对话框来编辑。

### 学习目标

巩固【变形】修改器的使用

掌握篮球火动作的设置

掌握【指定控制器】对话框的应用

掌握对象运动火焰参数的设置方法

### 制作过程

资源路径：案例文件\Chapter 5\原始文件\制作篮球火动画\制作篮球火行动画.max

案例文件\Chapter 5\最终文件\制作篮球火动画\制作篮球火动画.max

▏步骤1▏在学习制作篮球火运动动画之前先打开本例的最终文件预览一下最终效果，如图5-27所示。打开本例的相关原始场景，如图5-28所示。

图5-27 篮球火动画最终效果

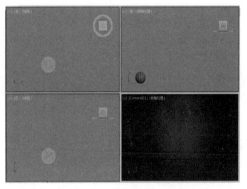

图5-28 打开原始场景文件

步骤2 使用【创建】|【图形】|【弧】命令，绘制一条样条曲线，如图5-29所示。选择篮球对象，在主菜单栏中选择【动画】|【约束】|【路径约束】命令，将篮球约束到样条线上，如图5-30所示。

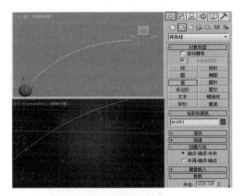

图5-29 绘制样条曲线

图5-30 选择【路径约束】命令

步骤3 单击【自动关键点】按钮，开启动画模式，将时间帧移动到0帧处，调整篮球的位置如图5-31所示。然后将时间帧移动到60帧处，调整篮球的位置如图5-32所示。

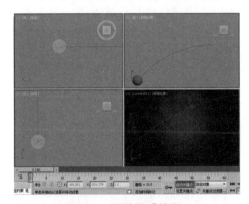

图5-31 调整篮球位置

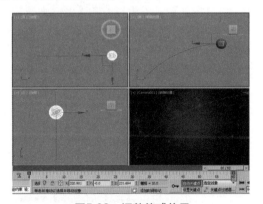

图5-32 调整篮球位置

步骤4 按【N】键，退出动画模式。在命令面板中选择【创建】|【辅助对象】|【大气装置】|【球体】命令，在前视图中绘制一个球体，如图5-33所示。切换到【运动】命令面板，在【指定控制器】卷展栏中选择【变换】|【位置】命令，然后单击【指定控制器】按钮，弹出【指定位置控制器】对话框，在该对话框中选择【位置约束】选项，然后单击【确定】按钮，如图5-34所示。

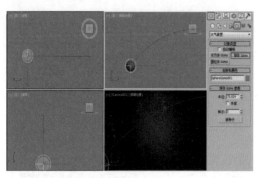

图5-33　创建球体

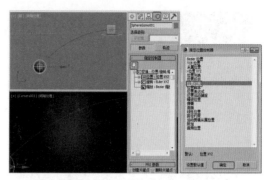

图5-34　设置【位置约束】

步骤5 选择绘制的球体，在主菜单栏中选择【动画】|【约束】|【位置约束】命令，将其位置约束到篮球上，如图5-35所示。切换到【修改】命令面板，在【大气和效果】卷展栏中单击【添加】按钮，弹出【添加大气】对话框，选择【火效果】并单击【确定】按钮，如图5-36所示。

图5-35　选择【位置约束】命令

图5-36　添加【火效果】

步骤6 单击【设置】按钮，弹出【环境和效果】对话框，在【火效果参数】卷展栏中，在【图形】选项组中将【火焰类型】设置为【火球】，在【特性】选项组中将【火焰大小】设置为35.0，将【密度】设置为15.0将【火焰细节】设置为3.0，将【采样】设置为15，在【动态】卷展栏中将【相位】和【漂移】设置为0.0，如图5-37所示。在命令面板中选择【创建】|【辅助对象】|【大气装置】|【球体】命令，在【球体Gizmo参数】卷展栏中，勾选【半球】选项，将【种子】设置为1 2184，绘制如图5-38所示的半球。

提示：在三维动画中，火焰效果主要是为了烘托表现形式经常要用到的效果之一，除此之外，与火焰有关的特效还有火焰、火球、火炬、烟火、爆炸效果和星云等。

步骤7 使用【选择并均匀缩放】、【选择并旋转】和【选择并移动】命令，调整半球的大小和位置。如图5-39所示。切换到【运动】命令面板，在【指定控制器】卷展栏中选择【变换】|【位置】命令，然后单击【指定控制器】按钮，弹出【指定位置控制器】对话框，在该对话框中选择【位置约束】选项，然后单击【确定】按钮，如图5-40所示。

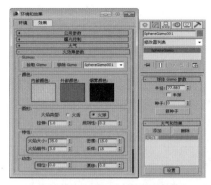

图5-37 设置【火效果】参数

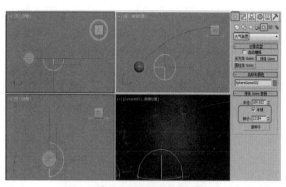

图5-38 创建半球

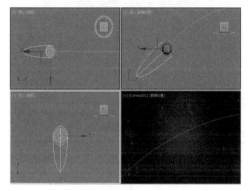

图5-39 调整半球位置

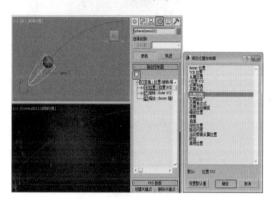

图5-40 设置【位置约束】

步骤8 选择绘制的半球体，在主菜单栏中选择【动画】|【约束】|【位置约束】命令，将其位置约束到篮球上。切换到【修改】命令面板，在【大气和效果】卷展栏中单击【添加】按钮，弹出【添加大气】对话框，选择【火效果】，并单击【确定】按钮，如图5-41所示。

步骤9 单击【设置】按钮，弹出【环境和效果】对话框，在【火效果参数】卷展栏中，在【图形】选项组中将【火焰类型】设置为【火球】，在【特性】选项组中将【火焰大小】设置为40.0，将【密度】设置为15.0将【火焰细节】设置为3.0，将【采样】设置为30，在【动态】卷展栏中将【相位】和【漂移】设置为0.0，将时间帧移动到0帧处，单击【设置关键点】按钮，如图5-42所示。

图5-41 添加【火效果】

图5-42 设置【火效果】参数

提示：要设置位置约束。必须具备一个物体以及另外一个或多个目标物体，物体被指定位置约束后就开始被约束在目标物体的位置上。如果目标物体运动，会使当前物体跟随运动。

**步骤 10** 将时间帧移动到30帧处，在【环境和效果】对话框，将【动态】卷展栏中的【相位】设置为130.0，将【漂移】设置为45.0，单击【设置关键点】按钮，如图5-43所示。将时间帧移动到60帧处，将【相位】设置为260.0，将【漂移】设置为90.0，单击【设置关键点】按钮，如图5-44所示。

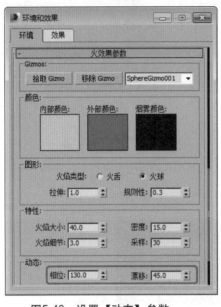

图5-43 设置【动态】参数

图5-44 设置【动态】参数

**步骤 11** 激活【透视】图，拖动时间滑块移动到25帧处，渲染效果如图5-45所示。当将时间滑块移动到45帧处时，渲染效果如图5-46所示。

图5-45 25帧处渲染效果

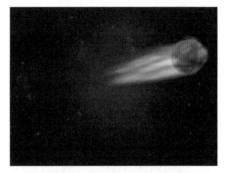

图5-46 45帧处渲染效果

## 实例 37 链接约束应用——人物提包动画

　　【链接约束】可以在对象之间传递层次链接，使对象继承目标对象的位置、旋转度和比例，这样场景中的不同对象便可以同时应用链接约束的对象运动。下面将介绍使用【链接约束】来制作建筑动画中人物提包动画的制作方法。

## 学习目标

掌握导入动画BIP文件的方法

掌握【链接约束】的添加和设置方法

## 制作过程

资源路径：案例文件\Chapter 5\原始文件\制作人物提包动画\制作人物提包动画.max

案例文件\Chapter 5\最终文件\制作人物提包动画\制作人物提包动画.max

**步骤1** 在讲解人物提包动画的制作方法之前，先预览一下这个动画的最终效果，如图5-47所示。打开本例的原始场景文件，如图5-48所示，该场景中包含一个人物模型和一个皮包模型，其中人物模型已经进行过蒙皮处理。

图5-47　人物提包动画效果

图5-48　打开原始场景文件

**步骤2** 在场景中选择任意一个骨骼关节对象，切换至【运动】命令面板，展开【Biped】卷展栏，如图5-49所示。单击【导入文件】按钮，在弹出的对话框中选择配套资源中的【提包.BIP】文件，如图5-50所示。

图5-49　展开【Biped】卷展栏

图5-50　选择需要导入的素材文件

**步骤3** 单击【打开】按钮，将选择的BIP文件导入到模型的骨骼上，在视图中可以观察到角色的姿势动作发生了改变，如图5-51所示。使用视口控件按钮将【透视】视图中的观察角度调整到合适的位置，如图5-52所示。

**步骤4** 在视图中拖动时间滑块，可以预览角色行走的效果，如图5-53所示。单击【自动关键点】按钮，将时间滑块移至第4帧，在场景中选择【文件包】对象，将该对象中的全部关键帧删除，如图5-54所示。

图5-51　导入BIP文件效果

图5-52　调整视图角度

提示：在场景中全选所有的角色骨骼关节并右击，在弹出的快捷菜单中选择【对象属性】命令，在弹出的对话框中勾选【显示为长方体】复选框，将骨骼对象显示为长方体外框，方便选择和调整。

图5-53　预览角色的行走效果

图5-54　删除全部关键帧

步骤5　单击【自动关键点】按钮，退出动画记录模式，将时间滑块移至第247帧处，人物出现了一个弯腰的动作姿势，如图5-55所示。将箱子移动到人物的右手边上，如图5-56所示。

图5-55　将时间定格在第247帧

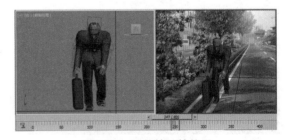

图5-56　调整箱子的位置

步骤6　选择人物模型，切换到【显示】命令面板，单击【隐藏】选项组中的【隐藏选定对象】按钮将人物模型隐藏，如图5-57所示。选择箱子对象，切换至【运动】命令面板，展开【指定控制器】卷展栏，选择【变换】|【链接参数】选项，如图5-58所示。

步骤7　单击【指定控制器】按钮，在弹出的对话框中选择【链接约束】选项，如图5-59所示。设置完成后单击【确定】按钮，在【命令面板】中展开【链接参数】卷展栏，单击【添加链接】按钮，在视图中将任务模型隐藏，拾取右手上的骨骼对象为链接对象，如图5-60所示。

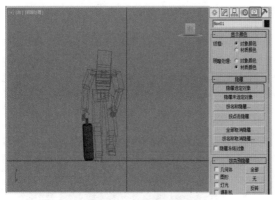

图5-57 隐藏人物模型

图5-58 选择【链接参数】选项

图5-59 选择【链接约束】选项

图5-60 添加链接对象

步骤 8 将箱子链接到手上之后，箱子便可随着人物运动而运动，如图5-61所示。单击【自动关键点】按钮，将时间滑块移至第248帧位置，使用【旋转工具】将人物的手指骨骼旋转为握着箱子的姿势，如图5-62所示。

图5-61 箱子运动的效果

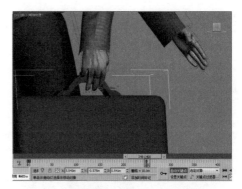

图5-62 设置第248帧的人物手指姿势

步骤 9 将时间滑块移至第249帧位置，使用同样的方法，将人物手指在第250~400帧位置旋转相同的姿势，如图5-63所示。切换至【创建】|【几何体】选项，在【对象类型】卷展栏中选择【平面】选项，在场景中创建一个平面对象，如图5-64所示。

步骤 10 按【M】键快速打开【材质编辑器】窗口，选择一个空白材质球。选择Standard选项，在弹出的对话框中选择【天光/投影】选项，如图5-65所示。单击【确定】按钮，将该材质指定给场景中的平面对象，切换至【创建】|【灯光】对象面板，在【对象类型】卷展栏中选择【泛

光】对象，在场景中创建一盏泛光灯对象，并将其调整至合适的位置，如图5-66所示。

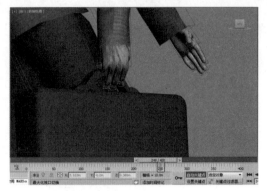

图5-63  设置第249帧及第250~400帧的手指姿势

图5-64  创建平面

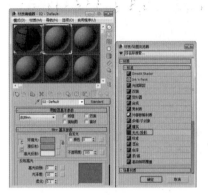

图5-65  选择【天光/投影】

图5-66  选项常见泛光灯

提示：标准的泛灯光用来照亮场景，它的优点是易于建立和调节不用考虑是否有对象在范围外而不被照亮，缺点就是不能创建太多，否则显得无层次感。

步骤11  然后复制两个泛光灯，并将其【倍增】值设置为0.6，调整至合适的位置，如图5-67所示。在视图中按【F9】键快速渲染一次场景的灯光效果，如图5-68所示。

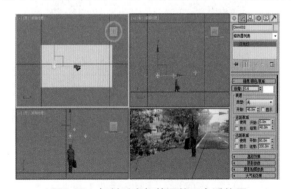

图5-67  复制泛光灯并调整至合适位置

图5-68  渲染灯光效果

步骤12  单击工具栏中的【选择并链接】按钮🔗，将灯光链接到人物上，使灯光总是照射着人物。将时间滑块拖动至第300帧，渲染灯光效果如图5-69所示。在场景中拖动时间滑块播放预览动画后，可以使用渲染场景画面的方法来检查场景的动画效果。图5-70所示为第80帧的效果。

图5-69　预览第300帧时灯光动画效果

图5-70　第80帧的效果

步骤 13 将时间滑块向后移至第120帧处，渲染场景的画面效果如图5-71所示。将时间滑块移至第200帧处，在场景中选择【皮包】对象，将其链接到世界，并在视图中调整皮包的位置，如图5-72所示。

图5-71　第120帧的效果

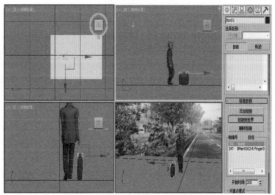

图5-72　调整皮包的位置

> 提示：使用链接约束来创建物体始终链接到其他物体上的动画，可以使物体继承其相对应目标物体的位置、角度和缩放等动画属性。

步骤 14 将时间滑块移至第247帧处，调整皮包的位置，如图5-73所示。设置完成后预览效果，重新调整一下任务的大小与位置，第300帧位置的效果如图5-74所示。

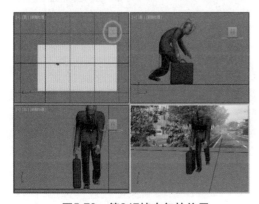

图5-73　第247帧皮包的位置

图5-74　第300帧位置效果

## 实例 38　链接约束应用——捡球动画

　　下面继续讲解使用【链接约束】制作一段机器手臂捡球动画的制作方法，这个动画中还应用到了【软管】对象和设置骨骼关键帧的知识。

### 学习目标

　　掌握【软管】对象模拟弹簧运动的方法
　　掌握设置骨骼关键帧的操作方法
　　掌握使用【链接约束】制作球的跟随动画

### 制作过程

　　资源路径：案例文件\Chapter 5\原始文件\制作捡球动画\制作捡球动画.max
　　　　　　　案例文件\Chapter 5\最终文件\制作捡球动画\制作捡球动画.max

　　步骤 1　在学习制作捡球动画之前，先预览一下动画的最终效果，如图5-75所示。打开本例的相关原始场景文件，如图5-76所示。

图5-75　捡球动画的最终效果

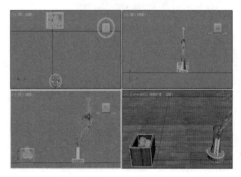

图5-76　打开原始场景文件

　　步骤 2　单击【自动关键点】按钮 自动关键点，将时间滑块拖动至第40帧处，使用【旋转并移动】工具旋转【Bicep】对象，如图5-77所示。在视图中选择Bone01对象，使用【选择并旋转】工具旋转对象，然后再使用【选择并移动】工具调整其位置，效果如图5-78所示。

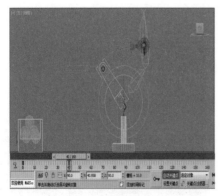

图5-77　旋转【Bicep】对象

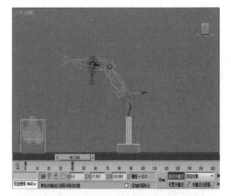

图5-78　旋转并调整Bone01对象

　　步骤 3　使用【选择并移动】工具在第13、20、33帧上调整Bone01对象的位置，如图5-79所示。将时间滑块拖动至第40帧处，再在视图中选择【ClawWheelBase】对象，单击【设置关键点】按钮 添加关键帧，如图5-80所示。

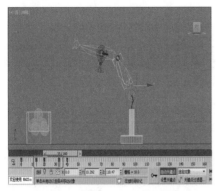

图5-79 调整Bone01对象的位置

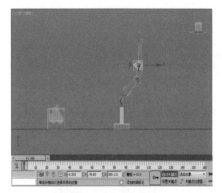

图5-80 添加关键帧

步骤 4 将时间滑块拖动至第60帧，使用【选择并移动】工具调整【ClawWheelBase】对象的位置，效果如图5-81所示。确认该对象处于选中状态，使用【选择并旋转】工具旋转该对象，如图5-82所示。

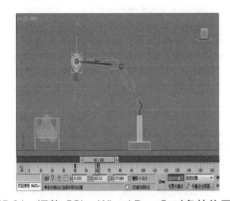

图5-81 调整【ClawWheel Base】对象的位置

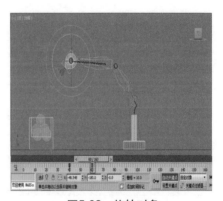

图5-82 旋转对象

步骤 5 在场景中选择软管对象，切换至【修改】命令面板，在其参数面板中单击【拾取顶部对象】和【拾取底部对象】按钮，分别拾取软管两端的圆柱体对象以将软管绑定，如图5-83所示。将时间滑块拖动至第70帧处，在视图中选择【ClawMover】对象，单击【设置关键点】按钮 ，添加关键帧如图5-84所示。

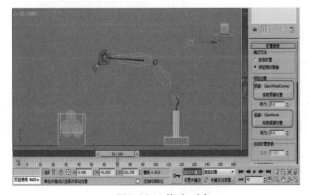

图5-83 绑定对象

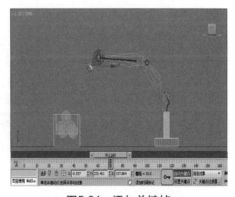

图5-84 添加关键帧

步骤 6 将时间滑块移至第90帧处，调整【ClawMover】对象的位置，如图5-85所示。将时间滑块拖动至第100帧处，再次调整【ClawMover】对象的位置，如图5-86所示。

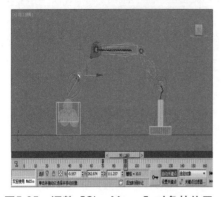

图5-85 调整【ClawMover】对象的位置

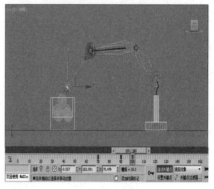

图5-86 在第100帧处调整【ClawMover】对象的位置

步骤 7 将时间滑块拖动至第105帧处，单击【设置关键点】按钮，添加关键帧如图5-87所示。将时间滑块拖动至第130帧处，再次在视图中调整【ClawMover】对象的位置，如图5-88所示。

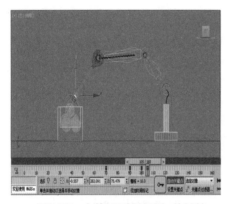

图5-87 在第105帧处添加关键帧

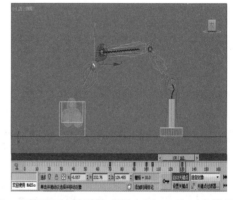

图5-88 在第130帧处调整【ClawMover】对象的位置

步骤 8 使用相同的方法为机械手臂的爪子和小球添加动画效果，选择【Sphere001】对象，将时间滑块拖动至第108帧，在菜单栏中选择【动画】|【约束】|链接约束】命令，然后在场景中拾取【ClawMover】对象，如图5-89所示。将时间滑块拖动至第107帧，单击【链接到世界】按钮，然后在视图中调整小球的位置，如图5-90所示。

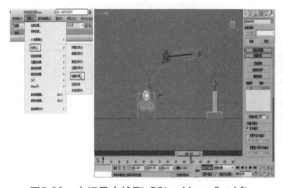

图5-89 在场景中拾取【ClawMover】对象

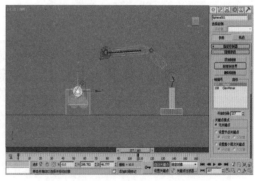

图5-90 在第107帧处调整小球的位置

提示：【链接到世界】按钮用于将对象链接到世界（整个场景），建议将此项置于列表框的第一个目标。此操作可避免在从列表框中删除其他目标时，链接对象还原为独立创建或生成动画变换效果。

步骤 9 将时间滑块拖动至第110帧处，调整小球的位置，如图5-91所示。单击【自动关键点】按钮，在第130帧时，按【F9】键渲染，效果如图5-92所示。

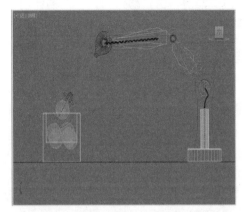

图5-91　在第108帧处调整小球的位置

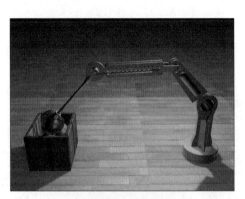

图5-92　渲染后的效果

# 实例39　位置约束应用——遥控车动画

使用【位置约束】可以把对象的位置绑定到几个目标对象的加权位置，使受约束的对象跟随目标对象的位置变化，它继承的是目标对象的运动状态，所以其参数设置非常简单。下面就以遥控车动画为例讲解【位置约束】的使用方法。

## 学习目标

巩固【路径约束】的使用方法
掌握【位置约束】的使用方法
掌握对摄影机对象添加注视约束的方法

## 制作过程

资源路径：案例文件\Chapter 5\原始文件\制作遥控车动画\制作遥控车动画.max
　　　　　案例文件\Chapter 5\最终文件\制作遥控车动画\制作遥控车动画.max

步骤 1 在学习制作遥控车动画的方法之前，先打开该动画的最终效果预览一下，如图5-93所示。打开遥控车动画的原始场景文件，如图5-94所示。

步骤 2 选择【创建】|【图形】|【线】命令，在【顶】视图中绘制一条样条线，它的轮廓效果如图5-95所示。在【辅助对象】面板中，单击【虚拟对象】按钮，在视图中创建一个虚拟对象，如图5-96所示。

步骤 3 在场景中选择创建的虚拟对象，选择【动画】|【约束】|【路径约束】命令，在视图中拾取样条线，如图5-97所示，此时虚拟对象将自动跳转至样条线的起点位置。选择虚拟对象，进入路径约束参数面板中设置相关的参数，如图5-98所示。

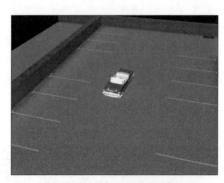

图5-93　遥控车动画最终效果

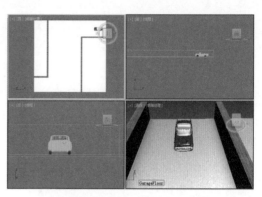

图5-94　打开原始场景文件

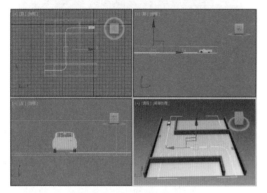

图5-95　绘制样条线

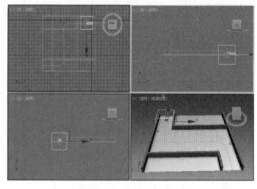

图5-96　创建虚拟对象

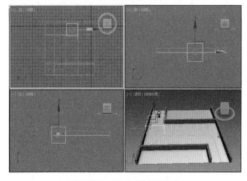

图5-97　添加路径约束

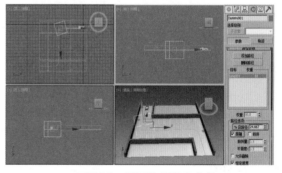

图5-98　设置路径约束参数

> 📖 提示：【沿路径百分比】参数用于设置对象沿路径的位置百分比。这将把【轨迹属性】对话框中的值微调器复制到【轨迹视图】中的【百分比轨迹】。如果想要设置关键点来将对象放置于沿路径特定百分比的位置，要启用【自动关键点】，移动到想要设置关键点的帧，并调整【% 沿路径】微调器来移动对象。

步骤4　在视图中拖动时间滑块可以观察到虚拟对象开始沿着样条线运动，如图5-99所示。在【摄影机】对象面板中，单击【目标】按钮，在场景中创建一盏摄影机，如图5-100所示。

步骤5　选择摄影机的目标对象，在菜单栏中选择【动画】|【约束】|【注视约束】命令，再拾取视图中的虚拟对象，如图5-101所示。选择车子对象，按照相同的方法执行【位置约束】命令，约束到虚拟对象上，如图5-102所示。

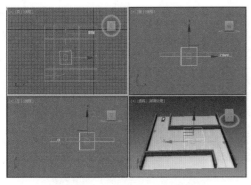

图5-99　预览虚拟对象的运动

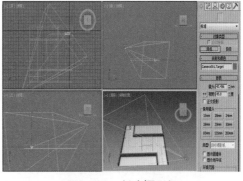

图5-100　创建摄影机

图5-101　拾取虚拟对象

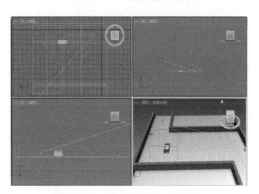

图5-102　为车子添加位置约束

**步骤 6** 在视图中拖动时间滑块预览摄影机、车子和虚拟对象的运动效果如图5-103所示。从图中可以看出汽车在整个过程中始终保持一个姿势。

**步骤 7** 按【N】键开启动画记录模式，移动时间滑块，当汽车运动到转弯处时，使用旋转工具旋转车子对象，如图5-104和图5-105所示。

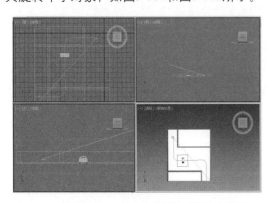

图5-103　车子和摄影机的运动效果

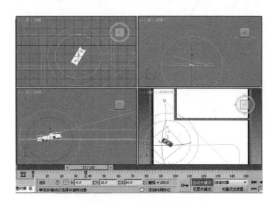

图5-104　旋转车子1

**步骤 8** 在第100帧时，遥控车已经运动到了样条线的末端，仍然使用旋转工具改变它的方向，如图5-106所示。

**步骤 9** 按【C】键切换到摄影机视图，调整摄影机的位置，并将摄影机链接到汽车运动的路径上，观察遥控车的运动效果，如图5-107所示。设置完整个场景的动画后，可以打开【渲染设置】对话框设置动画的渲染输出，渲染到第120帧时，效果如图5-108所示。

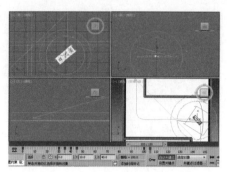

图5-105　旋转车子2

图5-106　在第100帧旋转车子方向

提示：遥控车在转弯处的旋转调整一定要在动画记录模式下完成，否则车子在其他地方运动的位置方向也将改变。

图5-107　遥控车运动效果

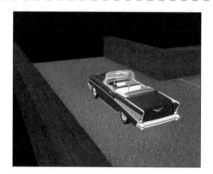

图5-108　渲染到第120帧的效果

## 实例40　噪波控制器应用——乒乓球动画

【噪波控制器】会在一系列帧上产生随机的、基于分形的动画，它具有自身的参数设置选项，可以将这些参数设置为动画。下面将通过乒乓球动画讲解这个控制器的使用方法。

**学习目标**

掌握乒乓球运动关键帧的设置方法

掌握噪波控制器的添加方法

**制作过程**

资源路径：案例文件\Chapter 5\原始文件\制作乒乓球动画\制作乒乓球动画.max

案例文件\Chapter 5\最终文件\制作乒乓球动画\制作乒乓球动画.max

■ 步骤1 在学习制作乒乓球动画之前，先预览一下这个动画的最终效果，如图5-109所示。打开乒乓球场景的原始文件，如图5-110所示。

■ 步骤2 在视图中选择乒乓球对象并右击，在弹出的快捷菜单中选择【对象属性】命令，弹出【对象属性】对话框，勾选【轨迹】复选框，并单击【确定】按钮，如图5-111所示。按【N】键开启【自动关键点】模式，在第0帧的位置上将乒乓球的位置调整为如图5-112所示的效果。

图5-109　乒乓球动画最终效果

图5-110　打开原始场景文件

图5-111　勾选【轨迹】复选框

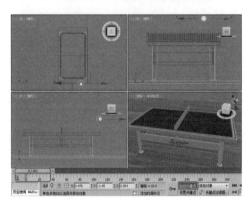

图5-112　调整乒乓球第0帧的位置

步骤 3　将时间滑块移至第15帧处，将乒乓球向前移动再向下移动，如图5-113所示。在第31帧处将乒乓球调整到中央分界线的位置上，如图5-114所示。

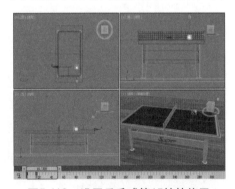

图5-113　设置乒乓球第15帧的位置

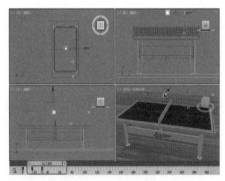

图5-114　设置乒乓球第31帧的位置

步骤 4　在第46帧处将乒乓球调整到左边桌面上，模拟乒乓球落到桌面的动作，如图5-115所示。将时间滑块移至第63帧处，设置乒乓球落到桌面后弹起的动作，如图5-116所示。

步骤 5　在第78帧处将乒乓球向右移动，模拟传球的动作效果，如图5-117所示。将时间滑块移至第85帧处，将乒乓球向右移动，模拟球弹起的动作，如图5-118所示。

步骤 6　使用同样的方法，继续为乒乓球设置关键帧动画，效果如图5-119所示。再次单击【自动关键点】按钮，关闭动画记录模式。确定乒乓球对象处于选中状态，切换到【运动】命令面板，在【指定控制器】卷展栏的列表框中选择【位置】下的【可用】选项，然后单击【指定控制器】按钮，在弹出的对话框中选择【噪波位置】控制器，如图5-120所示。

第 5 章　约束和控制器动画

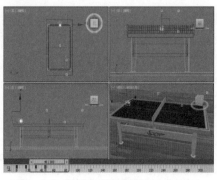

图5-115　设置乒乓球第46帧的位置

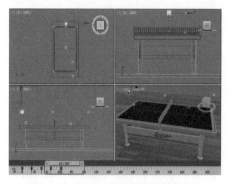

图5-116　设置乒乓球第63帧的位置

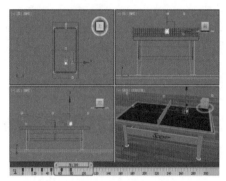

图5-117　设置乒乓球第78帧的位置

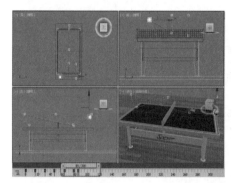

图5-118　设置乒乓球第85帧的位置

提示：在设置乒乓球的运动关键点时，要正确地分析出乒乓球运动的规律，以及在桌面上弹起后发生偏移的效果。

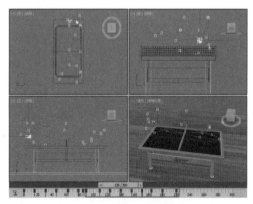

图5-119　设置关键帧动画

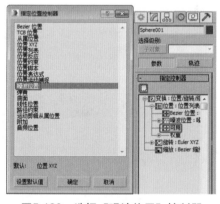

图5-120　选择【噪波位置】控制器

步骤7　单击【确定】按钮，此时会弹出噪波控制器的参数对话框，在该对话框中将【频率】设置为0.009，将【X向强度】、【Y向强度】和【Z向强度】分别设置为0.127、0.127、0.0，如图5-121所示。在视图中拖动时间滑块预览乒乓球的运动效果，如图5-122所示。

提示：X、Y、Z强度参数为噪波输出设置值的范围，可设置动画。【渐入】参数设置噪波用于构建为全部强度的时间量。值为0时，使噪波从范围的起始处以全强度立即开始，任意其他的值使噪波以0强度开始，并根据在【渐入】字段所设置的时间构建全强度。

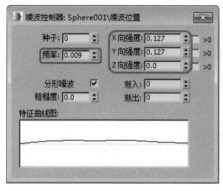

图5-121 设置参数

图5-122 预览乒乓球运动效果

步骤8 整个乒乓球动画设置完成后，按【F10】键弹出【渲染设置】对话框，设置动画的渲染输出，渲染到第30帧时的效果如图5-123所示。渲染到第90帧时，效果如图5-124所示。

图5-123 渲染到第30帧的效果

图5-124 渲染到第90帧的效果

# 实例41 线性浮点控制器应用——挂钟动画

【线性浮点】控制器可以在动画关键点之前插值，为运动添加了该控制器后，对象的运动轨迹将转换为线性插值变化，它不显示【属性】对话框，线性关键点中存储的只是时间和动画值。只要进行从一个关键点到下一个关键点的常规平均变换，就可以使用【线性浮点】控制器。下面将通过挂钟动画来讲解【线性浮点】控制器的使用方法。

## 学习目标

学会设置分针运动动画

掌握【线性浮点】控制器的添加方法

## 制作过程

资源路径：案例文件\Chapter 5\原始文件\制作挂钟动画\制作挂钟动画.max

案例文件\Chapter 5\最终文件\制作挂钟动画\制作挂钟动画.max

步骤1 在学习制作挂钟动画的方法之前，先打开挂钟动画预览最终的效果，如图5-125所示。打开挂钟动画的原始场景文件，如图5-126所示。

图5-125　挂钟动画最终效果

图5-126　打开原始场景文件

步骤2 在场景中选择分针对象，并切换至【层次】命令面板，在【调整轴】卷展栏中单击【仅影响轴】按钮，然后将坐标中心轴移动到如图5-127所示的位置。调整完成后，再次单击【仅影响轴】按钮，然后按【N】键开启动画记录模式，在工具栏中右击【选择并旋转】按钮，在弹出的【旋转并变换输入】对话框中将【偏移：屏幕】选项组中的Z设置为-180度，如图5-128所示。

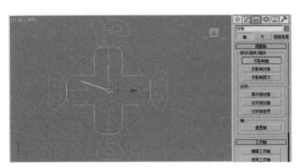

图5-127　调整轴心位置

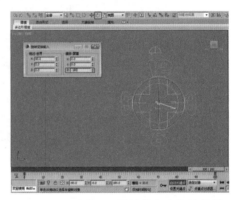

图5-128　在第100帧的位置上旋转分针

步骤3 按【N】键退出动画记录模式，在视图中拖动时间滑块预览挂钟的分针动画，效果如图5-129所示。确认分针对象处于选中状态，单击工具栏中的【曲线编辑器】按钮，打开【轨迹视图-曲线编辑器】对话框，如图5-130所示，可以预览到分针的关键点曲线。

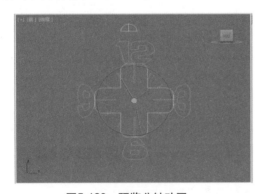

图5-129　预览分针动画

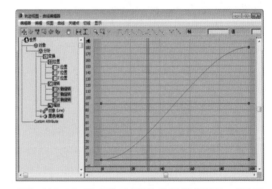

图5-130　打开【轨迹视图-曲线编辑器】对话框

步骤4 在轨迹视图窗口的左侧右击分针的【旋转】选项，在弹出的快捷菜单中选择【指定控制器】命令，如图5-131所示，弹出【指定浮点控制器】对话框，选择【线性浮点】控制器，如图5-132所示。

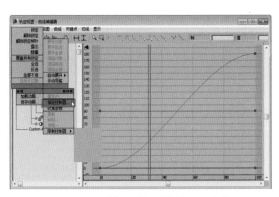

图5-131　选择【指定控制器】命令

图5-132　选择控制器类型

**步骤5** 单击【确定】按钮，即可添加【线性浮点】控制器，可以看到分针对象的关键点曲线显示为一条斜线，如图5-133所示。在视图中预览分针的线性浮点效果，如图5-134所示。

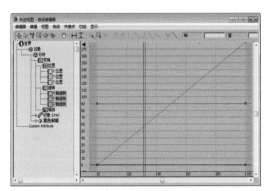

图5-133　曲线效果

图5-134　预览分针的线性浮点效果

> 提示：【线性浮点】控制器能控制整个对象的动画值以恒定速度进行。例如，从一种颜色变换到另一种颜色的颜色参数以恒定变换速率进行。

**步骤6** 将分针对象的动画参数设置完成后，按【F10】键，弹出【渲染设置：默认扫描线渲染器】对话框，设置动画的渲染输出格式及大小，当渲染到第30帧时，效果如图5-135所示。渲染到第90帧时的效果如图5-136所示。

图5-135　渲染到第30帧的效果

图5-136　渲染到第90帧的效果

# 实例42  绑定应用——激光切割动画

【位置表达式】控制器是属于表达式控制器中的一种，它可以控制动画对象的长度、宽度和高度之类的对象参数，以及诸如对象的位置坐标之类的变换和修改器值。下面将通过篮球在水中飘动的动画来讲解【位置表达式】控制器的使用方法。

## 学习目标

掌握使用修改器制作水波模型的方法

掌握位置表达式控制器的添加方法

## 制作过程

资源路径：案例文件\Chapter 5\原始文件\制作激光切割动画\制作激光切割动画.max

案例文件\Chapter 5\最终文件\制作激光切割动画\制作激光切割动画.max

███ 步骤1 在学习制作激光切割动画的方法之前，先打开本例的最终效果预览一下，如图5-137所示。打开场景的原始文件，效果如图5-138所示。

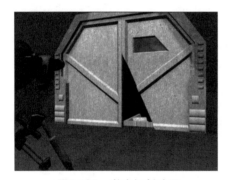

图5-137  激光切割动画

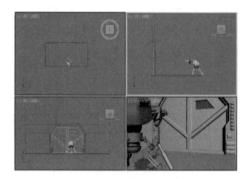

图5-138  打开场景原始文件

███ 步骤2 选择【创建】|【标准基本体】|【几何体】|【圆柱体】命令，绘制一个圆柱体，使用【选择并移动】和【选择并旋转】命令调整圆柱体的位置。切换至【修改】命令面板，在【参数】卷展栏中将【半径】设置为3.0，将【高度】设置为10.0，将【高度分段】设置为1，将【端面分段】设置为1，将【边数】设置为24，如图5-139所示。

███ 步骤3 确定圆柱体在选中的前提下，在菜单栏中选择【动画】|【约束】|【链接约束】命令，将其链接到【gun rotate】部位，如图5-140所示。

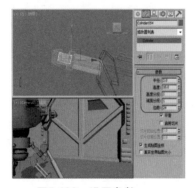

图5-139  设置参数

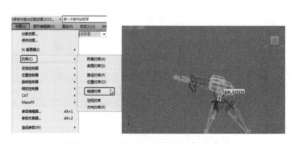

图5-140  执行【链接约束】命令

██ 步骤4 选择【gun rotate】部位，单击【自动关键点】按钮，将时间帧移动到0帧处，使用【选择并旋转】工具，将其进行旋转至如图5-141所示的位置。

██ 步骤5 将时间帧移动至10帧处，选择【圆柱体】对象，切换至【修改】命令面板，在【参数】命令面板中将【高度】设置为400.0，如图5-142所示。

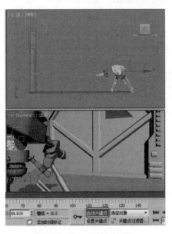

图5-141　调整位置

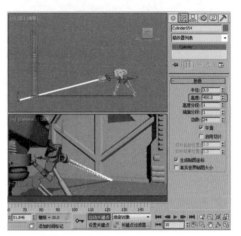

图5-142　设置【圆柱体】参数

██ 步骤6 将时间帧移动至100帧处，选择【gun rotate】部位，使用【选择并旋转】工具，将其旋转至如图5-143所示的位置。选择圆柱体对象，切换至【修改】命令面板在【修改】命令面板中将【高度】设置为401.0，如图5-144所示。

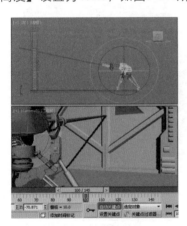

图5-143　旋转位置

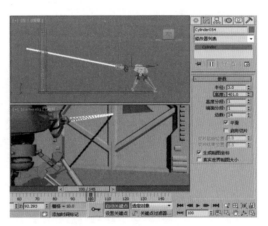

图5-144　设置参数

██ 步骤7 将时间帧移动至110帧的位置处，继续选择圆柱体对象，在【修改】命令面板中的【参数】卷展栏中将【高度】设置为10.0，如图5-145所示。

██ 步骤8 单击【自动关键点】按钮，退出动画模式状态。选择【door small】对象，单击【自动关键帧】按钮，将时间帧移动至110帧处，右击【选择并旋转】按钮，在【旋转变换输入】对话框中将【绝对：世界】选项组中的【X】值设置为89.9，如图5-146所示。

██ 步骤9 将时间帧移动至135帧处，右击【选择并旋转】按钮，在【旋转变换输入】对话框中将【绝对：世界】选项组中的【X】值设置为0，如图5-147所示。使用同样的方法，将时间帧移动至137帧处，将【X】值设置为10.0，将时间帧移动至140帧处，将【X】值设置为0.0，将时间帧移动至142帧处，将【X】值设置为4.0，将时间帧移动至145帧处，将【X】值设置为0.0。

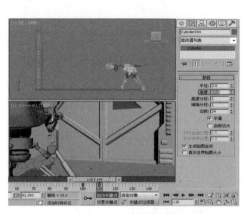

图5-145　设置参数

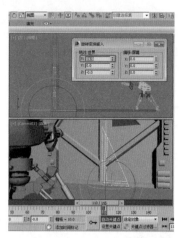

图5-146　旋转【door small】对象

步骤10　单击【时间关键帧】，退出动画模式。选择【创建】|【几何体】|【粒子系统】|【超级喷射】命令，创建一个超级喷射。使用【选择并移动】和【选择并旋转】命令调整其位置如图5-148所示。

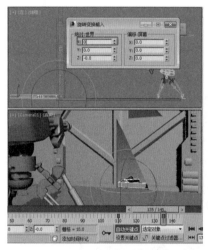

图5-147　设置旋转参数

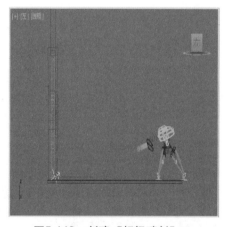

图5-148　创建【超级喷射】

步骤11　切换至【修改】命令面板，对超级喷射进行设置，如图5-149所示。选择超级喷射对象，单击【自动关键点】按钮，将时间帧移动到10帧处，调整其位置至如图5-150所示。

　　提示：超级喷射粒子系统可以喷射出可控制的水滴状粒子，它与简单的喷射粒子系统相似，但是其功能更为强大。发射初始方向取决于当前在那个视图中创建的粒子系统，在通常情况下，如果在正方向视图中创建粒子系统，则发射会朝向用户这一面；如果在透视图中创建该粒子系统，则发射其会朝上。

步骤12　将时间帧移动至100帧处，将其调整位置至如图5-151所示。单击【自动关键帧】按钮，退出动画模式。选择【创建】|【空间扭曲】|【力】|【重力】命令，在视图中创建一个力。切换至【修改】命令面板，在【参数】卷展栏中将力的【强度】设置为0.6，选中【平面】单选按钮，将【图标大小】设置为11.394，如图5-152所示。

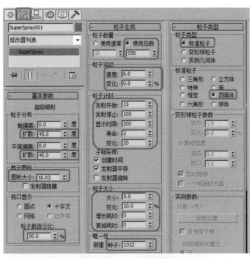

图5-149　设置【超级喷射】参数

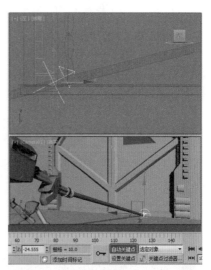

图5-150　调整【超级喷射】的位置

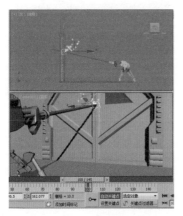

图5-151　100帧处的位置

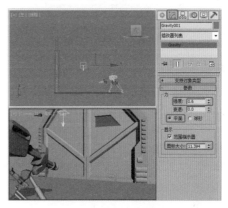

图5-152　创建力

**步骤 13** 单击【绑定到空间扭曲】按钮，选择创建的力，然后将其绑定到超级喷射上面，如图5-153所示。

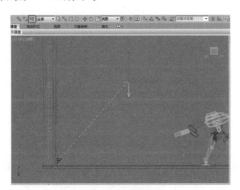

图5-153　绑定力

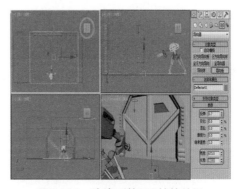

图5-154　渲染到第200帧的效果

提示：绑定力后，可以使粒子系统模拟重力作用的效果，使其具有方向属性。

**步骤 14** 选择【创建】|【空间扭曲】|【导向器】|【导向板】命令，在【顶】视图中创

建一个导向板，在【参数】卷展栏中，将【反弹】设置为0.7，将【宽度】设置为673.0，将【长度】设置为490.0，见图5-154所示。单击【绑定到空间扭曲】按钮，选择创建的导向板，然后将其绑定到超级喷射上面。

步骤15 拖动时间滑块即可看见切割动画，当在第115帧处时的渲染效果如图5-155所示，当在第145帧处时渲染效果如图5-156所示。

图5-155　渲染到第115帧的效果

图5-156　渲染到第145帧的效果

# 实例43　浮动限制控制器应用——足球动画

通过【浮动限制】控制器可以为可用的控制器值指定上限和下限，从而限制被控制的轨迹的可能值范围。例如，在角色装备中可以使用该控制器来限制手指关节处的旋转，这样手指就不会向后弯曲。一般来说，一旦轨迹被限定，并且该限定启用之后，则轨迹的值将无法再超出限制。本例将讲解使用【浮动限制】控制器来制作足球跳动的动画。

## 学习目标

掌握足球运动动画关键点的设置方法

掌握【浮动限制】控制器的添加方法

## 制作过程

资源路径：案例文件\Chapter 5\原始文件\制作足球动画\制作足球动画.max

案例文件\Chapter 5\最终文件\制作足球动画\制作足球动画.max

步骤1 在学习制作足球动画的方法之前，先打开动画最终效果预览一下，如图5-157所示。打开原始场景文件，如图5-158所示。

步骤2 按【N】键开启动画记录模式，在第0帧处将足球放在空中，如图5-159所示。在第10帧处将足球向下移至地板上，模拟足球落地的动作，如图5-160所示。

步骤3 将时间滑块移至第20帧处，将足球向上移动一定高度，制作足球弹起的动作，如图5-161所示。在第30帧处将足球向箱子方向移动，制作足球在地板上的动作，如图5-162所示。

步骤4 在第37帧处将足球对象移动到箱子的上方，如图5-163所示。将时间滑块移至第50帧处，将足球对象移动到箱子内，如图5-164所示。

图5-157　足球运动效果

图5-158　打开原始场景文件

图5-159　设置足球起始帧的位置

图5-160　设置第10帧的位置

图5-161　设置第20帧的位置

图5-162　设置第30帧的位置

步骤 5　按【N】键退出动画记录模式，在主工具栏中单击【曲线编辑器】按钮 ，打开【轨迹视图-曲线编辑器】对话框，预览足球运动的轨迹曲线，如图5-165所示。在左侧选择【Z位置】选项并右击，在弹出的快捷菜单中选择【指定控制器】命令，如图5-166所示。

步骤 6　在弹出的【指定浮点控制器】对话框中选择【浮动限制】选项，如图5-167所示。单击【确定】按钮，弹出【浮动限制控制器】对话框，设置限制浮点参数，如图5-168所示。

图5-163　设置第37帧的位置

图5-164　第50帧的位置效果

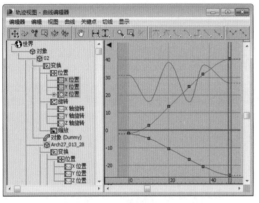

图5-165　足球运动轨迹曲线

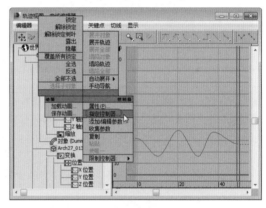

图5-166　选择【指定控制器】命令

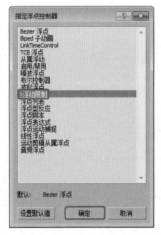

图5-167　选择【浮动限制】选项

图5-168　设置限制浮点参数

提示：在第一次指定【浮动限制】控制器时，或右击高亮显示的浮动限制控制器轨迹并在弹出的快捷菜单中选择【属性】命令时，将弹出【浮动限制控制器】对话框。可以通过【切换限制】命令同时在场景中启用和禁用所有【浮动限制控制器】，该命令可以从3ds Max【动画】菜单中获得。如果一些【浮动限制控制器】启用而另一些禁用，则【切换限制】命令会将其全部启用。

步骤7 为对象添加了【浮动限制】控制器后，在【轨迹视图-曲线编辑器】对话框中可以观察到对象的运动曲线，如图5-169所示。在场景中按【F9】键快速渲染一次场景，预览动画效果，如图5-170所示。

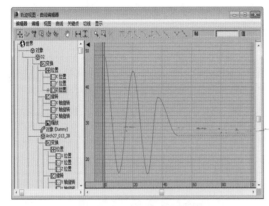

图5-169 对象的运动曲线

图5-170 预览动画效果

## 实例44 路径约束应用——拖尾动画

本例将介绍拖尾动画的制作方法。本例创建超级喷射粒子，并设置粒子的【旋转和碰撞】参数，通过创建点并指定其路径约束制作拖尾移动。

### 学习目标

掌握【路径约束】的使用方法
掌握创建关键点的使用方法

### 制作过程

资源路径：案例文件\Chapter 5\原始文件\制作拖尾动画\制作拖尾动画.max
案例文件\Chapter 5\最终文件\制作拖尾动画\制作拖尾动画.max

步骤1 在讲解制作使用路径约束制作拖尾动画的方法之前，先打开本例的最终文件预览一下，如图5-171所示。打开原始场景文件如图5-172所示。

图5-171 预览效果

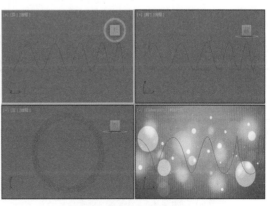

图5-172 打开原始场景

步骤2 选择【创建】|【几何体】|【粒子系统】|【超级喷射】工具，在【顶】视图中创建对象，并使用【选择并旋转】工具，调整对象的位置，如图5-173所示。切换至【修改】面板，在【基本参数】卷展栏中将【轴偏离】设置为180度，将【扩散】分别设置为180度，在【视口显示】选项组中，选中【网格】单选按钮，将【粒子数百分比】设置为10%，如图5-174所示。

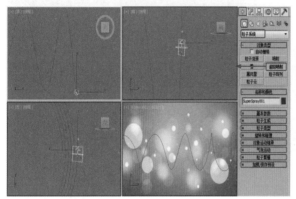

图5-173　创建超级喷射

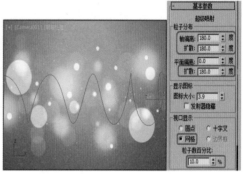

图5-174　设置超级喷射参数

步骤3 展开【粒子生成】卷展栏，将【粒子数量】下方的【使用速率】设置为20，将【粒子运动】下方的【速度】设置为0.46，将【变化】设置为30.0，将【粒子计时】下方的【发射停止】设置为150，将【显示时限】设置为160，将【寿命】设置为54，将【变化】设置为50，如图5-175所示。在【粒子大小】下方将【大小】设置为6.976，将【变化】设置为26.58，将【增长耗时】设置为8，将【衰减耗时】设置为50。展开【粒子类型】卷展栏，将【标准粒子】设置为【面】，将【材质贴图和来源】下的【时间】设置为45，如图5-176所示。

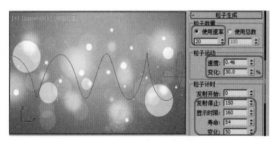

图5-175　设置超级喷射参数

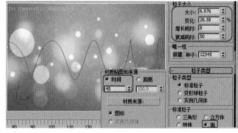

图5-176　设置超级喷射参数

步骤4 展开【旋转和碰撞】卷展栏，将【自旋时间】设置为0，将【相位】设置为180.0度，展开【对象运动继承】卷展栏，将【倍增】设置为0.0，如图5-177所示。选择【创建】|【辅助对象】|【标注】|【点】工具，在【左】视图中创建对象，并使用【选择并旋转】工具，调整对象的位置，如图5-178所示。

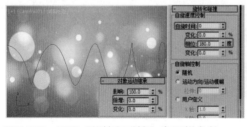

图5-177　设置【旋转和碰撞】卷展栏参数

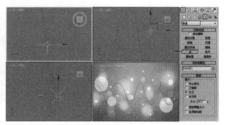

图5-178　创建点

**步骤5** 在菜单栏中执行【动画】|【约束】|【路径约束】命令，在【左】视图中拾取路径，如图5-179所示。系统自动创建关键帧，将第150帧的关键帧移动至第100帧，如图5-180所示。

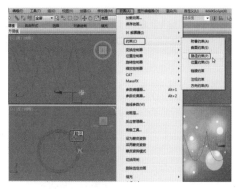

图5-179 执行【路径约束】命令

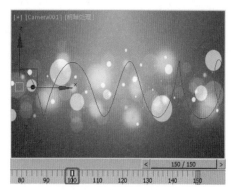

图5-180 移动关键点

> 提示：使用路径约束可以将物体的运动轨迹控制在一条曲线或多条曲线的平均距离的位置上，其约束的路径可以是任何类型的样条曲线，曲线的形状决定了被约束物体的运动轨迹，被约束的物体可以是使用各种标准的运动类型，如位置变换、角度旋转或缩放变形等。

**步骤6** 按【M】键，弹出【材质编辑器】对话框，将【粒子02】材质样本球指定给粒子对象，如图5-181所示。设置完成后，按【F10】键，打开【渲染设置】对话框，设置动画的渲染输出参数，然后单击【渲染】按钮，渲染动画，渲染到第35帧的位置，如图5-182所示。

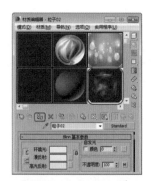

图5-181 将材质样本球指定给粒子对象

图5-182 第35帧的位置效果

**步骤7** 渲染到第50帧的位置，如图5-183所示，渲染到第100帧的位置，如图5-184所示。

图5-183 设置第50帧的位置

图5-184 第100帧的位置效果

# 实例45　链接约束应用——弹球动画

本例将介绍弹球动画的制作方法。通过给球体进行链接约束，创建关键点来制作弹球动画。

## 学习目标

掌握【链接约束】的使用方法

掌握【选择并旋转】工具的使用方法

## 制作过程

资源路径：案例文件\Chapter 5\原始文件\制作弹球动画\制作弹球动画.max

案例文件\Chapter 5\最终文件\制作弹球动画\制作弹球动画.max

**步骤1** 在讲解制作使用链接约束制作弹球动画的方法之前，先打开本例的最终文件预览一下，如图5-185所示。打开原始场景文件如图5-186所示。

图5-185　最终场景

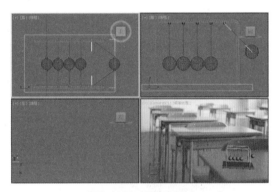

图5-186　原始场景

**步骤2** 在场景中选择【球005】对象，切换至【运动】面板，并在菜单栏中执行【动画】|【约束】|【链接约束】命令，选择【对象005】作为要链接的对象，如图5-187所示。单击【自动关键点】按钮，将时间滑块移动至100帧位置处，单击【设置关键点】按钮，创建一个关键点，然后将时间滑块移动至第200帧位置处，使用【选择并旋转】工具，将其进行旋转，如图5-188所示。

图5-187　选择【链接约束】命令

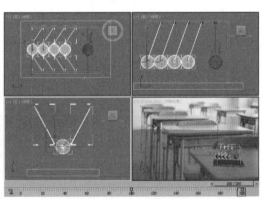

图5-188　创建关键点

**步骤3** 渲染第100帧的效果，如图5-189所示。渲染第200帧的效果，如图5-190所示。

图5-189　第100帧处的渲染效果

图5-190　第200帧处的渲染效果

## 实例46　链接约束应用——灯头旋转动画

本例将介绍灯头旋转动画的制作方法。通过【运动】命令面板创建链接约束，然后设置关键点旋转灯头添加链接，使相关部位进行链接。通过滑动时间滑块可看到灯头旋转动画。

### 学习目标

掌握【倒角】的使用方法

掌握【挤出】和【锥化】的使用方法

### 制作过程

资源路径：案例文件\Chapter 5\原始文件\制作灯头旋转动画\制作灯头旋转动画.max

案例文件\Chapter 5\最终文件\制作灯头旋转动画\制作灯头旋转动画.max

**步骤1** 在学习制作灯头旋转动画之前，先预览一下这个动画的最终效果，如图5-191所示。打开本例的相关原始场景文件，如图5-192所示。

**步骤2** 选择灯筒02对象，切换至【运动】命令面板，展开【指定控制器】卷展栏，选择【变换】|【位置/旋转/缩放】选项，如图5-193所示。单击【指定控制器】按钮，在弹出的对话框中选择【链接约束】选项，如图5-194所示。

图5-191　最终效果

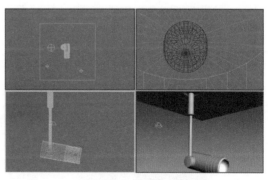

图5-192　原始场景文件

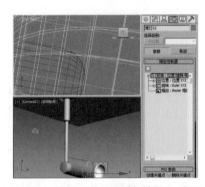

图5-193　选择【位置/旋转/缩放】选项　　　　图5-194　选择【链接约束】选项

步骤3 设置完成后单击【确定】按钮，在【命令面板】中展开【链接参数】卷展栏，单击【添加链接】按钮，在视图中拾取灯筒01为链接对象，如图5-195所示。将灯筒02链接到灯筒01上之后，灯筒02会随着灯筒01运动而运动，如图5-196所示。

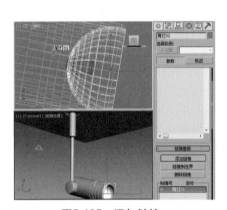

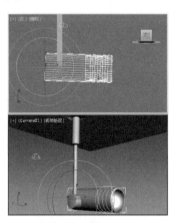

图5-195　添加链接　　　　　　　　　图5-196　链接运动

步骤4 使用相同的方法为灯罩进行链接，如图5-197所示。单击【自动关键点】按钮，将时间滑块移至第40帧位置，在【左】视图中，使用【选择并旋转】工具将灯筒01向上旋转，如图5-198所示。

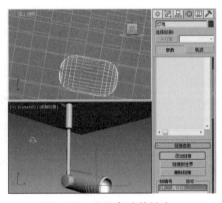

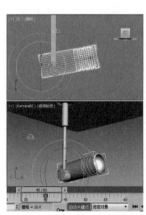

图5-197　设置自动关键点　　　　　　　图5-198　选择灯筒

步骤5 单击【自动关键点】按钮，在第20帧时，按F9键渲染，如图5-199所示。在第40帧时动画效果如图5-200所示。

图5-199 第20帧处的渲染效果

图5-200 第40帧处的动画效果

## 实例47 路径约束应用——飞机飞行动画

本例将介绍飞机动画飞行制作方法。通过创建线，并对飞机指定路径，创建粒子云设置参数，进行链接，制作飞机飞行动画。

### 学习目标

掌握【路径链接】的使用方法
掌握【粒子云】的使用方法

### 制作过程

资源路径：案例文件\Chapter 5\最终原始\制作飞机动画\制作飞机飞行动画.max
　　　　　案例文件\Chapter 5\最终文件\制作飞机动画\制作飞机飞行动画.max

步骤1 在学习制作飞机动画之前，先预览飞机飞行的最终效果，如图5-201所示。打开本例的相关原始场景文件，如图5-202所示。

步骤2 选择【创建】|【图形】命令，单击【线】按钮，在【顶】视图中绘制一条直线，用做飞机的运动路径，如图5-203所示。选择飞机对象，在主菜单栏中选择【动画】|【约束】|【路径约束】命令，如图5-204所示。

图5-201 飞机飞行的最终效果

图5-202 原始场景文件

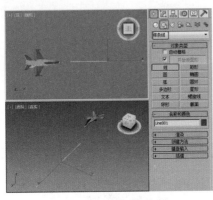

图5-203　创建飞行路径

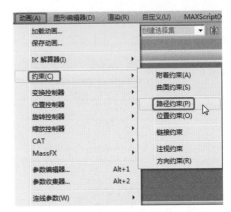

图5-204　选择【路径约束】命令

步骤3 在场景中拾取样条线对象，此时飞机就自动跳至样条线的起点位置，如图5-205所示。在视图中拖动滑块可以预览到飞机沿着样条线运动，如图5-206所示。

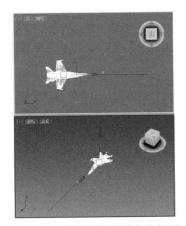

图5-205　跳至样条线的起点位置

图5-206　预览到飞机沿着样条线运动

步骤4 在【创建】命令面板中单击【粒子云】按钮，在视图中创建一个粒子云对象，如图5-207所示。切换至【粒子生成】卷展栏，将【使用速率】设置为15，将【速度】设置为10，将【变化】设置为25%，选中【方向向量】单选按钮，分别将【X、Y、Z】设置为0.0、0.0、1.0，将【变化】设置为2%，如图5-208所示。

图5-207　创建粒子云

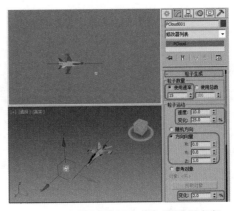

图5-208　设置【粒子生成】卷展栏参数

▓▓ 步骤5 在【粒子计时】和【粒子大小】选项组中将【发射开始】设置为8，【发射停止】设置为300，将【显示时限】设置为300，将【寿命】设置为8，将【变化】设置为5，将【大小】设置为2.0，将【变化】设置为40.0%，将【增长耗时】设置为1，将【衰减耗时】设置为0，如图5-209所示。在【基本参数】卷展栏中，在【粒子分布】中选中【圆柱体发射器】单选按钮，在【显示图标】中将【半径/长度】设置为1.4，将【高度】设置为0.5，在【视口显示】中选择【十字叉】显示，将【粒子数百分比】设置为100.0%，如图5-210所示。

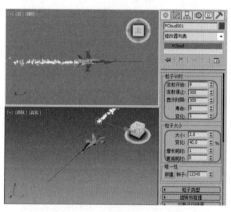

图5-209　设置粒子云参数

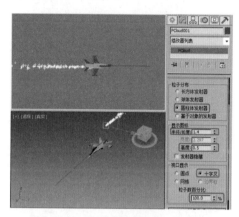

图5-210　设置【基本参数】卷展栏

▓▓ 步骤6 在【粒子类型】卷展栏中选中【标准粒子】单选按钮，在【标准粒子】卷展栏中选中【面】单选按钮，如图5-211所示。使用同样的方法再次创建一个【粒子云】粒子，如图5-212所示。

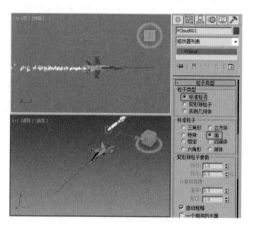

图5-211　单击【面】按钮

图5-212　创建粒子云

▓▓ 步骤7 在【主工具栏】中单击【选择并链接】按钮，将创建的两个【粒子云】粒子链接到飞机上，如图5-213所示。在视图中拖动滑块可以预览效果，如图5-214所示。

▓▓ 步骤8 按【M】键打开【材质编辑器】对话框，给粒子指定材质，按【F9】键渲染动画，当动画渲染到第30帧处时，得到的动画画面效果如图5-215所示。当渲染到第60帧处时，画面效果如图5-216所示。

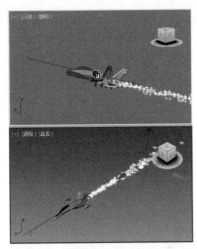

图5-213　将粒子链接到飞机上

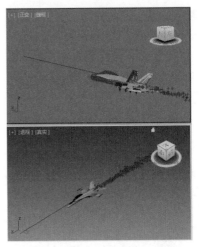

图5-214　预览运动效果

图5-215　第30帧处的渲染效果

图5-216　第60帧处的渲染效果

# 第6章

# 角色动画

　　角色动画是整个动画过程中比较复杂和较难掌握的一种，在角色制作中使用的是Character Studio，它是3ds Max中一个比较独立的模块，通过这个模块可以快速建立一套两足角色的骨骼系统。Character Studio提供了手动关键帧动画和自由步迹动画两种方式，其中手动关键帧动画可以自由设置每一步的脚步位置，系统会按照设定的步迹间距计算出行走、跑步及跳跃等动作，也可以使用系统自带的批量步迹，按照不同的步迹方式设置不同的参数，系统会自动生成行走、跑步或跳跃等动作。

　　本章主要介绍两足和四足动物角色骨骼绑定和动画设置的方法，另外还介绍了使用变形修改器制作角色面部表情动画的设置方法，这些都是读者需要熟练掌握的知识点。

## 实例 48　足迹模式应用——人物上楼梯动画

足迹动画是Biped的核心组成工具，足迹是Biped的子对象，类似于3ds Max中的Gizmo。在场景中，每一足迹的位置和方向控制Biped步幅的位置，使用足迹语言可以更直接地描述和编排复杂的时空关系，这体现在不同形式的移动过程中。

**学习目标**

掌握Biped骨骼的创建方法及调整方法

掌握人物蒙皮的操作方法

掌握足迹模式下创建多个足迹的方法

**制作过程**

资源路径：案例文件\Chapter 6\原始文件\制作人物上楼梯动画\制作人物上楼梯动画.max
案例文件\Chapter 6\最终文件\制作人物上楼梯动画\制作人物上楼梯动画.max

▌▌▌ 步骤 1 在学习制作人物上楼梯动画的方法之前，先打开动画最终效果预览一下，如图6-1所示。打开人物和场景的原始文件，如图6-2所示。

图6-1　动画最终效果

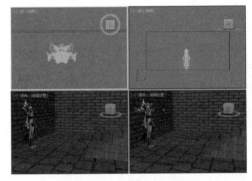

图6-2　打开原始场景文件

▌▌▌ 步骤 2 将除人物外的其他对象隐藏，选择【创建】|【系统】|【Biped】命令，在【前】视图中创建一个与人物高度相当的骨骼，如图6-3所示。选择骨骼，切换至【运动】命令面板中，在【Biped】卷展栏中单击【体形模式】按钮 ，在视图中调整其位置，展开【结构】卷展栏，设置骨骼的参数，如图6-4所示。

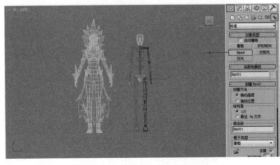

图6-3　创建Biped骨骼对象

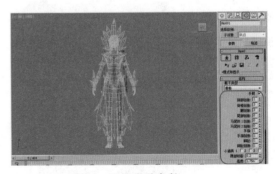

图6-4　设置骨骼参数

步骤 3 在【前】视图中使用移动、旋转和缩放工具，将每一个骨骼关节调整为与人物相匹配，如图6-5所示。选择人物模型，切换至【修改】命令面板，在修改器下拉列表框中选择【Physique】修改器，如图6-6所示。

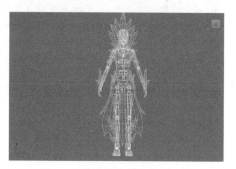

图6-5 调整骨骼的位置及大小

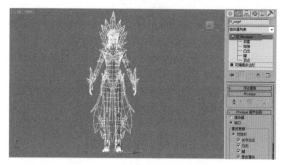

图6-6 选择【Physique】修改器

步骤 4 在【Physique】卷展栏中单击【附加到节点】按钮，拾取骨骼的盆骨中心，将弹出【Physique初始化】对话框，单击【初始化】按钮，如图6-7所示。将当前选择集定义为【顶点】，选择人物头部的顶点，如图6-8所示。

图6-7 单击【初始化】按钮

图6-8 选择顶点

步骤 5 在【顶点链接指定】卷展栏中，单击【从链接移除】按钮，移除所有点的链接关系，删除链接后，单击【选择】按钮，再在视图中选择该顶点，此时选择的顶点显示为蓝色，如图6-9所示。再单击【指定给链接】按钮，在视图中拾取骨骼IK线，将顶点指定给头部，如图6-10所示。

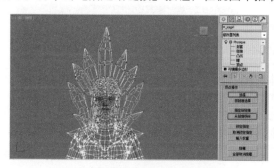

图6-9 移除所有链接后再选择顶点

图6-10 将顶点指定给头部

步骤 6 按照相同的链接顶点对象的方法，分别将人物其他部分的顶点也重新链接一次，如图6-11所示。关闭当前选择集，在场景中移动骨骼对象，检查人物是否出现拉伸，检查完成后的人物封套效果如图6-12所示。

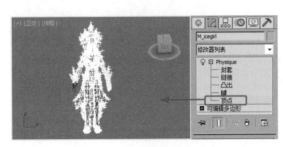

图6-11 重新链接剩下的顶点

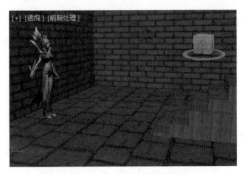

图6-12 人物封套效果

步骤 7 选择Biped骨骼对象，在【运动】命令面板中展开Biped卷展栏，单击【足迹模式】按钮 ，开启足迹动画模式，如图6-13所示。单击【行走】类型按钮 ，启用行走模式，如图6-14所示。

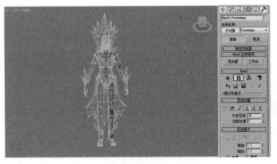

图6-13 开启足迹动画模式

图6-14 启用行走模式

提示：默认情况下，按左脚、右脚、左脚、右脚交替的方式手动放置足迹。在单个足迹创建期间出现的足迹光标，显示了下一个即将放置的足迹是左脚还是右脚。

步骤 8 将时间滑块拖动至第196帧，单击【创建多个足迹】按钮 ，将弹出【创建多个足迹】对话框，如图6-15所示，设置人物行走的步幅参数和距离。单击【确定】按钮，完成足迹的创建，在视图中的效果如图6-16所示。

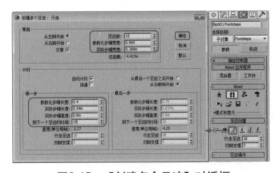

图6-15 【创建多个足迹】对话框

图6-16 创建的足迹效果

提示：【参数化步幅宽度】以骨盆宽度的百分比来设置步幅宽度。该参数值设为 1.0 时生成一个与骨盆宽度相等的步幅宽度，该参数值设为 3.0 时生成一个宽幅的、蹒跚的步幅。对此设置的更改会自动改变实际步幅宽度。

步骤 9 单击【为非活动足迹创建关键点】按钮 ，为足迹创建关键帧来激活足迹，在视图中右击，将对象全部取消隐藏，在视图中拖动时间滑块可以预览到人物开始沿着足迹行走了，如图6-17所示。使用移动工具将编号为9～14的足迹对象向上移动，调整到楼梯上，如图6-18所示。

图6-17　人物开始沿足迹行走

图6-18　移动调整足迹

步骤 10 拖动时间滑块预览人物的行走动作，如图6-19所示。当人物开始上楼梯时的动作姿势如图6-20所示。

图6-19　预览人物行走动作

图6-20　人物上楼梯动作

步骤 11 在检查完整个动作过程后，可以将人物动画设置渲染输出，图6-21所示为其中某一帧的渲染效果。人物走完楼梯时的效果如图6-22所示。

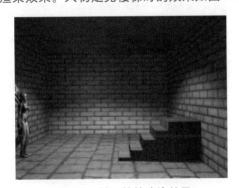

图6-21　某一帧的渲染效果

图6-22　走完楼梯后的效果

## 实例 49　足迹模式应用——跑步动画

在【足迹创建】卷展栏中提供了【行走】、【跑】和【跳】3种类型，分别可以自由地为对象创建行走、跑步或跳跃的动作效果。下面将继续讲解在足迹模式下制作跑步动画的方法。

### 学习目标

掌握跑步足迹的创建方法

### 制作过程

资源路径：案例文件\Chapter 6\原始文件\制作跑步动画\制作跑步动画.max
案例文件\Chapter 6\最终文件\制作跑步动画\制作跑步动画.max

▓▓ 步骤1 在学习制作人物跑步动画之前，先打开动画最终效果预览一下，如图6-23所示。打开原始场景文件，如图6-24所示。

图6-23　动画最终效果　　　　　　　　　图6-24　原始场景文件

▓▓ 步骤2 选择Biped骨骼对象，在【运动】命令面板中展开【Biped】卷展栏，单击【足迹模式】按钮▓，开启足迹动画模式，如图6-25所示。单击【跑动】按钮▓，启用行走模式，如图6-26所示。

图6-25　开启足迹动画模式　　　　　　　图6-26　启用行走模式

▓▓ 步骤3 单击【创建多个足迹】按钮▓，将弹出【创建多个足迹】对话框，如图6-27所示，设置人物跑步的步幅参数和距离。单击【确定】按钮完成足迹的创建，在视图中的效果如图6-28所示。

▓▓ 步骤4 单击【为非活动足迹创建关键点】按钮▓▓，为足迹创建关键帧来激活足迹，如图6-29所示。在视图中拖动时间滑块可以预览整个人物的跑步动作，如图6-30所示。

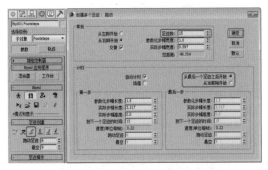

图6-27 【创建多个足迹】对话框

图6-28 创建的足迹效果

提示：在【创建多个足迹】对话框中设置【第一步】和【最后一步】参数来确定人物的运动足迹、每一步的步幅大小，以及每一步的步幅高度等。在这个对话框中所设置的参数能影响到人物运动的最终效果。

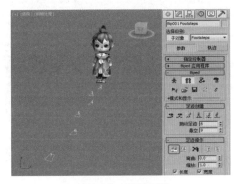

图6-29 激活足迹

图6-30 预览人物的跑步动作

步骤5 按【Alt+B】组合键，弹出【视口背景】对话框，显示场景的背景图片，如图6-31所示。选择【创建】|【灯光】|【标准】|【泛光】命令，在人物的上方创建一盏灯光，如图6-32所示。

图6-31 显示背景图片

图6-32 创建灯光

步骤6 选择灯光，进入它的参数面板中设置参数，如图6-33所示。选择【创建】|【几何体】|【标准基本体】|【平面】命令，在场景中创建一个平面对象，如图6-34所示。

步骤7 按【M】键打开【材质编辑器】对话框，选择一个标准材质球并选择【无光/投影】材质类型，如图6-35所示。添加【无光/投影】材质后平面对象将灯光的阴影投射到了背景图像上，按【F9】键渲染场景，效果如图6-36所示。

图6-33　设置灯光参数

图6-34　创建平面

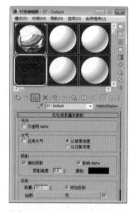

图6-35　选择【无光/投影】材质类型

图6-36　渲染场景效果

提示：【无光/投影】反射材质的一个重要功能就是它是非自阴影、非自阻挡和非自反射的，不会将间接灯光投影到自身上面。因为它专门用作摄影图片（已经包含自阴影和自反射等效果）中显示对象的替代对象，所以材质会自动排除这些效果。

步骤 8　将动画场景设置完毕后，打开【渲染设置】对话框，设置动画的渲染输出参数，当渲染到第0帧时，效果如图6-37所示。渲染到第140帧时，效果如图6-38所示。

图6-37　渲染到第0帧的效果

图6-38　渲染到第140帧的效果

## 实例 50 骨骼应用——龙飞翔动画

本例将继续讲解使用【骨骼】系统的方法，为龙模型创建骨骼并进行蒙皮，然后使用【自动关键点】模式设置龙的飞翔动画。

**学习目标**

掌握龙模型的骨骼组成结构

学会使用【蒙皮】修改器为龙模型蒙皮

学会设置龙的飞行动画关键帧

**制作过程**

资源路径：案例文件\Chapter 6\原始文件\制作龙飞翔动画\制作龙飞翔动画.max

案例文件\Chapter 6\最终文件\制作龙飞翔动画\制作龙飞翔动画.max

**步骤 1** 在学习制作龙飞翔动画的操作方法之前，先打开该动画的最终效果预览一下，效果如图6-39所示。打开本例的原始文件，该场景中包含一个龙模型，如图6-40所示。

图6-39 龙飞翔动画的最终效果

图6-40 打开原始场景文件

**步骤 2** 按下【N】键开启动画记录模式，在第0帧处使用移动和旋转工具将龙的动作姿势设置为飞翔的动作，如图6-41所示。在第2帧处将翅膀上的骨骼向下移动并旋转，制作为翅膀展平的姿势，如图6-42所示。

图6-41 设置龙的飞翔动作

图6-42 设置翅膀展平的姿势

**步骤 3** 将时间滑块移至第7帧处，将龙的动作姿势调整为翅膀下垂的效果，如图6-43所示。将时间滑块移至第20帧处，将龙体中间的骨骼对象向前移动一段距离，制作龙向前飞行的效果，如图6-44所示。

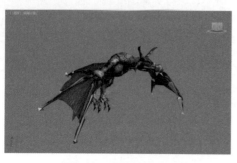

图6-43　设置翅膀下垂效果

图6-44　制作龙向前飞行效果

步骤 4 将时间滑块移至第30帧处，将翅膀上的骨骼向上旋转，制作翅膀上扬的动作姿势，如图6-45所示。选择龙对象中心的骨骼对象，继续向前移动一段距离，如图6-46所示。

图6-45　制作翅膀上扬动作姿势

图6-46　继续向前移动中心骨骼对象

步骤 5 在第46帧的位置将龙模型的翅膀骨骼旋转调整为下垂的姿势，效果如图6-47所示。将时间滑块移至第60帧处，旋转骨骼对象，制作龙翅膀上扬的姿势，如图6-48所示。

图6-47　设置第46帧的翅膀姿势

图6-48　设置第60帧的翅膀姿势

步骤 6 选择龙对象中心的一个骨骼对象，向前移动一段距离，如图6-49所示。右击，在弹出的快捷菜单中选择【对象属性】命令，在弹出的【对象属性】对话框中勾选【轨迹】复选框，在视图中将显示龙的飞行轨迹，如图6-50所示。

提示：【轨迹】是对象穿越世界空间时，用户可以查看到的运动轨迹。轨迹是对象因运动而产生的可视路径，可以将轨迹看做对象【位置】轨迹的三维功能曲线。

步骤 7 全部取消对象隐藏，按【C】键切换至摄影机视图，如图6-51所示。拖动时间滑块可以在视图中预览龙的飞行效果，如图6-52所示。

图6-49 向前移动中心骨骼对象

图6-50 显示龙的飞行轨迹

图6-51 切换至摄影机视图

图6-52 预览动画

图6-53 隐藏骨骼

图6-54 渲染视图的画面效果

提示：场景中的背景是用一个球体模拟的环境效果，本例的摄影机对象也是添加【运动模糊】效果的，在渲染后可以观察到整个场景的效果。

步骤8 选中所有的骨骼对象，将其隐藏起来，在视图中观察龙的飞行效果，如图6-53所示。按【F9】键快速渲染视图的画面效果，如图6-54所示。

步骤9 在检查确认完动画的连贯性后，打开【渲染设置】对话框，设置动画的输出大小和格式，然后单击【渲染】按钮渲染动画，渲染到第5帧时的画面效果如图6-55所示。渲染到第35帧时，画面效果如图6-56所示。

图6-55 渲染到第5帧的画面效果

图6-56 渲染到第35帧的画面效果

## 实例51 自动关键点应用——怪物飞行动画

本例介绍使用两足动物的骨骼为怪物进行蒙皮后,设置飞行动画的关键帧,它的操作方法与人物相同。

**学习目标**

学会分析怪物飞行的分解动作

掌握在【自动关键点】模式下设置怪物飞行动画的方法

**制作过程**

资源路径:案例文件\Chapter 6\原始文件\制作怪物飞行动画\制作怪物飞行动画.max

案例文件\Chapter 6\最终文件\制作怪物飞行动画\制作怪物飞行动画.max

步骤1 在学习制作怪物飞行动画的操作方法之前,先打开怪物飞行动画的最终效果预览一下,如图6-57所示。打开原始场景文件,该场景包括一个已经蒙皮好的怪物模型,如图6-58所示。

图6-57 预览怪物飞行动画效果

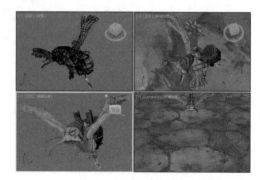

图6-58 打开原始场景文件

步骤2 单击【自动关键点】按钮,开启动画记录模式,在第0帧处将怪物飞翔的起飞姿势调整为如图6-59所示的效果。将时间滑块移至第10帧处,使用移动和旋转工具旋转调整怪物的手臂,制作飞行中的第2个动作,如图6-60所示。

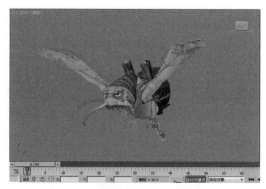

图6-59　设置第0帧的起飞姿势

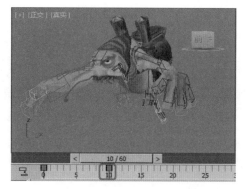

图6-60　设置第10帧的飞行动作

步骤3 将时间滑块移至第13帧处，将怪物的飞行动作调整为上扬的手臂姿势，如图6-61所示。在第25帧处将手臂姿势调整为如图6-62所示的效果。

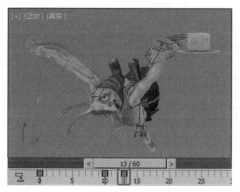

图6-61　设置第13帧的飞行动作

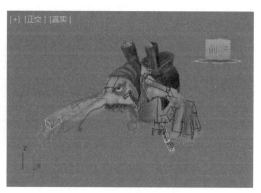

图6-62　设置第25帧的飞行动作

步骤4 将时间滑块移至第35帧处，使用移动和旋转工具调整怪物的手臂，制作怪物飞行的重复动作，如图6-63所示。根据怪物飞行的动作规律，使用复制关键帧的方法将后面的关键帧复制出来，制作怪物飞行的循环动画，如图6-64所示。

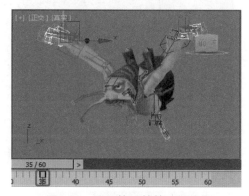

图6-63　设置第35帧的飞行动作

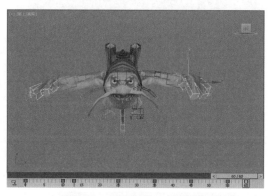

图6-64　制作怪物飞行的循环动画

步骤5 选择骨骼的中心点对象，在第60帧处将它向前移动一段距离，使怪物实现飞行动画的效果，如图6-65所示。按【N】键退出动画记录模式，在视图中拖动时间滑块预览动画，怪物的飞行动作如图6-66所示。

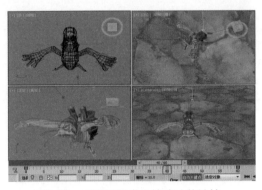

图6-65 设置骨骼中心的移动关键帧

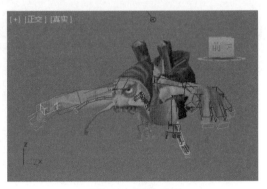

图6-66 预览动画

步骤6 选择所有的骨骼对象，右击，在弹出的快捷菜单中选择【隐藏选择对象】命令，将骨骼隐藏起来，如图6-67所示。拖动时间滑块检查动画的正确性后，打开【渲染设置】对话框，设置动画的渲染输出参数，当动画渲染到第0帧时，效果如图6-68所示。

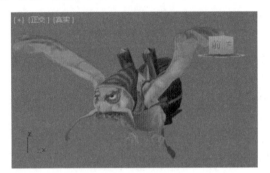

图6-67 隐藏骨骼

图6-68 渲染到第0帧的效果

步骤7 动画渲染到第10帧时，怪物向前飞行了一段距离，效果如图6-69所示。怪物飞行动作实现了循环效果，怪物在第50帧的飞行位置如图6-70所示。

图6-69 渲染到第10帧的效果

图6-70 渲染到第50帧的效果

## 实例52 变形器修改器应用——眨眼动画

　　本例将介绍使用【变形器】修改器来制作人物眨眼动画的设置方法，主要通过在【自动关键点】模式下手动设置【变形器】修改器通道参数，并为睫毛设置旋转关键帧来实现。

## 学习目标

掌握【变形器】修改器目标对象的修改方法

掌握【变形器】修改器通道参数关键帧的设置方法

掌握使用【轨迹视图-曲线编辑器】窗口编辑动画曲线的操作方法

## 制作过程

资源路径：案例文件\Chapter 6\原始文件\制作眨眼动画\制作眨眼动画.max

案例文件\Chapter 6\最终文件\制作眨眼动画\制作眨眼动画.max

步骤 1 在学习制作人物眨眼动画的方法之前，先打开动画的最终效果预览一下，如图6-71所示。打开原始场景文件，该场景包括一个卡通的哪吒人物模型，如图6-72所示。

图6-71 预览眨眼动画最终效果

图6-72 打开原始场景文件

步骤 2 选择哪吒人物模型的身体部分，按住【Shift】键复制一个身体副本，如图6-73所示。选择副本对象，在修改器堆栈下拉列表框中选择【顶点】子对象层级，并单击【显示最终结果开/关切换】按钮Ⅱ，然后移动调整眼睛上的顶点对象，制作闭眼动作，如图6-74所示。

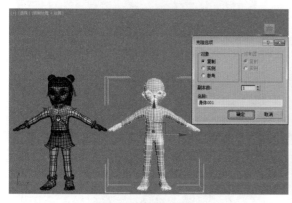

图6-73 复制对象

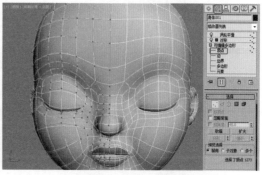

图6-74 制作闭眼动作

步骤 3 关闭当前选择集，选择哪吒人物身体原始对象，在修改器下拉列表框中选择【变形器】修改器，如图6-75所示。在【变形器】修改器的参数卷展栏中选择一个空白通道，右击，在弹出的快捷菜单中选择【从场景中拾取】命令，将修改后的副本对象拾取进来，如图6-76所示。

步骤 4 按【N】键开启动画记录模式，将时间滑块移至第0帧处，设置人物眼睛的变形参数为0，如图6-77所示。将时间滑块移至第40帧处，设置变形参数为100.0，如图6-78所示。

步骤 5 将时间滑块移至第55帧处，设置人物眼睛的变形参数为0.0，在第65帧处也将人物的眼睛变形参数设置为0.0，如图6-79所示。将时间滑块移至第80帧处，设置变形参数为100.0，如图6-80所示。

图6-75　选择【变形器】修改器

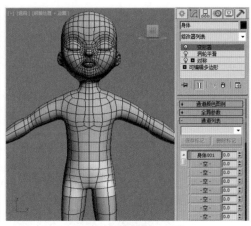

图6-76　拾取副本对象

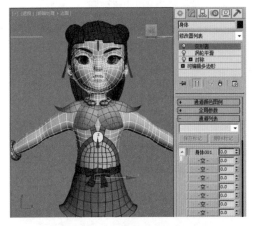

图6-77　设置第0帧的参数

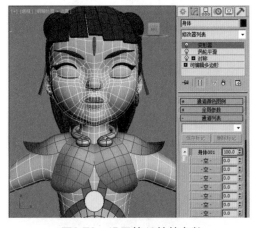

图6-78　设置第40帧的参数

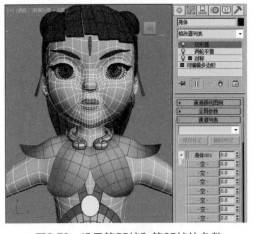

图6-79　设置第55帧和第65帧的参数

图6-80　设置第80帧的参数

步骤6 关闭动画记录模式，单击工具栏中的【曲线编辑器】按钮，打开【轨迹视图-曲线

编辑器】对话框，如图6-81所示。全选哪吒的关键点对象，在菜单栏中选择【编辑】|【控制器】|【超出范围类型】命令，在弹出的对话框中设置关键点曲线类型为【循环】，如图6-82所示。

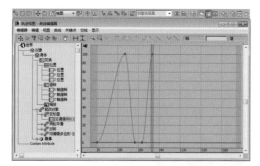

图6-81　打开【轨迹视图-曲线编辑器】对话框

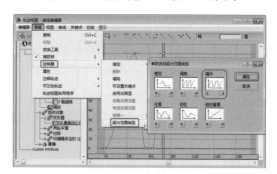

图6-82　选择【循环】类型

> 提示：【往复】类型的曲线在动画重复范围内切换向前或是向后。【线性】类型在范围末端沿着切线到功能曲线来计算动画的值。

步骤7　单击【确定】按钮，哪吒的轨迹曲线效果如图6-83所示。按【N】键开启动画记录，使用【选择并旋转】工具旋转哪吒的睫毛对象，为睫毛设置旋转关键帧，如图6-84所示。

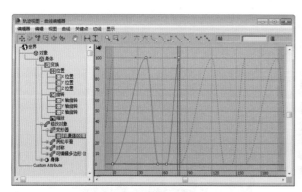

图6-83　轨迹曲线效果

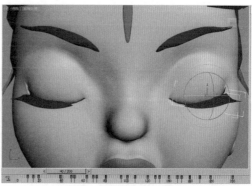

图6-84　设置睫毛的旋转关键帧

步骤8　设置好哪吒睫毛的旋转关键帧后，在场景中观察预览睫毛对象与眼睛的运动效果，分别如图6-85和图6-86所示。

图6-85　睫毛运动效果

图6-86　眼睛运动效果

步骤9　在场景中将哪吒的飘带对象复制两个副本，并分别调整它们的【顶点】对象，如

图6-87所示。选择飘带原始对象，在修改器下拉列表框中选择【变形器】修改器，分别将这两个飘带副本对象拾取到通道中，如图6-88所示。

图6-87　复制并调整飘带

图6-88　拾取飘带副本到通道中

> 提示：在网格对象上，基础对象和目标上的顶点数必须相同。在面片或 NURBS 对象上，【变形器】修改器仅在控制点上起作用，这意味着可在基础对象上提高面片或 NURBS 曲面的分辨率，以便在渲染时增加细节。

步骤 10 按【N】键开启动画记录模式，将时间滑块移至第0帧处，设置变形参数，如图6-89所示。将时间滑块移至第60帧处，设置飘带的变形参数，如图6-90所示。

图6-89　设置飘带第0帧的参数

图6-90　设置飘带第60帧的参数

步骤 11 关闭动画记录模式，将复制出的飘带和身体对象隐藏，并按数字【8】键，弹出【视口背景】对话框，设置视口背景图像，并将其显示出来，效果如图6-91所示。在视图中播放预览动画，效果如图6-92所示。

步骤 12 在检查完动画的准确性后，打开【渲染设置】对话框，设置动画的渲染输出参数，当动画渲染到第0帧时，画面效果如图6-93所示。当动画渲染到第34帧时，画面效果如图6-94所示。

图6-91　显示背景图像

图6-92　播放动画

图6-93　渲染到第0帧的效果

图6-94　渲染到第34帧的效果

# 第 7 章

# 空间扭曲动画

　　空间扭曲是一种能被自然现象或物理现象影响，但外观又不会被渲染出来的对象。在使用空间扭曲时，首先要利用【绑定到空间扭曲】（Bind to Space Warp）按钮，将对象与空间扭曲绑定起来，这样才能产生扭曲变形的效果。本章将详细讲解使用空间扭曲对象制作动画的方法。

# 实例 53 爆炸空间扭曲应用——陨石爆炸动画

粒子爆炸空间扭曲用于创建使粒子系统发生爆炸的冲击波，模拟对象的爆炸效果。下面将使用粒子爆炸空间扭曲结合粒子阵列对象，模拟制作陨石爆炸的动画效果。

## 学习目标

掌握粒子阵列对象的使用方法

掌握粒子爆炸空间扭曲参数的设置方法

## 制作过程

资源路径：案例文件\Chapter 7\原始文件\制作陨石爆炸动画\制作陨石爆炸动画.max

案例文件\Chapter 7\最终文件\制作陨石爆炸动画\制作陨石爆炸动画.max

步骤1 在学习制作陨石爆炸动画的方法之前，先打开动画的最终效果预览一下，如图7-1所示。打开场景的原始文件，该场景包含一个陨石模型对象，如图7-2所示。

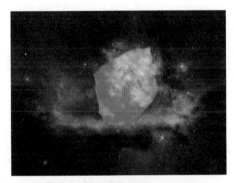
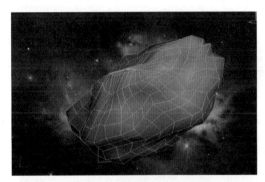

图7-1 预览陨石爆炸动画效果 　　　　图7-2 打开场景原始文件

步骤2 进入【几何体】对象面板，选择【粒子系统】类型，单击【粒子阵列】按钮，在场景中创建一个粒子阵列对象，如图7-3所示。在【基本参数】卷展栏中单击【拾取对象】按钮，拾取陨石，指定陨石作为基于对象的粒子阵列发射器，在【视口显示】组中选中【网格】单选按钮，如图7-4所示。

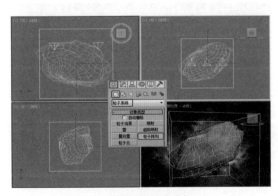
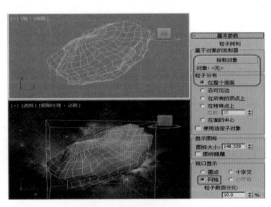

图7-3 创建粒子阵列对象 　　　　图7-4 拾取对象

步骤3 选择创建的粒子阵列对象，进入其参数面板，展开【粒子类型】卷展栏，在【粒子类型】组中选中【对象碎片】单选按钮，如图7-5所示。设置粒子的数量和厚度参数，如图7-6所示。

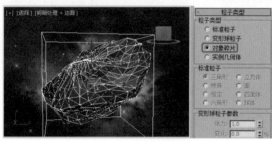

图7-5　选择粒子类型　　　　　　　　　　　　图7-6　设置粒子数量及厚度参数

> 提示：【厚度】参数用于设置碎片的厚度。值为0时，碎片是没有厚度的单面碎片。如果值大于0，碎片在破碎时将挤出指定的量。碎片的外表面和内表面使用相同的平滑度（从基于对象的发射器中选取），碎片的边不会平滑化。

步骤4 单击【空间扭曲】按钮，展开【空间扭曲】对象面板，单击【爆炸】按钮，在视图中创建一个爆炸空间扭曲，如图7-7所示。选择粒子对象，单击工具栏中的【绑定到空间扭曲】按钮，将粒子阵列对象绑定到爆炸对象上，如图7-8所示。

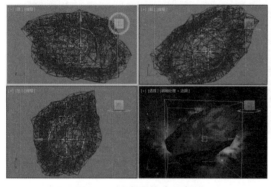
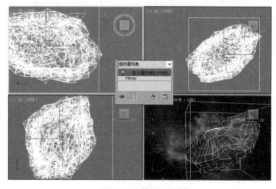

图7-7　创建爆炸空间扭曲　　　　　　　　　　图7-8　绑定对象

步骤5 选择创建的爆炸空间扭曲对象，进入【修改】命令面板，设置爆炸空间扭曲的参数，如图7-9所示。按【M】键快速打开【材质编辑器】对话框，为对象指定陨石材质，如图7-10所示。

图7-9　设置爆炸空间扭曲参数　　　　　　　　图7-10　指定陨石材质

步骤6 在视图中拖动时间滑块预览检查陨石动画，在第0帧处陨石还未发生爆炸，如图7-11所示。在第5帧处陨石的爆炸效果如图7-12所示。

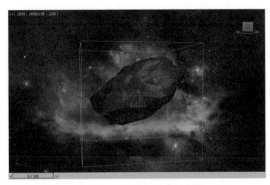

图7-11 预览第0帧的陨石

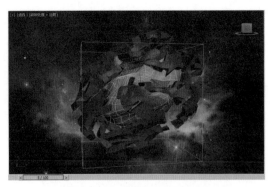

图7-12 第5帧处陨石的爆炸动画

步骤 7 选择陨石碎片对象，在视图中右击，在弹出的快捷菜单中选择【对象属性】命令，弹出【对象属性】对话框，设置对象的运动模糊参数，如图7-13所示。将陨石隐藏然后在视图中按【F9】键快速渲染一次场景，运动模糊效果如图7-14所示。

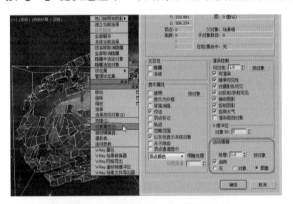

图7-13 设置对象的运动模糊参数

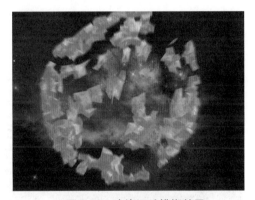

图7-14 渲染运动模糊效果

步骤 8 将整个陨石对象的动画参数设置完成后，打开【渲染设置】对话框，设置动画的渲染输出参数。当动画渲染到第15帧时，画面效果如图7-15所示。当画面渲染到第20帧时，效果如图7-16所示。

图7-15 渲染到第15帧的效果

图7-16 渲染到第30帧的效果

提示：在渲染最终的效果图时，可以将图像的渲染尺寸设置得大一点，这样在输出后能提高像素质量，但同时也增加了渲染时间。

# 实例54 导向球空间扭曲应用——丝巾飘落动画

在【导向板】对象面板中提供了多种类型的导向球和导向板对象，其中【导向球】空间扭曲起着球形粒子导向器的作用。【风】空间扭曲对象可以模拟风吹动粒子系统所产生的粒子效果。风力具有方向性，顺着风力箭头方向运动的粒子呈加速状；逆着箭头方向运动的粒子呈减速状。在球形风力情况下，运动朝向或背离图标。下面将介绍使用【导向球】结合【风】空间扭曲制作丝巾飘落的动画。

## 学习目标

掌握【导向球】的创建和使用方法

掌握【风】的创建和参数设置方法

## 制作过程

资源路径：案例文件\Chapter 7\最终文件\制作丝巾飘落动画\制作丝巾飘落动画.max

**步骤1** 在学习制作丝巾飘落动画的方法之前，先打开该动画的最终效果预览一下，效果如图7-17所示。创建一个空白的场景文件，并将其单位设置为【公制】|【厘米】，在【几何体】对象面板中单击【平面】按钮，在场景中创建一个【长度】与【宽度】均为73.0cm的平面，并将其【长度分段】与【宽度分段】均设置为30，如图7-18所示。

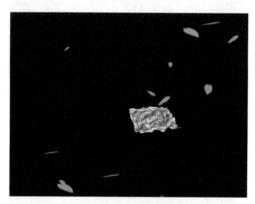

图7-17 丝巾飘落动画

图7-18 创建并设置平面

**步骤2** 按【M】键快速打开【材质编辑器】对话框，选择一个材质球，指定一个素材文件，并将制作好的丝巾材质应用给平面对象，如图7-19所示。选择平面对象，在修改器下拉列表框中选择【柔体】修改器，如图7-20所示。

**步骤3** 进入【柔体】修改器的参数卷展栏中，将【参数】卷展栏中的【柔软度】设置为1，取消勾选【使用跟随弹力】和【使用权重】复选框，如图7-21所示。展开【简单软体】卷展栏，单击【创建简单软体】按钮，为平面创建一个软体，在【创建】命令面板的【空间扭曲】对象面板中单击【风】按钮，在视图中创建一个风对象，将它的位置调整为如图7-22所示的效果。

**步骤4** 单击【导向板】类别下的【导向球】按钮，创建一个【导向球】对象，如图7-23所示。选择平面对象，在【修改】命令面板中展开【力和导向球】卷展栏，单击【添加】按钮，将【风】对象和【导向球】对象添加到列表框中，如图7-24所示。

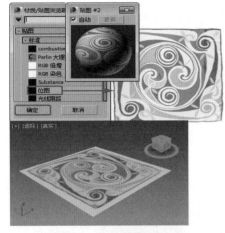

图7-19 为平面指定材质

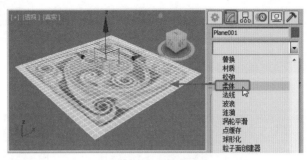

图7-20 选择【柔体】修改器

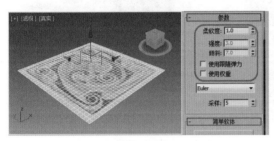

图7-21 设置【柔体】参数

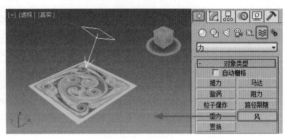

图7-22 创建并调整【风】对象位置

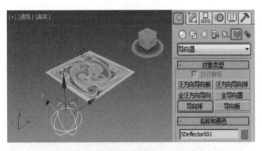

图7-23 创建【导向球】对象

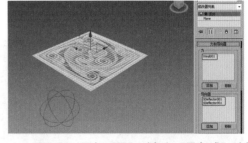

图7-24 添加【风】对象和【导向球】对象

步骤 5 选择【风】对象，在其【参数】卷展栏中将【强度】设置为0.1，将【衰退】设置为
0.0，将【湍流】设置为0.05，将【频率】设置为0.05，将【比例】设置为0.5，将【图标大小】设
置为14.276cm，如图7-25所示。选择【导向球】对象，在其参数卷展栏中将【反弹】设置为0.1，
将【变化】设置为50%，将【混乱度】设置为0.1%，将【摩擦】设置为1.0%，将【继承速度】设
置为0.1，将【直径】设置为49.057cm，如图7-26所示。

步骤 6 按【Alt+B】组合键，在弹出的【视口配置】对话框中选中【使用环境背景】单选按
钮，如图7-27所示。将对话框关闭，选择一张背景图为视口背景，并适当地调整风和导向球的位
置，如图7-28所示。

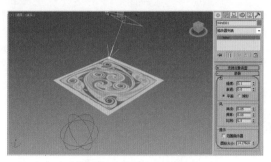

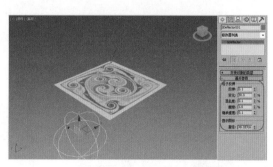

图7-25　设置【风】参数　　　　　　　　　　图7-26　设置【导向球】的参数

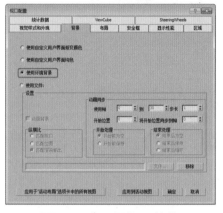

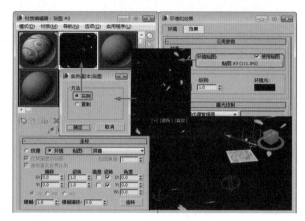

图7-27　【视口配置】对话框　　　　　　　　图7-28　调整风和导向球位置

步骤 7 在视图中拖动滑块可以预览丝巾对象的变形效果，如图7-29所示。将时间滑块移至第20帧处，丝巾下落到导向球上产生更大的变形效果，如图7-30所示。

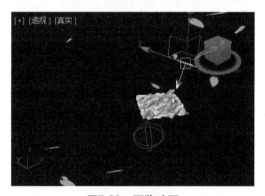

图7-29　预览动画　　　　　　　　　　　　图7-30　丝巾变形效果

步骤 8 单击【时间配置】按钮，在弹出的【时间配置】对话框中将【结束时间】设置为40，如图7-31所示。在播放检查完动画的完整性后，打开【渲染设置】对话框，设置丝巾的渲染输出参数，当动画渲染到第20帧时，画面效果如图7-32所示。

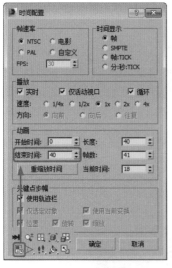

图7-31 设置动画结束时间

图7-32 渲染第20帧的动画效果

## 实例55 马达空间扭曲应用——泡泡动画

【马达】空间扭曲的工作方式类似于推力，但前者对受影响的粒子或对象应用的是转动扭矩而不是定向力。马达图标的位置和方向都会对围绕其旋转的粒子产生影响。下面将介绍使用【马达】与粒子系统结合制作泡泡动画的方法。

### 学习目标

掌握设置水泡材质的方法

掌握【马达】空间扭曲的使用方法

### 制作过程

资源路径：案例文件\Chapter 7\最终文件\制作泡泡动画\制作泡泡动画.max

**步骤1** 在学习制作泡泡动画的方法之前，先打开动画的最终效果预览一下，如图7-33所示。在【几何体】对象面板中单击【球体】按钮，创建一个球体对象，并将其【半径】设置为5.0，如图7-34所示。

图7-33 泡泡动画效果

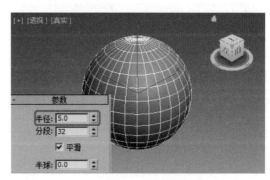

图7-34 创建球体对象

步骤 2 按【M】键快速打开【材质编辑器】对话框，选择一个空白材质球，选择【各向异性】明暗器类型，并在【各向异性基本参数】卷展栏中取消【环境光】与【漫反射】之间的链接关系，将【环境光】的RGB值分别设置为84、0、0，将【漫反射】的RGB值分别设置为246、0、0，勾选【颜色】复选框，将其RGB值分别设置为241、100、89，如图7-35所示。在【高光级别】选项组中将【高光级别】设置为79，将【光泽度】设置为60，将【各向异性】设置为43，将【方向】设置为0，如图7-36所示。

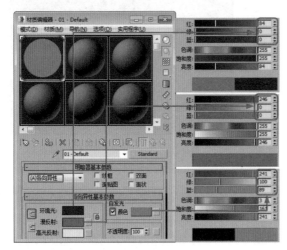

图7-35 设置材质参数

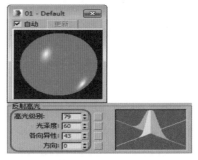

图7-36 设置高光级别参数

步骤 3 单击【自发光】后面的通道按钮，在弹出的对话框中选择添加的【衰减】贴图类型，进入【衰减】贴图的参数面板中将【衰减类型】设置为【朝向/背离】，如图7-37所示。单击【转到父对象】单击【不透明度】后的通道按钮，在弹出的对话框中选择【衰减】贴图，并设置衰减参数，在【衰减参数】卷展栏中将【衰减类型】设置为【朝向/背离】，如图7-38所示。

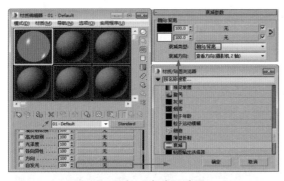

图7-37 添加【衰减】贴图

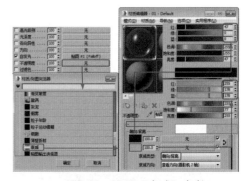

图7-38 设置【衰减】参数

步骤 4 展开【贴图】卷展栏，单击【反射】通道按钮，在弹出的对话框中选择添加的【光线跟踪】材质类型，如图7-39所示，在【贴图】卷展栏中将【自发光】数量设置为95，将【不透明度】数量设置为80，将【反射】数量设置为20，如图7-40所示。

步骤 5 将材质指定给场景中的对象，在【创建】命令面板中单击【粒子云】按钮，在视图中创建一个粒子云对象，如图7-41所示。切换至【粒子生成】卷展栏，将【使用速率】设置为1，将【速度】设置为1.0，将【变化】设置为100.0%，选中【方向向量】单选按钮，分别将【X、Y、Z】设置为0.0、0.0、10.0，如图7-42所示。

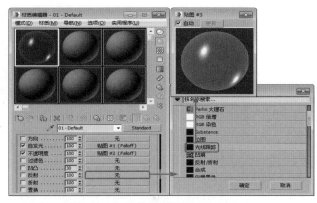
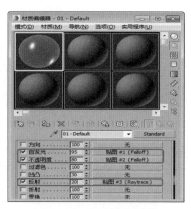

图7-39　添加【光线跟踪】材质　　　　　　　　　图7-40　设置材质数量

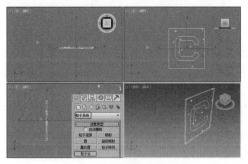
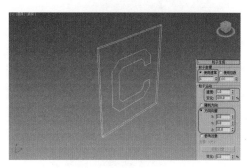

图7-41　创建粒子云对象　　　　　　　　　图7-42　设置粒子生成参数

**步骤6** 在【粒子计时】和【粒子大小】选项组中将【发射停止】设置为100，将【显示时限】设置为100，将【寿命】设置为101，将【变化】设置为0，将【大小】设置为1.0，将【变化】设置为100%，将【增长耗时】与【衰减耗时】均设置为0，如图7-43所示。在【粒子类型】卷展栏中选中【实例几何体】单选按钮，如图7-44所示。

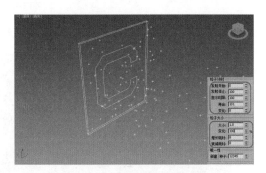
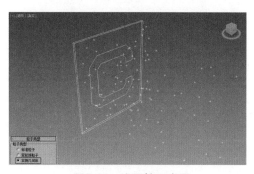

图7-43　设置粒子计时和大小　　　　　　　　　图7-44　设置粒子类型

**步骤7** 在【实例参数】卷展栏中单击【拾取对象】按钮，拾取球体对象并单击【获取材质来源】按钮，如图7-45所示。在【空间扭曲】对象面板中单击【马达】按钮，创建一个马达对象，如图7-46所示。

**步骤8** 单击工具栏中的【绑定到空间扭曲】按钮，将粒子对象绑定到马达对象上，如图7-47所示。选择马达对象，在其参数卷展栏中将【结束时间】设置为100，将【基本扭矩】设置为226.211，勾选【启用反馈】和【启用】复选框，如图7-48所示。

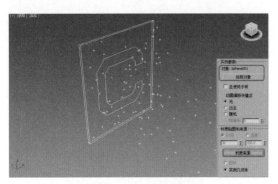

图7-45 拾取球体对象

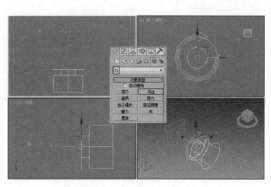

图7-46 创建马达对象

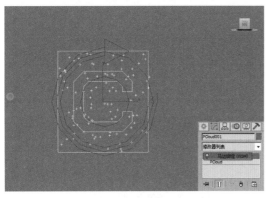

图7-47 绑定对象

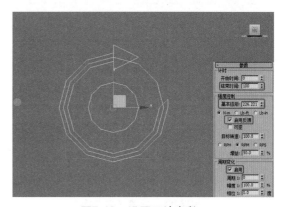

图7-48 设置马达参数

步骤9 按【Alt+B】组合键，在弹出的【视口配置】对话框中选中【使用环境背景】单选按钮，如图7-49所示。将其对话框关闭，选择一张背景图为视口背景，并调整透视图中的视图效果，如图7-50所示。

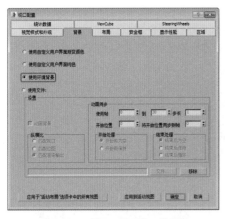

图7-49 【视口配置】对话框

图7-50 调整视图效果

步骤10 设置完粒子动画参数后，打开【渲染设置】对话框，设置动画的渲染输出参数，单击【渲染】按钮渲染动画。当动画渲染到第50帧时，效果如图7-51所示。当动画渲染到第100帧时，画面效果如图7-52所示。

图7-51　渲染到第50帧的效果

图7-52　渲染到第100帧的效果

## 实例56　泛方向导向板空间扭曲应用——水珠动画

　　【重力】空间扭曲可以在粒子系统所产生的粒子上对自然重力的效果进行模拟，重力具有方向性。沿重力箭头方向的粒子加速运动，逆着箭头方向运动的粒子呈减速状。【泛方向导向板】空间扭曲是一种平面泛方向导向器类型，它能提供比原始导向器空间扭曲更强大的功能，包括折射和繁殖能力。下面将介绍使用这两种空间扭曲与【粒子云】结合起来制作水珠动画的操作方法。

### 学习目标

　　掌握【粒子云】的参数设置方法

　　掌握【重力】空间扭曲的使用方法

　　掌握【泛方向导向板】空间扭曲的使用方法

### 制作过程

　　资源路径：案例文件\Chapter 7\原始文件\制作水珠动画\制作水珠动画.max

　　　　　　　案例文件\Chapter 7\最终文件\制作水珠动画\制作水珠动画.max

　步骤1 从本书配套资源中打开水珠动画的最终文件，预览一下动画的最终效果，如图7-53所示。打开原始文件，如图7-54所示。

图7-53　水珠动画效果

图7-54　原始场景文件

　步骤2 进入【粒子系统】对象面板，单击【粒子云】按钮，在视图中创建一个粒子云发射器，在【基本参数】卷展栏中将【半径/长度】、【宽度】和【高度】分别设置为33.0、50.0、20.0，在【视口显示】选项组选中【网格】单选按钮，如图7-55所示。在【粒子生成】

卷展栏中，将【使用速率】设置为3，将【粒子运动】选项组中的【速度】设置为1.0，如图7-56所示。

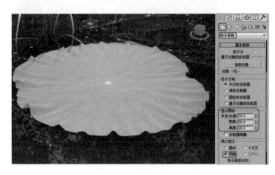

图7-55　创建粒子云发射器

图7-56　设置粒子运动参数

步骤3　在【粒子计时】选项组中，将【发射开始】、【发射停止】、【显示时限】、【寿命】和【变化】分别设置为-50、100、100、200、0，在【粒子大小】选项组中将【大小】和【变化】分别设置为8.0、50.0，如图7-57所示。在【粒子类型】卷展栏中，选中【变形球粒子】单选按钮，如图7-58所示。

图7-57　设置粒子计时和大小参数

图7-58　选择粒子类型

步骤4　进入【空间扭曲】对象面板中，单击【重力】空间扭曲按钮，创建一个重力对象，如图7-59所示。单击【绑定到空间扭曲】按钮🐾，将粒子对象绑定到重力对象上，如图7-60所示。

步骤5　选择重力对象，在【参数】卷展栏中将【强度】设置为0.2，如图7-61所示。单击【泛方向导向板】空间扭曲按钮，在场景中创建一个泛方向导向板空间扭曲对象，并对其进行旋转，效果如图7-62所示。

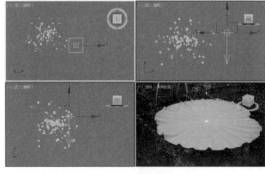

图7-59　创建重力对象

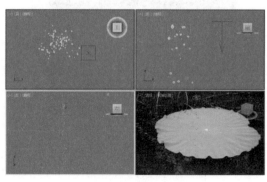

图7-60　绑定对象

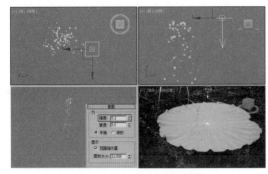

图7-61 设置重力对象参数

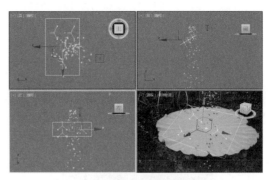

图7-62 创建泛方向导向板对象

步骤6 单击【绑定到空间扭曲】按钮 ▧，将粒子对象绑定到泛方向导向板上，如图7-63所示。选择导向板对象，在【参数】卷展栏中的【反射】选项组中，将【反弹】设置为0.3，如图7-64所示。

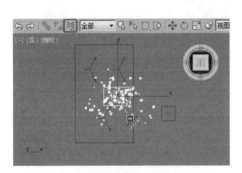

图7-63 绑定对象

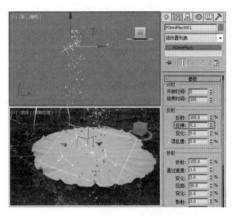

图7-64 设置导向板反弹参数

步骤7 在【公用】选项组中，将【摩擦力】设置为50.0，如图7-65所示。选择粒子系统，按【M】键快速打开【材质编辑器】对话框，选择一个新的材质样本球，在【Blinn基本参数】卷展栏中将【不透明度】设置为0，在【反射高光】选项组中，将【高光级别】和【光泽度】分别设置为67、50，如图7-66所示。

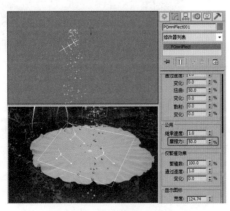

图7-65 设置摩擦力参数

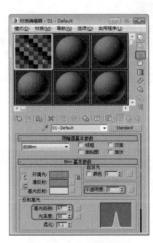

图7-66 设置材质参数

提示：【摩擦力】参数控制粒子沿导向板表面移动时减慢的量。数值0%表示粒子根本不会减慢；数值50%表示它们会减慢至原速度的一半；数值100%表示它们在撞击表面时会停止。默认值为0%，范围为0～100%。要使粒子沿导向板曲面滑动，需将【反弹】设置为0。

**步骤8** 展开【贴图】卷展栏，在【反射】和【折射】通道上添加【光线跟踪】贴图，并设置它们的贴图数量，如图7-67所示。设置完成后，单击【将材质指定给选定对象】按钮。在视图中选取一个好的观察角度，按【F9】键快速渲染一次场景的材质，效果如图7-68所示。

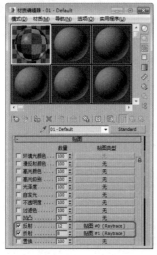

图7-67　添加【光线跟踪】贴图　　　　　　　　图7-68　渲染材质效果

**步骤9** 将整个场景的动画参数设置完成后，打开【渲染设置】对话框，设置动画的渲染输出参数。当动画渲染到第30帧处时，得到的动画画面效果如图7-69所示。当渲染到第70帧处时，画面效果如图7-70所示。

图7-69　渲染到第30帧的效果　　　　　　　　图7-70　渲染到第70帧的效果

## 实例 57　导向板空间扭曲应用——龙卷风动画

　　【导向板】空间扭曲起着平面防护板的作用，它能排斥由粒子系统生成的粒子。例如，使用导向板可以模拟被雨水敲击的公路。将【导向板】空间扭曲和【重力】空间扭曲结合在一起可以产生瀑布和喷泉效果。下面将介绍使用【导向板】与【旋涡】对象结合制作龙卷风动画的操作方法。

## 学习目标

掌握【粒子阵列】空间扭曲参数的设置方法

掌握【导向板】空间扭曲的创建方法和设置方法

掌握【旋涡】对象的使用方法

## 制作过程

资源路径：案例文件\Chapter 7\原始文件\制作龙卷风动画\制作龙卷风动画.max

案例文件\Chapter 7\最终文件\制作龙卷风动画\制作龙卷风动画.max

■ 步骤1 在讲解制作龙卷风动画的制作过程之前，先打开龙卷风动画最终效果预览一下，如图7-71所示。打开原始场景文件，效果如图7-72所示。

图7-71　龙卷风动画效果

图7-72　原始场景文件

■ 步骤2 在【几何体】对象面板中单击【圆环】按钮，在场景中创建一个圆环对象，如图7-73所示。按【N】键开启动画记录模式，使用移动工具按钮移动圆环对象，设置圆环的移动关键帧，如图7-74所示，在视图中观察它的运动轨迹。设置完成后，关闭动画记录模式。

图7-73　创建圆环对象

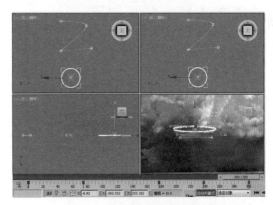

图7-74　设置圆环的移动关键帧

■ 步骤3 在【粒子系统】对象面板中单击【粒子阵列】按钮，在视图中创建一个粒子阵列对象，如图7-75所示。选择粒子阵列对象，在【粒子生成】卷展栏中，将【粒子运动】选项组中的【速度】设置为1，在【粒子计时】选项组中将【发射开始】、【发射停止】、【显示时限】、【寿命】和【变化】分别设置为0、301、301、200、0，在【粒子大小】选项组中，将【大小】和【变化】设置为8.0、25.0，如图7-76所示。

图7-75 创建粒子阵列对象

图7-76 设置粒子参数

**步骤 4** 在【粒子类型】卷展栏中选中【实例几何体】单选按钮，如图7-77所示。单击【球体】按钮，在场景中创建一个球体对象，在【参数】卷展栏中将【半径】设置为2.105，将【分段】设置为9，如图7-78所示。

图7-77 选中【实例几何体】单选按钮

图7-78 创建球体对象

**步骤 5** 选择粒子系统，在【粒子类型】卷展栏中单击【拾取对象】按钮，拾取球体对象，如图7-79所示。在【基本参数】卷展栏中单击【拾取对象】按钮，拾取圆环对象，如图7-80所示。

图7-79 拾取球体对象

图7-80 拾取圆环对象

**步骤 6** 在视图中拖动时间滑块预览粒子动画，效果如图7-81所示。在【空间扭曲】对象面板中，单击【旋涡】按钮，创建一个旋涡对象，并在【参数】卷展栏中，将【计时】选项组中的【结束时间】设置为301，在【捕获和运动】选项组中，将【轴向下拉】设置为0.15，将其下方的【阻尼】设置为3.0，将【轨道速度】设置为0.18，将其下方的【阻尼】设置为7.9%，将【径向拉力】设置为0.08，如图7-82所示。

图7-81 预览粒子运动效果

图7-82 创建旋涡对象并设置参数

> 提示：使用空间扭曲设置可以控制旋涡外形、特性，以及粒子捕获的比率和范围。粒子系统设置（如速度）也会对旋涡的外形产生影响。

**步骤 7** 单击【绑定到空间扭曲】按钮，将粒子对象绑定到旋涡对象上，此时粒子对象发生了变化，如图7-83所示。单击【导向板】按钮，在视图中创建一个导向板对象，如图7-84所示。

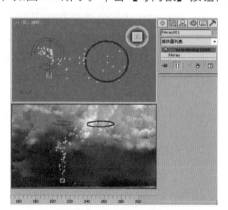

图7-83 绑定到旋涡对象

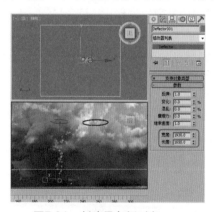

图7-84 创建导向板对象

**步骤 8** 单击【绑定到空间扭曲】按钮，将粒子对象绑定到导向板上，效果如图7-85所示。拖动时间滑块至第120帧处，可以看到粒子对象沿着旋涡方向扭曲发射，如图7-86所示。

**步骤 9** 按【M】键打开【材质编辑器】对话框，将已经制作好的沙粒材质应用给粒子对象，按【F9】键快速渲染动画，画面效果如图7-87所示。在所有的动画参数设置完成后，打开【渲染设置】对话框，设置动画的渲染输出，图7-88所示为其中某一帧的效果。

图7-85 绑定板对象

图7-86 粒子运动效果

图7-87 渲染动画效果

图7-88 渲染输出动画

## 实例 58 阻力空间扭曲应用——香烟动画

【阻力】空间扭曲是一种在指定范围内按照指定量来降低粒子速率的粒子运动阻尼器。应用阻尼的方式可以是线性、球形或者柱形。阻力在模拟风阻、致密介质（如水）中的移动、力场的影响，以及其他类似的情景时非常有用。下面将讲解使用【阻力】空间扭曲制作香烟动画的方法。

### 学习目标

掌握【超级喷射】粒子的参数设置方法

掌握【阻力】空间扭曲的使用方法

掌握【风】对象的创建和使用方法

### 制作过程

资源路径：案例文件\Chapter 7\原始文件\制作香烟动画\制作香烟动画.max

案例文件\Chapter 7\最终文件\制作香烟动画\制作香烟动画.max

步骤 1 在学习制作香烟动画的方法之前，先打开场景的最终文件预览一下，效果如图7-89所示。打开香烟场景的原始文件，如图7-90所示。

步骤 2 选择【创建】|【几何体】|【粒子系统】|【超级喷射】命令，在【顶】视图中创建一个超级喷射粒子对象，如图7-91所示。创建完成后，在【基本参数】卷展栏中将【轴偏离】下的【扩散】设置为1.0度，将【平面偏移】下的【扩散】设置为180.0度，将【图标大小】设置为

8.0，选中【网格】单选按钮，将【粒子数百分比】设置为50.0%，如图7-92所示。

图7-89 香烟动画效果

图7-90 打开香烟场景文件

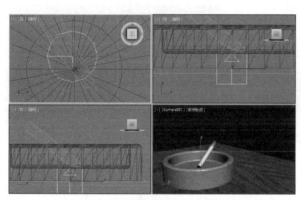

图7-91 创建超级喷射粒子对象

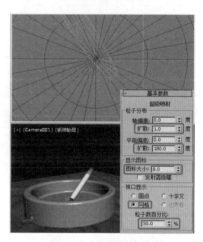

图7-92 设置基本参数

步骤3 设置完成后，打开【粒子生成】卷展栏，设置粒子生成的参数，如图7-93所示。再打开【粒子类型】卷展栏，在该卷展栏中选中【面】单选按钮，如图7-94所示。

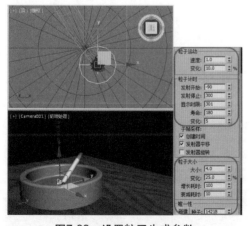

图7-93 设置粒子生成参数

图7-94 选中【面】单选按钮

步骤4 在视图中拖动时间滑块可以预览超级喷射粒子的发射效果，如图7-95所示。按【M】键打开【材质编辑器】对话框，为对象应用一个已经制作好的烟雾材质，在场景中预览烟雾的效果，如图7-96所示。

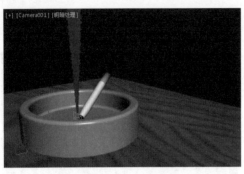

图7-95　粒子发射效果

图7-96　应用烟雾材质

**步骤5** 选择【创建】|【空间扭曲】|【力】|【风】命令，在场景中创建一个风对象，并使用【选择并旋转】工具对其进行调整，如图7-97所示。在视图中选中粒子对象，调整其位置，在工具栏中单击【绑定到空间扭曲】按钮，将粒子绑定到风对象上，效果如图7-98所示。

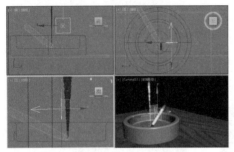

图7-97　创建风对象

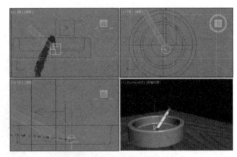

图7-98　绑定对象

> 提示：风力在效果上类似于【重力】空间扭曲，但前者添加了一些湍流参数和其他自然界中风的功能特性。风力也可以用做动力学模拟中的一种效果。

**步骤6** 选择风对象，在其【参数】卷展栏中将【强度】设置为0.01，将【湍流】、【频率】、【比例】分别设置为0.04、0.26、0.03，如图7-99所示。选择【创建】|【空间扭曲】|【力】|【阻力】命令，创建一个阻力对象，如图7-100所示，并在视图中调整其位置。

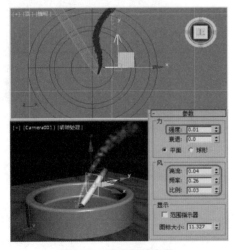

图7-99　设置风的参数

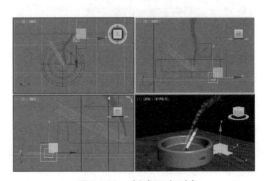

图7-100　创建阻力对象

步骤 7 在视图中选中粒子对象，调整其位置，在工具栏中单击【绑定到空间扭曲】按钮，将粒子绑定到阻力对象上，如图7-101所示。在视图中选择阻力对象，在【参数】卷展栏中将【开始时间】和【结束时间】分别设置为-100、300，将【X轴】、【Y轴】、【Z轴】分别设置为1.0%、1.0%、3.0%，进入阻力对象的参数面板中，设置它的参数，如图7-102所示。

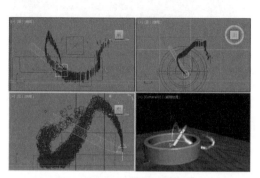

图7-101 绑定对象

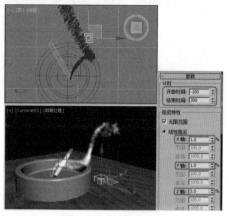

图7-102 设置阻力参数

提示：【线性阻尼】参数用于控制各个粒子的运动被分离到空间扭曲的局部X、Y和Z轴向量中。在其上对各个向量施加阻尼的区域是一个无限的平面，其厚度由相应的【范围】设置决定。

步骤 8 在场景中拖动时间滑块预览整个香烟的烟雾动画，在一开始时，香烟发出少量的烟雾，如图7-103所示。继续将时间滑块向前拖动，可以观察到整个烟雾在运动，如图7-104所示。

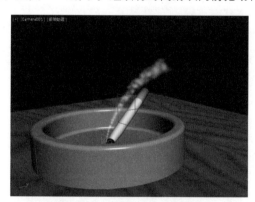

图7-103 预览少量烟雾效果

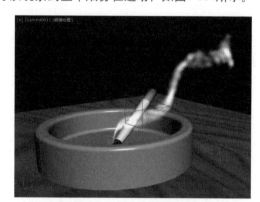

图7-104 烟雾运动效果

步骤 9 在预览了整个动画效果后，打开【渲染设置】对话框，设置动画的渲染输出参数，然后单击【渲染】按钮渲染动画。在渲染到第45帧时，画面效果如图7-105所示。当渲染到第300帧时，画面效果如图7-106所示。

图7-105　渲染到第45帧的效果

图7-106　渲染到第300帧的效果

 **实例 59　涟漪空间扭曲应用——波纹动画**

【涟漪】空间扭曲可以在整个世界空间中创建同心波纹。它影响几何体和产生作用的方式与涟漪修改器相同。下面将讲解使用【涟漪】空间扭曲制作水面波纹效果的方法。

**学习目标**

掌握【影响区域】修改器的使用方法

掌握【涟漪】空间扭曲的使用方法

**制作过程**

　　资源路径：案例文件\Chapter 7\原始文件\制作波纹动画\制作波纹动画.max

　　　　　　案例文件\Chapter 7\最终文件\制作波纹动画\制作波纹动画.max

　　步骤 1　在制作波纹动画之前，先打开动画的最终效果预览一下，效果如图7-107所示。打开波纹动画的原始文件，如图7-108所示。

图7-107　波纹动画效果

图7-108　打开的场景文件

　　步骤 2　在视图中选择长方体对象，切换至【修改】命令面板，在修改器下拉列表框中选择添加【影响区域】修改器，如图7-109所示。在【参数】卷展栏中将【衰退】设置为159.192，如图7-110所示。

　　步骤 3　选择【创建】|【空间扭曲】|【几何/可变形】|【涟漪】命令，在视图中创建一个涟漪对象，并在视图中调整其位置，如图7-111所示。选择涟漪对象，在【参数】卷展栏中设置其参

数，如图7-112所示。

图7-109　添加【影响区域】修改器

图7-110　设置修改器参数

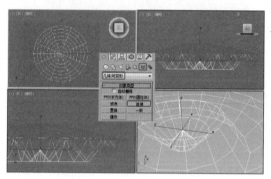

图7-111　创建涟漪空间扭曲

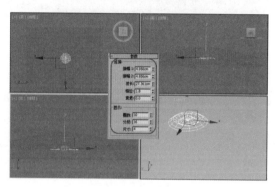

图7-112　设置涟漪参数

> 提示：拖动操作设置的振幅值会相等地应用在所有方向中。涟漪的振幅1和振幅2参数的初始值是相等的。将这些参数设置为不等的数值，可以创建一种振幅相对于空间扭曲的局部X轴和Y轴有所变化的涟漪。

步骤4　在视图中选择长方体，在工具栏中单击【绑定到空间扭曲】按钮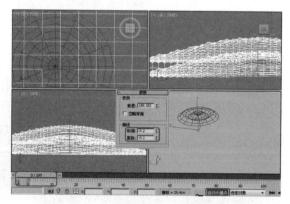，将长方体对象绑定到涟漪对象上，如图7-113所示。将时间滑块拖动至第0帧处，按【N】键打开关键点记录模式，在视图中选择长方体对象，切换至【修改】命令面板，选择【影响区域】修改器，在【参数】面板中将【收缩】、【膨胀】分别设置为-0.2、-0.1，如图7-114所示。

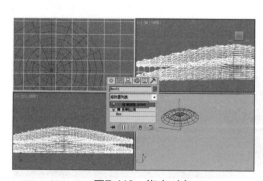

图7-113　绑定对象

图7-114　在第0帧处设置影响区域的参数

步骤5　将时间滑块拖动至第100帧处，在【参数】面板中将【收缩】、【膨胀】分别设置为2.0、1.24，如图7-115所示，按【N】键关闭自动关键点记录模式，按【F10】键，弹出【渲染设置】对话框，设置动画输出参数，当动画渲染到第70帧时，画面效果如图7-116所示。

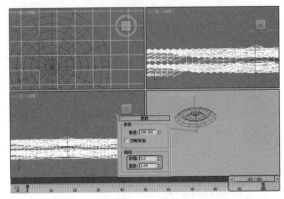

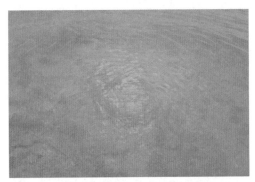

图7-115　在第100帧处设置影响区域的参数　　　　图7-116　渲染到第70帧的效果

## 实例60　波浪空间扭曲应用——鱼儿动画

【波浪】空间扭曲可以在整个世界空间中创建线性波浪，它影响几何体和产生作用的方式与【波浪】修改器相同。下面将介绍使用【波浪】空间扭曲与【波浪】修改器制作鱼儿在水中游动效果的方法。

### 学习目标

掌握【波浪】修改器的应用

掌握【波浪】空间扭曲的参数设置方法

### 制作过程

资源路径：案例文件\Chapter 7\原始文件\制作鱼儿动画\制作鱼儿动画.max

案例文件\Chapter 7\最终文件\制作鱼儿动画\制作鱼儿动画.max

步骤1 在讲解使用【波浪】空间扭曲对象制作动画的方法之前，先打开本例的最终效果预览一下，如图7-117所示。下面就来讲解这个动画的制作方法，从本书配套资源中打开场景的原始文件，如图7-118所示。

图7-117　鱼儿动画效果　　　　图7-118　打开原始场景文件

步骤 2 选择鱼儿模型，在修改器下拉列表框中选择【网格选择】修改器，如图7-119所示。选择【网格选择】修改器的【顶点】子对象层级，将鱼儿的鳍和尾巴上的顶点选中，单击软选择，选择使用软选择，选择影响背面，设置影响背面为84.2、0.0、0.0，如图7-120所示。

图7-119　添加【网格选择】修改器

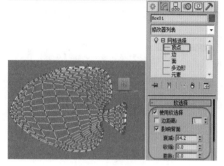

图7-120　选择顶点对象

步骤 3 在修改器下拉列表框中继续添加一个【波浪】修改器，在它的【参数】卷展栏中设置参数，如图7-121所示。按【N】键开启动画记录模式，在第100帧的位置上设置波浪参数，如图7-122所示。

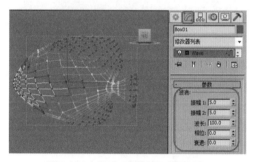

图7-121　添加【波浪】修改器

图7-122　在第100帧设置波浪的关键帧参数

步骤 4 在【空间扭曲】对象面板中，单击【波浪】空间扭曲按钮，在场景中创建一个波浪对象，如图7-123所示。在工具栏中单击【绑定到空间扭曲】按钮，将鱼儿绑定到空间扭曲对象上，此时的效果如图7-124所示。

图7-123　创建波浪对象

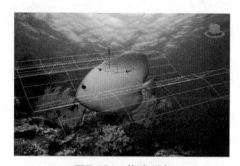

图7-124　绑定对象

步骤 5 选择波浪空间扭曲对象，开启动画记录模式，在第0帧处设置波浪空间扭曲对象的参数，如图7-125所示。将时间滑块移至第30帧处，设置波浪空间扭曲的参数，如图7-126所示。

步骤 6 将时间滑块移至第40帧处，设置波浪空间扭曲的参数，如图7-127所示。将时间滑块移至第100帧处，设置空间扭曲对象的参数，如图7-128所示。

图7-125 设置第0帧的波浪参数

图7-126 设置第30帧的波浪空间扭曲参数

> 提示：【相位】参数用于控制在波浪对象中央的原点开始偏移波浪的相位。整数值无效，仅小数值有效。设置该参数的动画会使波浪看起来像是在空间中传播。

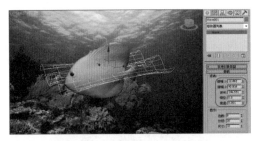

图7-127 设置第40帧的参数

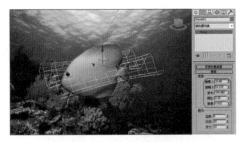

图7-128 设置第100帧的参数

步骤 7 返回到第0帧，选择鱼儿模型，将它移动到右下角的位置，如图7-129所示。将时间滑块移至第100帧处，将鱼儿模型移动到左上角，使它产生位移关键帧，如图7-130所示。

图7-129 设置鱼儿第0帧的位置

图7-130 设置鱼儿第100帧的位置

步骤 8 在设置完整个鱼儿的动画参数后，打开【渲染设置】对话框，设置动画的渲染输出参数，单击【渲染设置】按钮渲染输出动画。当动画渲染到第40帧时，效果如图7-131所示。当动画渲染到第60帧时，效果如图7-132所示。

图7-131 渲染到第40帧的效果

图7-132 渲染到第60帧的效果

## 实例61 重力空间扭曲应用——柠檬汁动画

使用超级喷射粒子系统和空间扭曲制作柠檬汁动画，通过创建超级喷射工具，并对其赋予柠檬汁材质，然后添加重力系统，下面将介绍使用超级喷射粒子系统和空间扭曲制作柠檬汁动画的方法。

### 学习目标

掌握【超级喷射】粒子的应用

掌握【重力】空间扭曲的参数设置方法

### 制作过程

资源路径：案例文件\Chapter 7\原始文件\制作柠檬汁动画\制作柠檬汁动画.max

案例文件\Chapter 7\最终文件\制作柠檬汁动画\制作柠檬汁动画.max

**步骤1** 在讲解制作柠檬汁喷射动画的制作过程之前，先打开柠檬汁动画最终效果预览一下，如图7-133所示。打开原始场景文件，效果如图7-134所示。

图7-133 柠檬汁动画效果

图7-134 打开原始场景文件

**步骤2** 在【粒子系统】对象面板中单击【超级喷射】按钮，在视图中创建一个超级喷射粒子系统，如图7-135所示。选择超级喷射粒子对象，在其【基本参数】卷展栏中设置基本参数，将【轴偏离】下的【扩散】和【水平偏离】下的扩散分别设置为2.5、180.0，将【图标大小】设置为14.0，在【视口显示】选中【网格】单选按钮，将【粒子数百分比】设为100%，如图7-136所示。

图7-135　创建超级喷射粒子

图7-136　设置基本参数

步骤3 在【粒子生成】卷展栏中设置粒子的时间和总数，在【粒子数量】中，选择【使用总数】选项并设置为250；在【粒子运动】中，【速度】设置为4，【变化】设置为5%，在【粒子计时】中，【发射开始】设置为5，【发射停止】设置为60，【显示时限】设置为100，【寿命】设置为70，【变化】设置为0，如图7-137所示。在【粒子生成】卷展栏中的【粒子大小】选项组中设置粒子的大小参数，【大小】设置为4.0，【变化】设置为30.0%，【增长耗时】设置为5，【衰减耗时】设置为20，如图7-138所示。

图7-137　设置粒子的时间和总数

图7-138　设置粒子大小

步骤4 在【粒子类型】卷展栏中选中【变形球粒子】单选按钮，设置完成后将其调整至合适的位置，如图7-139所示。在【空间扭曲】对象面板中，单击【重力】按钮，在场景中创建一个重力对象，并设置它的重力参数，将【强度】设置为0.1，如图7-140所示。

图7-139　设置粒子类型

图7-140　创建重力对象

步骤5 单击工具栏中的【绑定到空间扭曲】按钮，将粒子对象绑定到重力上，在视图中拖动时间滑块可以预览粒子的发射效果，如图7-141所示。按【M】键打开【材质编辑器】对话框，给粒子系统指定材质，如图7-142所示。

图7-141 将粒子对象绑定到重力上　　　　　　图7-142 指定材质后的效果

步骤6 将整个场景的动画参数设置完成后，打开【渲染设置】对话框，设置动画的渲染输出参数。当动画渲染到第30帧处时，得到的动画画面效果如图7-143所示。当渲染到第60帧处时，画面效果如图7-144所示。

图7-143 渲染到第30帧的效果　　　　　　图7-144 渲染到第60帧的效果

 实例62 爆炸空间扭曲应用——瓷器爆炸动画

爆炸空间扭曲用模拟对象的爆炸效果。下面将使用爆炸空间扭曲模拟制作瓷器爆炸的动画效果。

**学习目标**

掌握爆炸空间扭曲参数的设置方法

**制作过程**

资源路径：案例文件\Chapter 7\原始文件\制作瓷器爆炸动画\制作瓷器爆炸动画.max

案例文件\Chapter 7\最终文件\制作瓷器爆炸动画\制作瓷器爆炸动画.max

**步骤 1** 在讲解制作使用爆炸工具制作瓷器爆炸动画的方法之前，先打开本例的最终文件预览一下，如图7-145所示。打开原始场景文件如图7-146所示。

图7-145 预览瓷器爆炸动画效果　　　　　图7-146 打开场景原始文件

**步骤 2** 选择【创建】|【空间扭曲】|【爆炸】工具，在【顶】视图中创建对象，如图7-147所示。展开【爆炸参数】卷展栏，将【爆炸】的【强度】设置为0.01，【自旋】设置为0.1，【分形大小】下方的【最小值】和【最大值】设置为300、800，将【常规】下的【重力】设置为0.1，将【混乱】设置为1.0，将【起爆时间】设置为20，将【种子】设置为0，如图7-148所示。

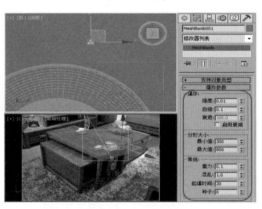

图7-147 创建爆炸工具　　　　　图7-148 设置参数

**步骤 3** 选择【茶杯】对象，单击【绑定到空间】按钮，将其绑定到爆炸对象，如图7-149所示。渲染至第100帧的效果，如图7-150所示。

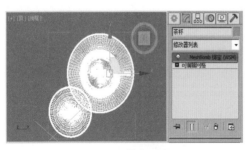

图7-149 绑定对象　　　　　图7-150 第100帧的效果

# 第 8 章

# 粒子特效动画

　　在3ds Max 中可以通过专门的空间变形来控制一个粒子系统和场景之间的交互作用，还可以控制粒子本身的可繁殖特性，这些特性允许粒子在发生碰撞时发生变异、繁殖或者死亡。简单地说，粒子系统是一些粒子的集合，通过指定发射源在发射粒子流的同时创建各种动画效果。在3ds Max中，粒子系统是一个对象，而发射的粒子是子对象，可以将粒子系统作为一个整体来设置动画，并且随时调整粒子系统的属性，以控制每一个粒子的行为。

## 实例63　雪粒子应用——下雪动画

雪粒子用于模拟降雪或投撒的纸屑，雪系统与喷射类似，但是雪系统提供了其他参数来生成翻滚的雪花。下面将讲解使用雪粒子制作下雪动画的方法。

**学习目标**

掌握雪粒子的参数设置方法

**制作过程**

资源路径：案例文件\Chapter 8\最终文件\制作下雪动画\制作下雪动画.max

■■■ 步骤1 在讲解【雪粒子】的使用方法之前，先打开本例的最终效果预览一下，如图8-1所示。执行【创建】|【几何体】|【粒子系统】|【雪】命令，如图8-2所示。

图8-1　下雪动画最终效果

图8-2　执行【雪】命令

■■■ 步骤2 在场景中创建一个雪粒子对象，如图8-3所示。在雪粒子的【参数】卷展栏中设置雪粒子参数，【渲染计数】设置为1000，【雪花大小】设置为1.5cm；【变化】设置为5.0；选中【雪花】单选按钮；【渲染】组中选中【面】单选按钮；将【发射器】的【宽度】设置为200.0cm，【长度】设置为120.0cm，其他参数默认，如图8-4所示。

📖 提示：雪粒子系统可以模拟飞舞的雪花或者纸屑等效果。

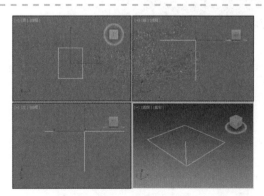

图8-3　创建雪粒子

图8-4　设置参数

📖 提示：【雪花】、【圆点】和【十字叉】3种类型用于确定粒子在视口中的显示方式。显示设置不影响粒子的渲染方式。雪花是一些星形的雪花，圆点是一些点，十字是一些小的加号。

步骤 3 按【8】键，弹出【环境和效果】对话框，单击【环境贴图】下的【无】按钮，在弹出的对话框选择【位图】选项，选择【背景1.jpg】素材背景图片，按【M】键，弹出【材质编辑器】对话框，将环境贴图下的贴图拖拽至一个新的材质样本球上，弹出【实例（副本）贴图】对话框，选中下方的【实例】单选按钮，单击【确定】按钮，在【坐标】卷展栏中选中【环境】单选按钮，将【贴图】设置为【屏幕】，如图8-5所示。选中【透视】视图，按【Alt+B】组合键，弹出【视口配置】对话框，在其中的【背景】选项卡中选中【使用环境背景】单选按钮，然后单击【确定】按钮，如图8-6所示。

图8-5 添加背景图片　　　　　　　　图8-6 使用环境背景

提示：选择了一幅图片作为背景图像后，在【环境】选项卡中的【使用贴图】复选框将同时被选中，表示将使用背景图片。如果此时取消选中【使用贴图】复选框，渲染时将不会显示出背景图像。

步骤 4 按【M】键打开【材质编辑器02-Default】对话框，选择一个标准材质球并设置它的参数，将【环境光】和【漫反射】的颜色值设置为【255,255,255】，勾选【自发光】中的【颜色】复选框并将其颜色值设置为【255,255,255】，【不透明度】设置为80，如图8-7所示。单击【不透明度】后面的通道按钮，在弹出的对话框中选择【渐变坡度】贴图，如图8-8所示。

图8-7 设置材质　　　　　　　　图8-8 选择【渐变坡度】贴图

步骤 5 在【渐变坡度参数】卷展栏中设置渐变参数，【渐变类型】设置为【径向】，如图8-9所示。单击【背景】按钮，双击放大雪花材质球，预览材质效果，如图8-10所示。

图8-9 设置渐变参数

图8-10 材质球效果

步骤6 将雪花材质应用给雪粒子，将时间滑块拖动到第40帧，按F9键快速渲染一次场景，场景的下雪效果如图8-11所示。按【F10】键打开【渲染设置】对话框设置动画的渲染输出参数，时间输出的【范围】设置为0～50，选择文件的输出，单击【渲染】按钮渲染动画，如图8-12所示。

图8-11 下雪效果

图8-12 设置动画的渲染参数

# 实例 64 喷射粒子应用——下雨动画

喷射粒子用于模拟雨、喷泉，以及公园水龙带的喷水等水滴效果。本例讲解使用喷射粒子模拟制作下雨动画效果的方法。

## 学习目标

掌握喷射粒子的参数设置方法

## 制作过程

资源路径：案例文件\Chapter 8\最终文件\制作下雨动画\制作下雨动画.max

步骤1 在讲解使用喷射粒子制作下雨动画的方法之前，先打开下雨动画的最终效果预览一下，如图8-13所示。执行【创建】|【几何体】|【粒子系统】|【喷射】命令，在场景中创建一个喷射粒子对象并调整其位置，如图8-14所示。

提示：【喷射】粒子系统发射垂直的粒子流，粒子可以是四面体尖锥，也可以是四方形面片。用来模拟水滴下落效果，如下雨、喷泉、瀑布等，也可以表现彗星拖尾效果。这种粒子系统参数较少，易于控制。使用起来很方便，所有数值均可制作动画效果。

图8-13　下雨动画效果

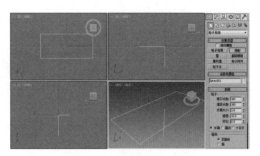

图8-14　创建喷射粒子对象

■■■ 步骤2 在【修改】命令面板中设置喷射粒子的参数，【视口计数】设置为1000；【渲染计数】设置为2000，【寿命】设置为100，如图8-15所示。按【8】键，弹出【环境和效果】对话框，单击【环境贴图】中的【无】按钮，从配套资源中选择添加一张背景贴图，如图8-16所示。

提示：【视口计数】参数在指定帧处设置视口中显示最大粒子数。将视口显示数量设置为少于渲染计数，可以提高视口的性能。【渲染计数】参数用于确定一个帧在渲染时可以显示的最大粒子数。该选项与粒子系统的计时参数配合使用。

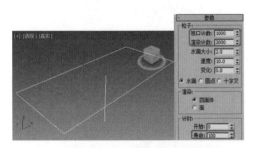

图8-15　设置粒子参数

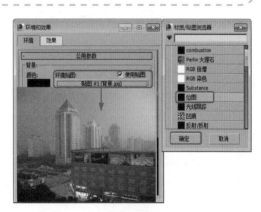

图8-16　添加背景贴图

■■■ 步骤3 选中【透视】视图，在视图中按【Alt+B】组合键，弹出【视口配置】对话框，选中【使用环境背景】单选按钮，如图8-17所示。将背景图像显示在视图中。执行【创建】|【摄像机】|【目标】命令，创建一个目标摄影机并调整其位置，如图8-18所示。

■■■ 步骤4 按【M】键打开【材质编辑器-01-Default】对话框，选择一个标准材质球，设置其基本材质参数，将【环境光】的【亮度】设置为255；勾选【自发光】中的【颜色】复选框，并将其【亮度】设置为255；【不透明度】设置为100，如图8-19所示。单击【不透明】后面的按钮，在弹出的对话框中选择【渐变】贴图，并设置渐变参数，将【颜色#2】的【亮度】设置为44，并将【渐变类型】中选中【径向】单选按钮，如图8-20所示。

图8-17 选中【使用环境背景】单选按钮

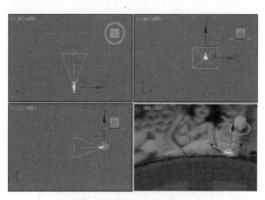

图8-18 创建目标摄影机

提示：材质编辑器与材质/贴图浏览器是材质设置中两个主要部分，材质编辑器提供创建和编辑材质及贴图的功能，而材质/贴图浏览器则用于选择材质、贴图。

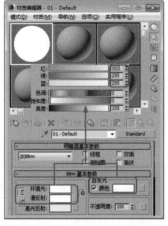

图8-19 设置基本材质参数

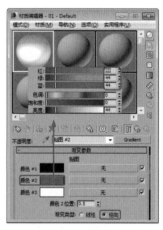

图8-20 设置渐变参数

步骤 5 单击【将材质指定给选定对象】按钮，将其指定给【喷射】对象，单击【背景】按钮，按【8】键打开【环境和效果】对话框，将环境贴图拖动到一个新的材质球中，在弹出的对话框中单击【确定】按钮，如图8-21所示。设置【坐标】参数。选中【环境】单选按钮，【贴图】设置为【屏幕】，如图8-22所示，设置完成后，按【F9】键渲染效果即可。

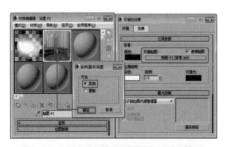

图8-21 添加环境贴图到标准材质球

图8-22 设置【坐标】参数

▌▌ 步骤6 将时间滑块拖动到第40帧，按【F9】键快速渲染一次场景，场景的下雨效果如图8-23所示，按【F10】键打开【渲染设置】对话框设置动画的渲染输出参数，时间输出的【范围】设置为0至50，选择文件的输出，单击【渲染】按钮渲染动画，如图8-24所示。

图8-23　渲染第40帧的效果

图8-24　设置动画的渲染参数

 **实例65　喷射粒子应用——喷水动画**

喷射粒子与空间扭曲对象结合使用还能制作更多有趣的动画效果。本例将介绍使用喷射粒子与重力空间扭曲结合，制作消防栓喷水动画的方法。

**学习目标**

掌握喷射粒子的参数设置

巩固重力空间扭曲的使用方法

**制作过程**

资源路径：案例文件\Chapter 8\原始文件\制作喷水动画\制作喷水动画.max

案例文件\Chapter 8\最终文件\制作喷水动画\制作喷水动画.max

▌▌ 步骤1 在讲解使用喷射粒子制作喷水动画的方法之前，先打开动画最终效果预览一下，如图8-25所示。打开场景的原始文件，该场景为一个消防栓模型，如图8-26所示。

图8-25　喷水动画效果

图8-26　打开原始场景文件

▌▌ 步骤2 执行【创建】|【几何体】|【粒子系统】|【喷射】命令，在【前透视图】中创建一个喷射对象，将它放在消防栓的出水口处，然后在其他视图中调整其位置，并单击【选择并旋转】

按钮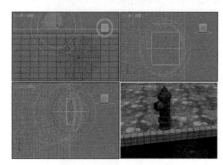，将其旋转到适当位置。如图8-27所示。在【修改】命令面板中进入喷射粒子的【参数】卷展栏，并设置粒子参数，将【粒子】的【视口计数】设置为200，【渲染计数】设置为900，【水滴大小】设置为15.0，【速度】设置为1.2，【变化】设置为0.16；将【计时】下的【开始】设置为-100，【寿命】设置为100，如图8-28所示。

图8-27　创建喷射粒子

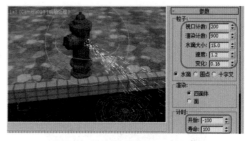

图8-28　设置参数

> 提示：【计时】选项组控制发射粒子的出生和消亡速率。在【计时】选项组的底部显示最大可持续速率。此值基于【渲染计数】和每个粒子的寿命。为了保证准确，最大可持续速率=渲染计数/寿命，因为一帧中的粒子数永远不会超过【渲染计数】的值，如果【出生速率】超过了最高速率，系统将用完所有粒子，并暂停生成粒子，直到有些粒子消亡为止，然后重新生成粒子，形成突发或喷射的粒子。

**步骤3** 在【空间扭曲】对象面板中单击【重力】按钮，在视图中创建一个重力对象，如图8-29所示。在【修改】命令面板中设置重力参数，将【强度】设置为0.1，如图8-30所示。

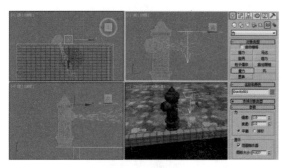

图8-29　创建重力对象

图8-30　设置重力参数

**步骤4** 选择喷射粒子对象，在工具栏中单击【绑定到空间扭曲】按钮，将粒子绑定到重力对象上，此时喷射粒子的方向变成垂直向下，如图8-31所示。在视图中拖动时间滑块可以预览粒子喷射的动画效果，如图8-32所示。

**步骤5** 按【M】键打开【材质编辑器-19-Default】对话框，选择一个空白的材质球，设置基本参数，将【环境光】和【漫反射】设置为150、227、224，将【反射高光】下的【高光级别】设置为75，将【光泽度】设置为30，如图8-33所示。展开【贴图】卷展栏，单击【凹凸】后面的按钮，在弹出的对话框中选择【噪波】贴图，并设置噪波参数，如图8-34所示。

> 提示：在视图中不能预览凹凸贴图的效果，必须渲染场景才能看到凹凸效果。

图8-31 绑定到空间扭曲

图8-32 预览粒子喷射效果

图8-33 设置材质参数

图8-34 添加【噪波】贴图

步骤 6 在【反射】和【折射】通道中添加【光线跟踪】材质，并设置通道数量参数，将
【凹凸】的数量设置为50，【反射】的数量设置为80，【折射】的数量设置为10，如图8-35
所示。此时双击放大材质球，可预览水的材质效果，如图8-36所示。

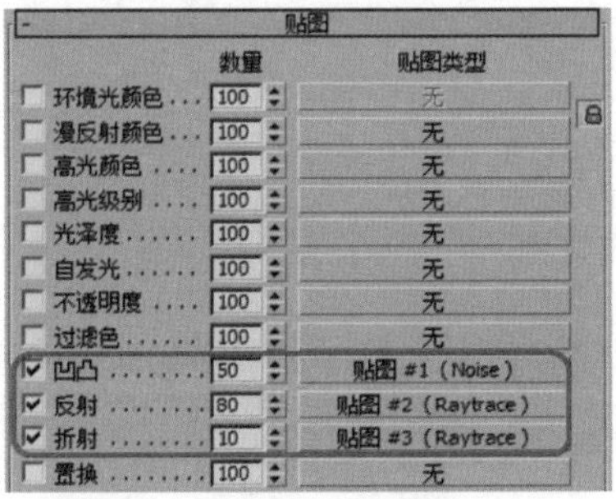

图8-35 添加【光线跟踪】材质

图8-36 水材质效果

步骤 7 将水材质应用给喷射粒子对象，按【F9】键渲染材质效果，如图8-37所示。将动画参
数设置完毕后，按【F10】键打开【渲染设置】对话框，设置动画的渲染输出参数，渲染某一帧
时的画面效果如图8-38所示。

图8-37　渲染材质效果

图8-38　渲染动画

 **实例 66　粒子云应用——水泡动画**

粒子云可以填充特定的体积，如创建一群鸟、一个星空或一队在地面上行军的士兵。可以使用提供的基本体积（长方体、球体或圆柱体）限制粒子，也可以使用场景中任意可渲染对象作为体积，只要该对象具有深度。二维对象不能使用粒子云。本例将讲解使用粒子云制作水泡动画的方法。

### 学习目标

掌握粒子云的创建和参数设置方法

### 制作过程

资源路径：案例文件\Chapter 8\最终文件\制作水泡动画\制作水泡动画.max

**步骤 1** 打开水泡动画的最终效果预览一下，如图8-39所示。下面来讲解这个动画的制作方法，执行【创建】|【几何体】|【粒子系统】|【粒子云】命令，在场景中创建一个粒子云对象，如图8-40所示。

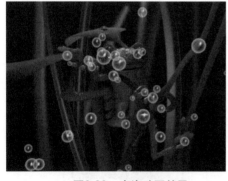

图8-39　水泡动画效果

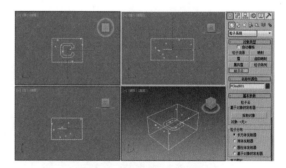

图8-40　创建粒子云对象

**步骤 2** 在【几何体】对象面板中，选择【标准基本体】|【圆柱体】选项，创建一个圆柱体对象，如图8-41所示。右击该圆柱体，在弹出的快捷菜单中选择【对象属性】命令，在弹出的对话框中取消勾选【可渲染】复选框，如图8-42所示。

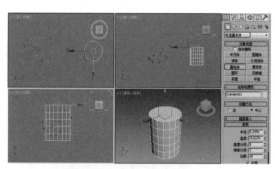

图8-41　创建圆柱体对象

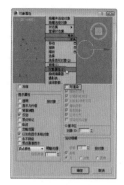

图8-42　设置对象属性

> 📖 提示：【可渲染】复选框可使某个对象或选定对象在渲染输出中可见或不可见。不可渲染对象不会投射阴影，也不会影响渲染场景中的可见组件。不可渲染对象（如虚拟对象）可以操纵场景中的其他对象。

步骤 3 选择粒子云对象，切换至【修改】选项卡，在其【基本参数】卷展栏中单击【拾取对象】按钮，拾取圆柱体对象，如图8-43所示。执行【创建】|【几何体】|【标准基本体】|【球体】命令，在场景中创建一个球体对象，如图8-44所示。右击该球体，在弹出的快捷菜单中选择【对象属性】命令，在弹出的对话框中取消勾选【可渲染】复选框。

图8-43　拾取圆柱体对象

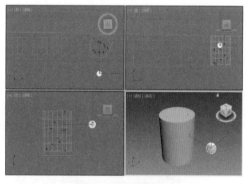

图8-44　创建球体对象

步骤 4 选择粒子云对象，切换至【修改】选项卡，在其【粒子类型】卷展栏中选中【实例几何体】单选按钮，如图8-45所示。在【实例参数】选项组中单击【拾取对象】按钮，拾取球体，如图8-46所示。

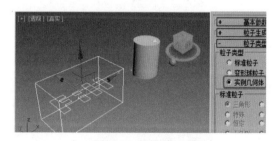

图8-45　设置粒子类型

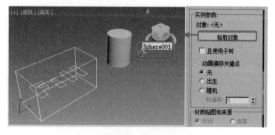

图8-46　拾取球体

步骤 5 选择粒子云对象，切换至【修改】选项卡，在【基本参数】中的【视口显示】中，选中【圆点】单选按钮；在【粒子生成】卷展栏的【粒子数量】选项组中将【使用速率】设置为10，将【粒子运动】选项组的【速度】设置为2.5m，【变化】设置为50.0%，如图8-47所示。将【方向向量】的Z坐标设置为100.0，【变化】设置为100.0%；在【粒子计时】中，将【发射停止】设置为5，【显示时限】和【寿命】都设置为100；在【粒子大小】中，将【大小】设置为1.0m，【变化】设置为50.0%，如图8-48所示。

> 📖 提示：粒子云粒子系统会限制一个空间，在空间内部产生粒子效果。通常空间可以是球形、柱体或长方体，也可以是任意指定的分布对象，空间内的粒子可以是标准基本体、变形球粒子或替身几何体。常用来制作堆积的不规则群体。

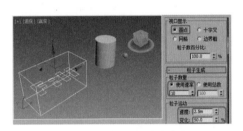

图8-47 设置粒子基本参数1

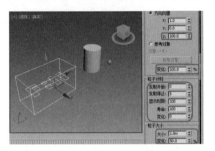

图8-48 设置粒子基本参数2

▌ 步骤6 按【M】键打开【材质编辑器-01-Default】对话框，选择【各向异性】明暗器类型，并设置材质的基本参数，如图8-49所示。展开【贴图】卷展栏，在【自发光】和【不透明度】通道中添加【衰减】贴图，在【反射】通道中添加【光线跟踪】材质，如图8-50所示。

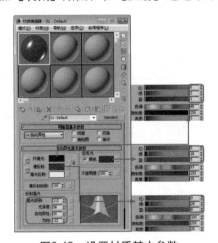

图8-49 设置材质基本参数

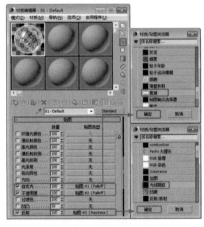

图8-50 【贴图】卷展栏

> 📖 提示：光线跟踪与标准材质一样，可以为光线跟踪颜色分量和各种其他参数使用贴图。

▌ 步骤7 单击【背景】按钮，双击放大材质球，可以预览水泡材质效果，如图8-51所示。按【F8】键，从配套资源中选择一张如图8-52所示的贴图作为场景的背景贴图。

▌ 步骤8 选中【透视】视图，按【Alt+B】组合键，弹出【视口配置】对话框，在【背景】选项卡中，选中【使用环境背景】单选按钮，如图8-53所示。将添加的背景贴图显示在视图中，按【M】键打开【材质编辑器-贴图#5】对话框，按【F8】键打开【环境和效果】对话框，将【背景.jpg】添加为环境背景，然后将环境贴图拖动到一个标准材质球中，设置【坐标】参数。选中【环境】单选按钮，将【贴图】设置为【屏幕】，如图8-54所示。

图8-51　材质效果

图8-52　添加背景贴图

图8-53　使用环境背景

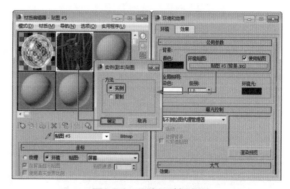

图8-54　添加环境贴图

提示：在视图中使用【缩放】按钮 将视图进行缩放调整，放大显示粒子效果后进行渲染，可以得到较大的水泡效果。

步骤9 将制作好的水泡材质应用给粒子云对象，选中【透】视图，按【F9】键快速渲染一次场景，水泡效果如图8-55所示。将水泡动画的参数设置完成后，选取一个好的观察角度，渲染输出动画，如图8-56所示。

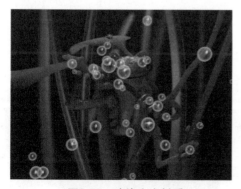

图8-55　渲染水泡材质

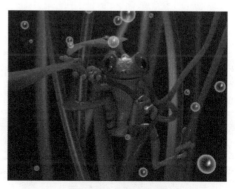

图8-56　渲染动画

## 实例67 超级喷射粒子应用——喷泉动画

本例讲解使用超级喷射粒子与重力对象结合，制作喷泉动画的方法。超级喷射发射受控制的粒子喷射，此粒子系统与简单的喷射粒子系统类似，只是增加了所有新型粒子系统提供的功能。

### 学习目标

掌握超级喷射粒子的创建及使用方法
掌握重力空间扭曲对象的参数设置方法

### 制作过程

资源路径：案例文件\Chapter 8\原始文件\制作喷泉动画\制作喷泉动画.max
　　　　　案例文件\Chapter 8\最终文件\制作喷泉动画\制作喷泉动画.max

**步骤1** 在讲解制作喷泉动画方法之前，先打开喷泉动画的最终效果预览一下，如图8-57所示。打开场景的原始文件，如图8-58所示。

图8-57 喷泉动画的最终效果

图8-58 打开原始场景文件

**步骤2** 执行【创建】|【几何体】|【粒子系统】|【超级喷射】命令，在场景中创建一个超级喷射粒子对象并调整其位置，如图8-59所示。进入【修改】命令面板中设置粒子的基本参数，将【扩散】分别设置为6.0和180.0度；【图标大小】设置为4.0，并勾选【发射器隐藏】复选框，如图8-60所示。

> 📖 **提示：**【显示图标】选项组用于设置超级喷射粒子图标的显示大小，启用【发射器隐藏】复选框后，将隐藏超级喷射的粒子图标。

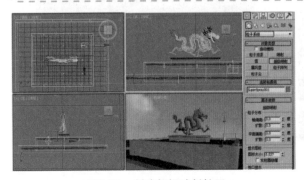

图8-59 创建超级喷射粒子

图8-60 设置粒子基本参数

步骤 3 展开【粒子生成】卷展栏，设置粒子的寿命和数量参数，将【使用速率】设置为30；【速度】设置为2.5；【发射停止】和【显示时限】设置为150；【寿命】设置为50，如图8-61所示。选择粒子对象，在视图中右击，在弹出的快捷菜单中选择【对象属性】命令，弹出【属性设置】对话框，设置粒子的运动模糊参数，选择【图像】选项，将【倍增】设置为5.0，如图8-62所示。

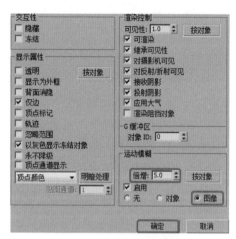

图8-61 设置粒子生成参数　　　　　　图8-62 设置粒子运动模糊

步骤 4 按【M】键打开【材质编辑器】对话框，选择一个标准材质球，设置为水的材质，将材质应用给场景中的粒子对象，如图8-63所示。按住【Shift】键，复制7个超级喷射粒子对象，并将粒子发射器分别复制到其他几个出水口上，如图8-64所示。

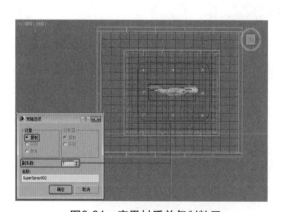

图8-63 设置水材质参数　　　　　　图8-64 应用材质并复制粒子

步骤 5 在视图中拖动时间滑块预览粒子效果，此时粒子是垂直向上发射的，如图8-65所示。在【空间扭曲】对象面板中，单击【重力】按钮，创建一个重力对象，如图8-66所示。

> 提示：发射器初始方向取决于当前在哪个视图中创建粒子系统。在通常情况下，如果在正向视图中创建该粒子系统，则发射器会朝向用户这一面；如果在透视图中创建该粒子系统，则发射器会朝上。

图8-65 粒子效果

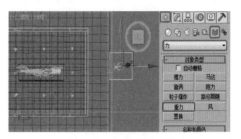

图8-66 创建重力对象

步骤6 选择重力对象,在其参数卷展栏中设置重力的参数,将【强度】设置为0.055,如图8-67所示。单击工具栏中的【绑定到空间扭曲】按钮 ,将所有的粒子绑定到重力对象上,如图8-68所示。

图8-67 设置重力参数

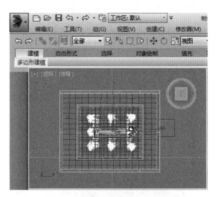

图8-68 绑定到空间扭曲

提示:增加【强度】会增加重力的效果,即对象的移动与重力图标方向箭头的相关程度。小于0的强度会创建负向重力,该重力会排斥以相同方向移动的粒子,并吸引以相反方向移动的粒子。设置【强度】为0时,【重力】空间扭曲没有任何效果。

步骤7 将水材质应用给粒子对象,按【F9】键快速渲染一次场景,效果如图8-69所示。按【F10】键打开【渲染设置】对话框,设置动画的渲染输出参数,最终效果如图8-70所示。

图8-69 渲染材质效果

图8-70 渲染动画

## 实例68 超级喷射粒子应用——礼花动画

本例讲解使用超级喷射粒子结合镜头特效制作礼花效果的方法。

### 学习目标

掌握超级喷射粒子参数的设置方法

掌握视频合成器窗口的使用方法

### 制作过程

资源路径：案例文件\Chapter 8\最终文件\制作礼花动画\制作礼花动画.max

步骤1 在讲解制作礼花动画的方法之前，先打开礼花动画的最终效果预览一下，如图8-71所示。执行【创建】|【几何体】|【粒子系统】|【超级喷射】命令，在视图中创建一个超级喷射对象，如图8-72所示。

图8-71 礼花效果

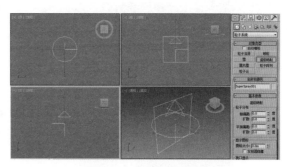

图8-72 创建超级喷射对象

步骤2 选择超级喷射粒子对象，在其【基本参数】卷展栏中设置基本参数，将【扩散】分别设置为180.0度和90.0度，【粒子数百分比】设置为100.0%，如图8-73所示。在【粒子生成】卷展栏中设置粒子的时间和总数，在【粒子数量】中，选择【使用总数】选项并设置为30；在【粒子运动】中，【速度】设置为4.0m，【变化】设置为100.0%；在【粒子计时】中，【发射停止】设置为0，【显示时限】设置为280，【寿命】设置为50，【变化】设置为60，如图8-74所示。

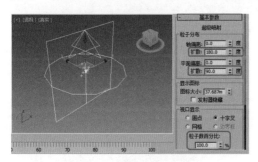

图8-73 设置粒子基本参数

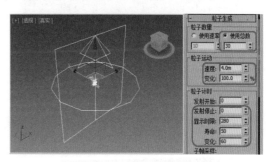

图8-74 设置粒子生成参数

步骤3 在【粒子生成】卷展栏中的【粒子大小】选项组中设置粒子的大小参数，【增长耗时】设置为12，【衰减耗时】设置为12，如图8-75所示。在【粒子类型】卷展栏中选中【标准粒子】单选按钮并选择【立方体】选项，如图8-76所示。

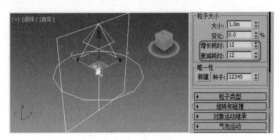

图8-75　设置粒子大小

图8-76　设置粒子类型

步骤4 展开【旋转和碰撞】卷展栏，设置粒子的旋转和碰撞参数，将【自旋时间】设置为0，如图8-77所示。在【空间扭曲】对象面板中，单击【重力】按钮，在场景中创建一个重力对象，并设置它的重力参数，将【强度】设置为0.02，如图8-78所示。

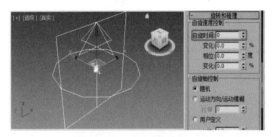

图8-77　设置自旋时间

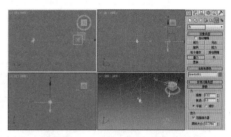

图8-78　创建重力空间扭曲

步骤5 选择超级喷射粒子对象，切换至【修改】面板，在其【粒子繁殖】卷展栏中设置基本参数，选中【繁殖拖尾】单选按钮，【影响】设置为100%，【倍增】设置为2，【变化】设置为0.0%，将【方向混乱】的【混乱度】设置为1%，如图8-79所示。将【速度混乱】的【因子】设置为1.0%并选中【快】单选按钮、勾选【继承父粒子速度】复选框，将【缩放混乱】的【因子】设置为100.0%，如图8-80所示。

图8-79　设置粒子繁殖参数

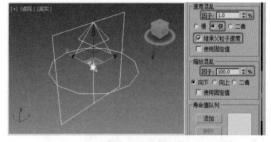

图8-80　创建速度混乱和缩放混乱参数

步骤6 单击工具栏中的【绑定到空间扭曲】按钮，将粒子对象绑定到重力上，在视图中拖动时间滑块可以预览粒子的发射效果，如图8-81所示。按【M】键打开【材质编辑器】对话框，长按【材质通道】按钮，将材质ID设置为1，并设置基本参数，如图8-82所示。

提示：【材质通道】弹出按钮上的按钮将材质标记为镜头效果或渲染效果，或存储以RLA或RPF文件格式保存的渲染图像的目标（以便通道值可以在后期处理应用程序中使用）。材质ID值等同于对象的G缓冲区值。默认值0表示未指定材质ID通道。

图8-81　绑定到空间扭曲

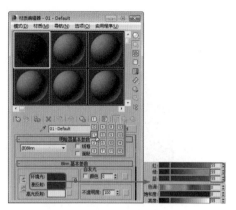

图8-82　设置材质ID

步骤7 单击【漫反射】后面的通道按钮，在弹出的对话框中选择【粒子年龄】贴图，并设置其参数，如图8-83所示。按【F8】键打开【环境和效果-贴图#2】对话框，将【背景.jpg】添加为环境背景，然后将环境贴图拖动到一个标准材质球中，设置【坐标】参数。选中【环境】单选按钮，【贴图】设置为【屏幕】，如图8-84所示。

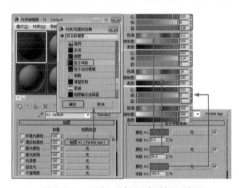

图8-83　添加【粒子年龄】贴图

图8-84　添加环境贴图

步骤8 将制作好的礼花材质应用给超级喷射粒子对象。将时间滑块滑动到第20帧处，在菜单栏中选择【渲染】|【视频后期处理】命令，打开【视频后期处理】对话框，在其中单击【添加场景事件】按钮 ，将【透视】视图添加进来，如图8-85所示。选中【透视】场景事件，单击【添加图像过滤事件】按钮 ，为场景添加【镜头效果光晕】效果，如图8-86所示。

图8-85　添加场景事件

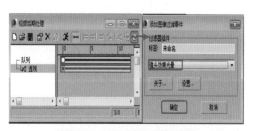

图8-86　添加镜头效果光晕

**步骤9** 单击【设置】按钮，打开镜头特效的参数对话框，单击【队列】和【预览】按钮，可以将粒子效果在窗口中预览，如图8-87所示。在【属性】选项卡中设置参数，勾选【效果ID】复选框，如图8-88所示。

图8-87 执行队列

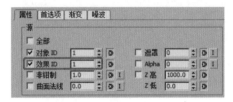

图8-88 勾选【效果ID】复选框

**步骤10** 切换到【首选项】选项卡，设置镜头效果的参数，将【效果】选项组中的【大小】设置为4.0；将【颜色】中的【强度】设置为40.0，如图8-89所示。单击【添加图像过滤事件】按钮，继续为场景添加镜头效果光晕，如图8-90所示。

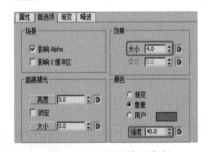

图8-89 设置首选项参数

图8-90 再添加一个镜头效果光晕

**步骤11** 单击【编辑当前事件】按钮，在【首选项】选项卡中设置第2个光晕效果的参数，如图8-91所示。单击【确定】按钮完成设置，此时得到的礼花效果如图8-92所示。

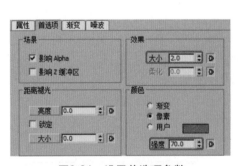

图8-91 设置首选项参数

图8-92 礼花效果

**步骤12** 按照相同的添加图像过滤事件的方法，多添加几次镜头效果光晕，如图8-93所示。最后得到的礼花效果如图8-94所示。

> 提示：在【视频后期处理】窗口中所添加的同一层级的各个事件在渲染时依次由上到下执行。如果添加了多个过滤事件，只选择最上层的进行设置，那么在预览效果中就只能看到该层事件的效果。

图8-93　多添加几次镜头效果光晕

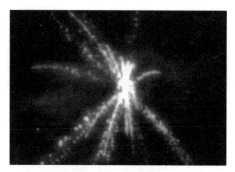

图8-94　礼花效果

██ 步骤 13 单击【添加图像输出事件】按钮 ⊟，在弹出的对话框中设置文件的输出格式和名称，如图8-95所示。单击【执行序列】按钮 ✗，在弹出的对话框中设置礼花输出的大小尺寸参数，如图8-96所示。

图8-95　添加场景输出事件

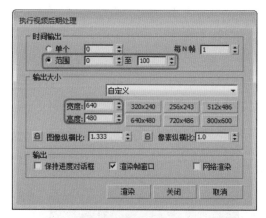

图8-96　设置礼花输出的大小尺寸参数

██ 步骤 14 单击【渲染】按钮，渲染输出动画。当渲染到第40帧时，画面效果如图8-97所示。当渲染到第80帧时，效果如图8-98所示。

图8-97　渲染第40帧的效果

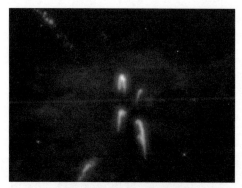

图8-98　渲染第80帧的效果

# 实例 69 粒子云应用——火山喷发动画

本例将讲解使用粒子云、超级喷射、重力和镜头效果相结合，模拟制作火山喷发动画效果的方法，其中详细讲解了粒子的使用和视频后期合成的方法。

## 学习目标

掌握粒子云的参数设置方法

掌握超级喷射的设置方法

掌握火焰和烟雾材质的设置方法

掌握使用【视频后期处理】窗口为图像添加镜头效果的方法

## 制作过程

资源路径：案例文件\Chapter 8\原始文件\制作火山喷发动画\制作火山喷发动画.max
案例文件\Chapter 8\最终文件\制作火山喷发动画\制作火山喷发动画.max

▌ **步骤 1** 在讲解制作火山喷发动画的方法之前，先打开火山喷发的最终效果预览一下，如图8-99所示。打开场景的原始文件，如图8-100所示。

图8-99 火山喷发最终效果

图8-100 打开场景原始文件

▌ **步骤 2** 在【粒子系统】对象面板中，单击【粒子云】按钮，在视图中创建一个粒子云对象，它的位置关系如图8-101所示。在其参数卷展栏中设置【粒子生成】卷展栏中的粒子参数，将【粒子数量】的【使用速率】设置为30，【粒子运动】的【速度】设置为20.0，如图8-102所示。

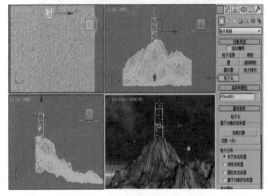

图8-101 创建粒子云发射器

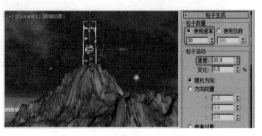

图8-102 设置粒子生成参数

步骤 3 在【粒子计时】和【粒子大小】选项组中设置粒子的时间和大小参数，将【发射开始】设置为-100，【发射停止】和【显示时限】设置为100，寿命设置为70；【大小】设置为20.0，【变化】设置为50.0%，如图8-103所示。在【粒子类型】卷展栏中设置粒子类型，选中【球体】单选按钮，如图8-104所示。单击工具栏中的【选择并均匀缩放】按钮，将粒子云对象缩放。

> 提示：选择【实例几何体】类型生成粒子，这些粒子可以是对象、对象链接层次或组的实例。对象在【粒子类型】卷展栏的【实例参数】选项组中处于选定状态。

图8-103 设置粒子时间和大小

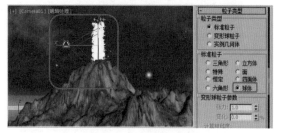

图8-104 设置粒子类型

步骤 4 单击【粒子云】按钮，在视图中再创建一个粒子云对象，在其参数卷展栏中设置【粒子生成】卷展栏中的粒子参数，将【粒子数量】的【使用速率】设置为30，【粒子运动】的【速度】设置为50.0，如图8-105所示。在【粒子计时】和【粒子大小】选项组中设置粒子的时间和大小参数，将【发射开始】设置为-100，【发射停止】和【显示时限】设置为100，寿命设置为40；【大小】设置为10.0，【变化】设置为50.0%，如图8-106所示。

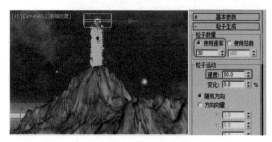

图8-105 创建第2个粒子云

图8-106 设置粒子时间

步骤 5 在【粒子类型】卷展栏中设置粒子类型，选中【球体】单选按钮，如图8-107所示。单击工具栏中的【选择并均匀缩放】按钮，将粒子云对象缩放，并调整其位置，如图8-108所示。

图8-107 设置粒子类型

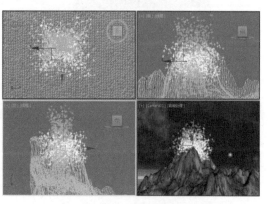

图8-108 缩放并调整粒子云对象

步骤6 在【空间扭曲】对象面板中，单击【重力】按钮，创建一个重力对象，切换至【修改】面板，将其【强度】设置为0.07，如图8-109所示。单击【绑定到空间扭曲】按钮 ，将创建的第二个粒子云对象绑定到重力对象上，如图8-110所示。

图8-109　创建重力对象

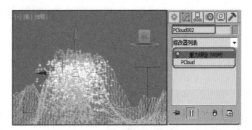

图8-110　绑定粒子云对象

提示：增加【强度】会增加重力的效果，即对象的移动与重力图标方向箭头的相关程度。小于0的强度会创建负向重力，该重力会排斥以相同方向移动的粒子，并吸引以相反方向移动的粒子。设置【强度】为0时，【重力】空间扭曲没有任何效果。

步骤7 按【M】键打开【材质编辑器】对话框，选择一个已经制作好的火焰材质，如图8-111所示。将它应用给第1个粒子云对象。按【F9】键快速渲染粒子材质，效果如图8-112所示。

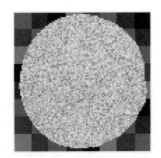

图8-111　选择材质

图8-112　应用给第1个粒子云对象

步骤8 在【材质编辑器】对话框中选择另一个火焰材质，如图8-113所示。将它应用给第2个粒子云对象，按【F9】键快速渲染材质，效果如图8-114所示。

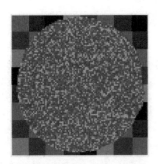

图8-113　选择另一个材质

图8-114　应用给第2个粒子云对象

步骤9 在【粒子系统】对象面板中，单击【超级喷射】按钮，在场景中创建一个超级喷射粒子对象，如图8-115所示。在【基本参数】卷展栏中设置超级喷射的基本参数，将【扩散】分别设置为80°和90°，【视口显示】选中【网格】单选按钮，如图8-116所示。

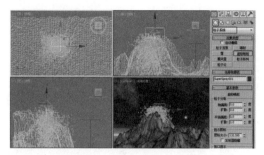

图8-115 创建超级喷射粒子对象

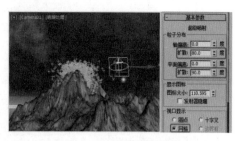

图8-116 设置粒子基本参数

步骤 10 在【粒子生成】卷展栏中，将【粒子数量】选择为【使用总数】并设置为50；在【粒子运动】中，将【速度】设置为5，【变化】设置为30%；在【粒子计时】中，将【发射开始】设置为-100，【发射停止】和【显示时限】设置为100，寿命设置为70，【大小】设置为1.0，【变化】设置为50.0%；在【粒子类型】卷展栏中，选中【标准粒子】中【面】单选按钮，如图8-117所示。在【粒子繁殖】卷展栏中，选中【繁殖拖尾】单选按钮，并将【影响】设置为80%，【倍增】设置为8，如图8-118所示。

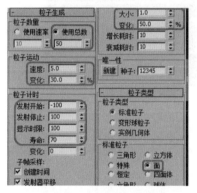

图8-117 设置粒子参数

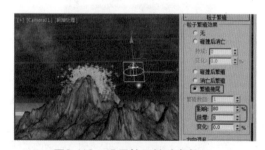

图8-118 设置粒子繁殖参数

步骤 11 将【方向混乱】的【混乱度】设置为3%；勾选【继承父粒子速度】复选框，如图8-119所示。单击【绑定到空间扭曲】按钮，将超级喷射绑定到重力对象上，如图8-120所示。

图8-119 设置粒子混乱参数

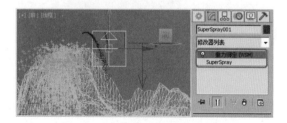

图8-120 将超级喷射绑定到重力对象上

步骤 12 按住【Shift】键将超级喷射粒子复制两个，并在其中两个超级喷射粒子对象的【粒子生成】卷展栏中，将【粒子大小】分别设置为5和3，如图8-121所示。将超级喷射粒子调整到适当位置，如图8-122所示。

步骤 13 选中创建超级喷射粒子，按【M】键打开【材质编辑器】对话框，选择已制作好的烟雾材质，如图8-123所示。将它应用给超级喷射粒子，用于模拟烟雾部分，如图8-124所示。

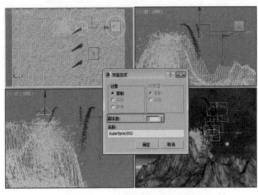

图8-121　复制超级喷射粒子

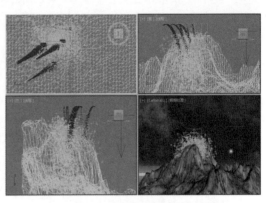

图8-122　调整超级喷射粒子的位置

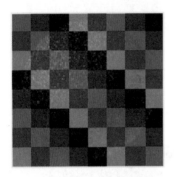

图8-123　选择烟雾材质

图8-124　应用给超级喷射

步骤 14 单击【超级喷射】按钮，在场景中再创建一个超级喷射粒子，如图8-125所示。在【基本参数】卷展栏中设置基本参数，将【扩散】分别设置为40.0度和90.0度，【视口显示】中选中【圆点】单选按钮，如图8-126所示。

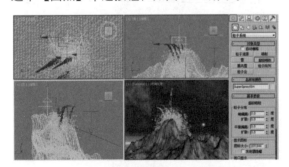

图8-125　重新创建一个超级喷射

图8-126　设置粒子基本参数

步骤 15 在【粒子生成】卷展栏中设置粒子生成参数，将【使用速率】设置为50，【速度】设置为10.0；在【粒子计时】中，将【发射开始】设置为-100，【发射停止】和【显示时限】设置为100，寿命设置为500，如图8-127所示。在【粒子大小】选项组中设置粒子的大小参数，将【大小】设置为30.0，【变化】设置为15.0%；在【粒子类型】卷展栏中，在【标准粒子】中选中【面】单选按钮，如图8-128所示。

步骤 16 展开【旋转和碰撞】卷展栏，设置超级喷射粒子的旋转和碰撞参数，将【变化】设置为10%，如图8-129所示。在【空间扭曲】对象面板中，单击【风】按钮，在场景中创建一个风对象，并调整其旋转角度，如图8-130所示。

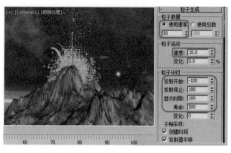

图8-127　设置粒子时间

图8-128　设置粒子大小和类型

图8-129　设置旋转和碰撞参数

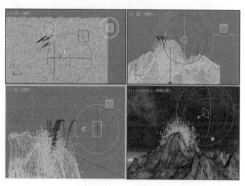

图8-130　创建风对象

步骤 17 选择风对象，在其参数卷展栏中设置风参数，将【强度】设置为0.07，如图8-131所示。
单击【绑定到空间扭曲】按钮 ，将最后创建的超级喷射对象绑定到风对象上，如图8-132所示。

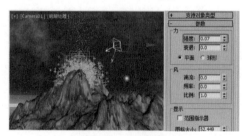

图8-131　设置风参数

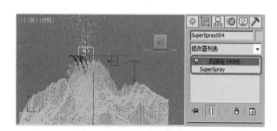

图8-132　绑定到风对象上

步骤 18 选中创建超级喷射粒子，按【M】键打开【材质编辑器】窗口，选择已制作好的烟雾
材质，如图8-133所示。将它应用给新创建的超级喷射粒子，用于模拟烟雾部分，如图8-134所示。

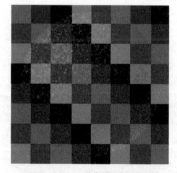

图8-133　选择烟雾材质

图8-134　应用给超级喷射

步骤 19 选择场景中的粒子云对象并右击，在弹出的快捷菜单中选择【对象属性】命令，

弹出【对象属性】对话框，设置粒子云的【对象ID】为1，如图8-135所示。执行【渲染】|
【视频后期处理】命令，打开【视频后期处理】窗口，单击【添加场景事件】按钮 ，将
【Camera01】视图添加进来，如图8-136所示。

提示：【对象ID】用于将对象标记为基于G缓冲区通道的渲染效果的目标。为对象指定
非零ID将创建可以与渲染效果相关联的G缓冲区通道。

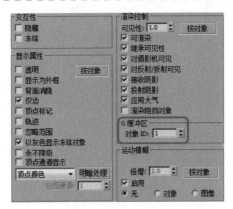

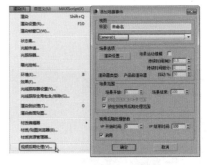

图8-135　设置粒子的对象ID　　　　　　　　　　图8-136　添加场景事件

步骤 20 单击【添加图像过滤事件】按钮 ，在弹出的对话框中选择添加【镜头效果光晕】
效果，如图8-137所示。单击【设置】按钮，弹出镜头效果光晕对话框，在【属性】选项卡中设
置参数，勾选【效果ID】复选框，如图8-138所示。

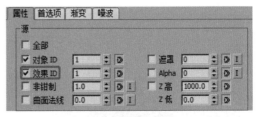

图8-137　添加镜头效果光晕　　　　　　　　　　图8-138　设置属性参数

步骤 21 切换到【首选项】选项卡中，设置镜头效果光晕的参数，将【大小】设置为1.0，
【强度】设置为20.0，如图8-139所示。在预览窗口中可以预览场景的镜头效果，如图8-140所
示。然后单击【确定】按钮即可。

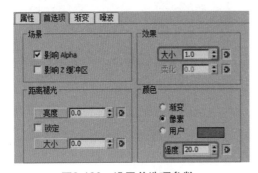

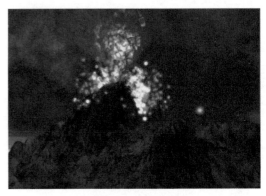

图8-139　设置首选项参数　　　　　　　　　　　图8-140　镜头效果

**步骤 22** 单击【添加图像输出事件】按钮 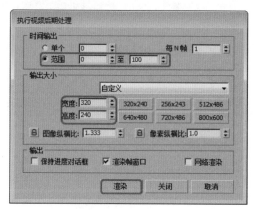，在弹出的对话框中设置文件的输出格式和名称，然后单击【执行序列】按钮 ，弹出【执行视频后期处理】对话框，选择动画的渲染帧数和大小，如图8-141所示。然后单击【渲染】按钮，渲染场景，其中渲染某一帧时，画面效果如图8-142所示。

图8-141　执行序列

图8-142　渲染输出动画

## 实例70　超级喷射粒子应用——萤火虫动画

　　本例将讲解使用超级喷射粒子与路径约束结合，模拟制作萤火虫动画的方法，在制作特效时使用了【执行视频后期处理】对话框。

### 学习目标

　　掌握超级喷射粒子的参数设置方法

　　巩固掌握路径约束的使用方法

　　掌握【执行视频后期处理】对话框的使用方法

### 制作过程

　　资源路径：案例文件\Chapter 8\原始文件\制作萤火虫动画\制作萤火虫动画.max

　　　　　　案例文件\Chapter 8\最终文件\制作萤火虫动画\制作萤火虫动画.max

**步骤 1** 在讲解使用超级喷射粒子对象模拟萤火虫动画的方法之前，先打开动画的最终效果预览一下，如图8-143所示。打开场景的原始文件，如图8-144所示。

**步骤 2** 在【粒子系统】对象面板中，单击【超级喷射】按钮，创建一个超级喷射粒子对象，然后调整其位置，如图8-145所示。在【修改】命令面板中展开【基本参数】卷展栏，设置超级喷射粒子的参数，将【扩散】分别设置为20.0度和90.0度，【视口显示】选择为【圆点】，如图8-146所示。

**步骤 3** 在【粒子生成】卷展栏中设置粒子参数，将【使用速率】设置为10，【速度】设置为1.0，【变化】设置为50.0%，【发射停止】设置为100，如图8-147所示。在【粒子大小】选项组中设置超级喷射粒子的大小，将【大小】设置为0.5；在【粒子类型】卷展栏中设置粒子类型，在【标准粒子】卷展栏中选中【球体】单选按钮，如图8-148所示。

图8-143 萤火虫动画效果

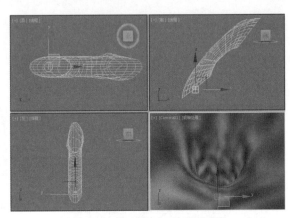

图8-144 打开场景原始文件

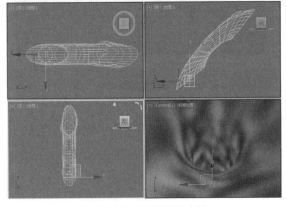

图8-145 创建超级喷射

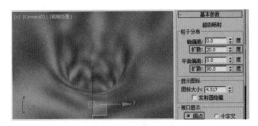

图8-146 设置基本参数

提示：【使用速率】参数用于指定每帧发射的固定粒子数。使用微调器可以设置每帧产生的粒子数。【使用速率】参数最适合连续的粒子流，如精灵粉轨迹，而【使用总数】参数比较适合短期内突发的粒子。

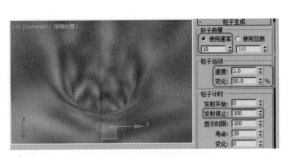

图8-147 设置粒子参数

图8-148 设置粒子类型

步骤4 在【创建】|【图形】对象面板中，单击【弧】按钮，在【前视图】场景中绘制一条弧形样条线作为超级喷射粒子的运动路径，如图8-149所示。选择超级喷射粒子对象，在主菜单栏中选择【动画】|【约束】|【路径约束】命令，在视图中拾取弧形样条线，如图8-150所示。

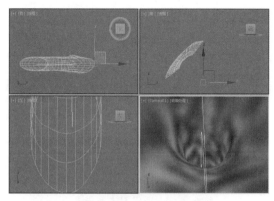

图8-149 绘制弧线路径

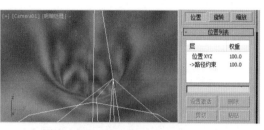

图8-150 添加路径约束

步骤 5 将时间滑块拖动到第0帧处，在【前视图】中将超级喷射粒子对象移动到路径底部，然后单击【选择并旋转】按钮⟳，调整超级喷射粒子对象的方向，如图8-151所示。单击【自动关键点】按钮，将时间滑块拖动到第100帧处，将超级喷射粒子对象移动到路径顶部，然后单击【选择并旋转】按钮⟳，调整超级喷射粒子对象的方向，最后单击【自动关键点】按钮，如图8-152所示。

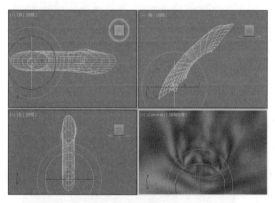

图8-151 调整超级喷射粒子对象的方向

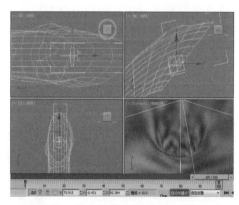

图8-152 再次调整超级喷射粒子的方向

步骤 6 在视图中拖动时间滑块可以预览超级喷射粒子的运动效果，如图8-153所示。选中超级喷射粒子，按【M】键快速打开【材质编辑器】对话框，选择一个设置好的标准材质球，将此材质应用给超级喷射粒子对象，如图8-154所示。

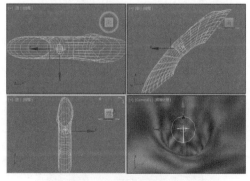

图8-153 超级喷射粒子运动效果

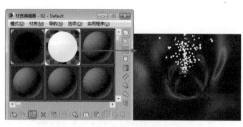

图8-154 设置材质基本参数

**步骤7** 单击【材质ID通道】按钮 回 ，将材质ID设置为1，如图8-155所示。执行【渲染】|【视频后期处理】命令，打开【执行视频后期处理】对话框，单击【添加场景事件】按钮 ，将摄影机视图添加进来，如图8-156所示。

> 📖 提示：【材质ID通道】：通过材质的特效通道可以在Video Post视频合成器和Effects特效编辑器中为材质指定特殊效果。

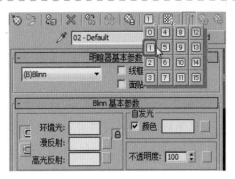

图8-155 设置材质ID

图8-156 添加场景事件

**步骤8** 单击【添加图像过滤事件】按钮 ，在弹出的对话框中选择添加【镜头效果光晕】效果，如图8-157所示。单击【设置】按钮，打开镜头效果光晕参数面板，设置【属性】选项卡中的参数，勾选【效果ID】复选框，如图8-158所示。

图8-157 添加镜头光晕效果

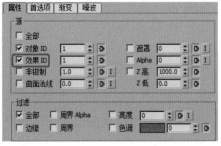

图8-158 设置镜头效果的属性参数

**步骤9** 切换到【首选项】选项卡，设置镜头效果光晕的参数，将【大小】设置为2.5，【颜色】选择为【用户】，将颜色值设置为255、174、0，并将【强度】设置为80，如图8-159所示。再次单击【添加图像过滤事件】按钮 ，添加一个【镜头效果高光】效果，如图8-160所示。

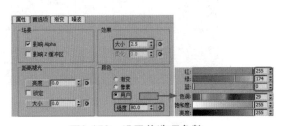

图8-159 设置首选项参数

图8-160 添加镜头高光效果

步骤 10 单击【设置】按钮，打开镜头效果高光的参数面板，设置【几何体】选项卡的参数，将【角度】设置为30.0，【钳位】设置为4，并单击【大小】按钮，如图8-161所示。单击【添加图像输出事件】按钮 ，在弹出的对话框中设置文件的输出格式和名称，然后单击【执行序列】按钮 ，在弹出的对话框中设置礼花输出的大小尺寸参数，如图8-162所示。

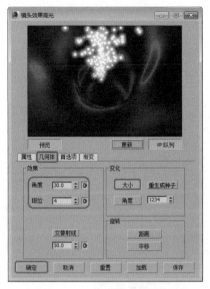

图8-161　设置镜头高光参数

图8-162　设置序列参数

提示：【几何体】选项卡可用于设置高光初始旋转，以及如何随时间影响元素。【几何体】选项卡中包括3个区域：【效果】、【变化】和【旋转】。【角度】参数用于控制动画过程中高光点的角度。

步骤 11 设置完毕后单击【渲染】按钮，渲染输出动画。当画面渲染到第25帧时，效果如图8-163所示。当动画渲染到第60帧时，画面效果如图8-164所示。

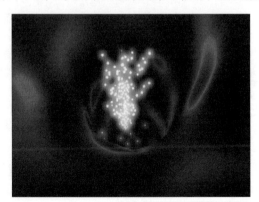

图8-163　渲染第25帧的效果

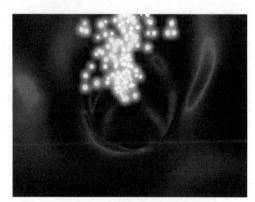

图8-164　渲染第60帧的效果

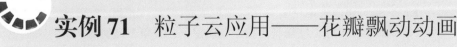

## 实例 71　粒子云应用——花瓣飘动动画

本例将讲解使用【粒子云】发射器拾取花瓣对象，模拟制作花瓣飘动动画效果的方法。

## 学习目标

掌握粒子云发射器的参数设置方法

## 制作过程

资源路径：案例文件\Chapter 8\原始文件\制作花瓣飘动动画\制作花瓣飘动动画.max

案例文件\Chapter 8\最终文件\制作花瓣飘动动画\制作花瓣飘动动画.max

步骤 1 在讲解制作花瓣飘动动画的方法之前，先打开动画的最终效果预览一下，效果如图8-165所示。打开场景的原始文件，如图8-166所示。

图8-165　花瓣飘动动画效果

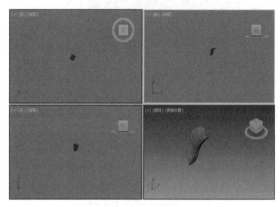

图8-166　打开场景原始文件

步骤 2 执行【创建】|【几何体】|【粒子系统】|【粒子云】命令，在【顶视图】创建一个粒子云发射器，如图8-167所示。进入【修改】命令面板中，设置粒子云的基本参数，在【基本参数】卷展栏中，将【显示图标】的【半径/长度】设置为100.0，【宽度】设置为100.0，【高度】设置为6.0，如图8-168所示。

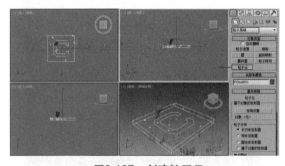

图8-167　创建粒子云

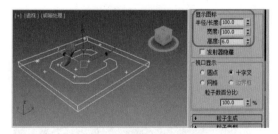

图8-168　设置粒子基本参数

步骤 3 展开【粒子生成】卷展栏，将【使用速率】设置为30；【速度】设置为0.5，【变化】设置为50.0%；选中【方向向量】单选按钮，将【X】设置为-300，【Y】设置为0.0，【Z】设置为50.0，如图8-169所示。在【粒子大小】选项组中，将【大小】设置为0.3，【变化】设置为50.0%，如图8-170所示。

步骤 4 在【粒子类型】卷展栏中选中【实例几何体】单选按钮，如图8-171所示。在【实例参数】选项组中单击【拾取对象】按钮，在场景中拾取花瓣对象，并单击【材质来源】按钮显示粒子的材质，如图8-172所示。

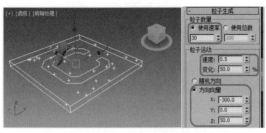

图8-169 设置粒子生成参数

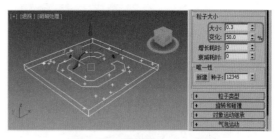

图8-170 设置粒子大小参数

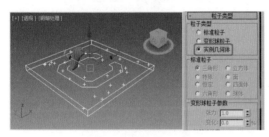

图8-171 选择粒子类型

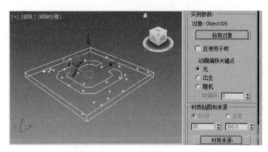

图8-172 拾取花瓣对象

> 提示：【实例几何体】类型生成粒子，这些粒子可以是对象、对象链接层次或组的实例。对象在【粒子类型】卷展栏的【实例参数】选项组中处于选定状态。如果希望粒子成为场景中另一个对象的相同实例，则选择【实例几何体】单选按钮。实例几何体粒子对创建人群、畜群或非常细致的对象的对象流非常有效。

步骤5 选中花瓣对象右击，在弹出的快捷菜单中选择【隐藏选定对象】命令，如图8-173所示。按【8】键弹出【环境和效果】对话框，在下方单击【环境贴图】下的【无】按钮，弹出【材质编辑器-贴图#0】对话框，在下方选择【位图】选项，将【背景.JPG】添加为环境贴图，按【M】键弹出【材质编辑器-贴图#0】对话框，将添加的环境贴图拖动到一个标准的材质球中，在【坐标】卷展栏下方选择【环境】单选按钮，将【贴图】设置为【屏幕】，如图8-174所示。

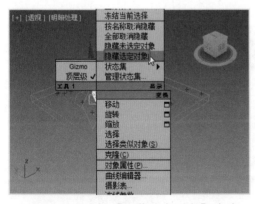

图8-173 选择【隐藏选定对象】命令

图8-174 设置贴图

步骤6 在菜单栏中执行【视图】|【视口背景】|【环境背景】命令，然后在【透视视图】中调整视野的角度位置，按【F9】键快速渲染一次粒子，效果如图8-175所示。单击【渲染设置】按钮，设置动画的渲染输出参数，其中某一帧时的画面效果如图8-176所示。

图8-175　调整视野的角度位置　　　　　　　图8-176　渲染输出动画

 实例72　粒子流应用——水花动画

粒子流是一种多功能且强大的 3ds Max 粒子系统，它使用一种称为粒子视图的特殊对话框来使用事件驱动模型。在粒子视图中，可将一定时期内描述粒子属性（如形状、速度、方向和旋转）的单独操作符合并到称为事件的组中。每个操作符都提供一组参数，其中多数参数可以设置动画，以更改事件期间的粒子行为。

### 学习目标

掌握粒子流的操作符添加方法

掌握在粒子视图中设置动画参数的方法

### 制作过程

资源路径：案例文件\Chapter 8\原始文件\制作水花动画\制作水花动画.max

案例文件\Chapter 8\最终文件\制作水花动画\制作水花动画.max

步骤1 在讲解使用【粒子流】发射器模拟制作下雨溅起的水花效果之前，先打开本例的最终文件预览一下，如图8-177所示。打开场景的原始文件，如图8-178所示。

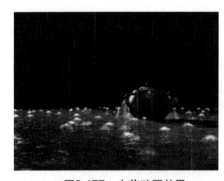 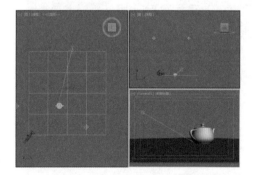

图8-177　水花动画效果　　　　　　　图8-178　打开场景原始文件

步骤2 执行【创建】|【几何体】|【粒子系统】|【粒子流源】命令，在【上视图】中创建一个粒子流发射器，如图8-179所示。按【6】键或在其【修改】命令面板中单击【粒子视图】按钮，打开【粒子视图】窗口，如图8-180所示。

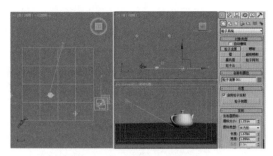

图8-179 创建粒子流源

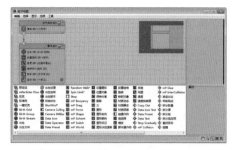

图8-180 打开【粒子视图】窗口

**步骤 3** 在粒子视图中添加【位置对象】操作符到【事件001】中，并单击【添加】按钮，拾取【Plane01】平面对象，如图8-181所示。在【事件001】中选择【出生】操作符，设置其参数，将【发射停止】设置为200，选中【速率】单选按钮，并将其设置为1200.0，如图8-182所示。

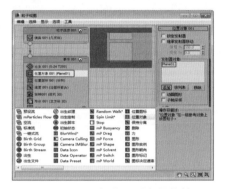

图8-181 添加位置对象操作符

图8-182 设置【出生】参数

> 提示：【发射开始】和【发射停止】值与系统帧速率相关。如果更改帧速率，【粒子流】将自动调整相应的发射值。

**步骤 4** 在【事件001】中选择【速度】操作符并设置它的参数，将【速度】设置为0.1m并勾选【反转】复选框，如图8-183所示。在仓库中选择【发送出去】操作符，添加到【事件001】中，如图8-184所示。

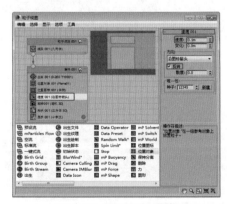

图8-183 设置速度参数

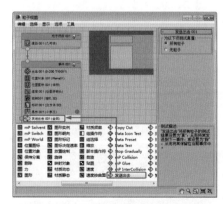

图8-184 添加【发送出去】操作符

**步骤 5** 在【事件001】中，将【位置图标】、【旋转】和【形状】操作符删除，在【粒子视图】中添加一个【位置对象】操作符，在其参数卷展栏中单击【添加】按钮，添加地面上的茶壶对象，如图8-185所示。继续在【事件002】显示窗口中分别创建【出生】和【**发送出去**】操作符，选择【出生】操作符并设置它的参数，将【发射停止】设置为200，选中【速率】单选按钮并将其设置为150.0，如图8-186所示。

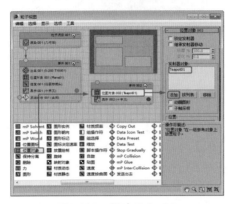

图8-185　拾取茶壶对象

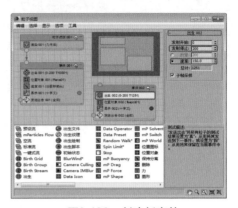

图8-186　创建新事件

步骤 6　在【事件002】中添加【速度按曲面】操作符并设置其参数，将【速度】设置为0.1m，【变化】设置为0.05m，然后单击【添加】按钮，拾取茶壶对象，如图8-187所示。单击【粒子流源】按钮，在【前视图】中创建一个粒子流源发射器，如图8-188所示。

步骤 7　执行【创建】|【几何体】|【标准基本体】|【长方体】命令，在【上视图】中创建一个长方体对象并调整其位置，如图8-189所示。在【空间扭曲】对象面板中，单击【重力】按钮，在【上视图】中创建一个重力对象，然后切换至【修改】面板，将【强度】设置为0.3，如图8-190所示。

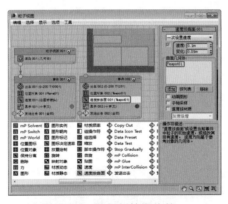

图8-187　添加新的操作符

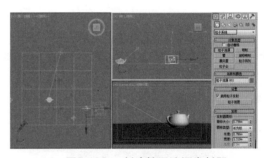

图8-188　创建粒子流源发射器

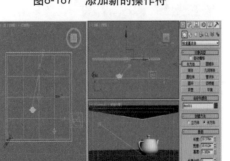

图8-189　创建长方体对象

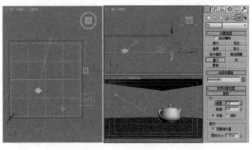

图8-190　添加设置重力参数

步骤 8 按【6】键打开【粒子视图】窗口，选中【事件003】中的【出生】操作符，设置其参数。将【发射开始】设置为-35，【发射停止】设置为200，选中【速率】单选按钮并将其设置为1 500，如图8-191所示。在【事件003】中添加【位置对象】操作符，然后单击【添加】按钮，拾取长方体对象，如图8-192所示。

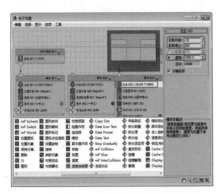 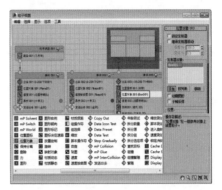

图8-191 设置【出生】操作符 　　　　图8-192 设置【位置对象】操作符

步骤 9 在【事件003】中选择【旋转】操作符，将【方向矩阵】设置为【速度空间】，将【X】设置为90，如图8-193所示。选择【力】操作符，将其拖动到【事件003】中的【旋转】操作符的下面，并在它的参数卷展栏中单击【添加】按钮，添加场景中的重力对象，如图8-194所示。

提示：【散度】参数用于定义粒子方向的变化范围（以度为单位）。实际偏离是在此范围内随机计算得出的。不能与【随机3D】或【速度空间跟随】选项共同使用。默认设置是0。

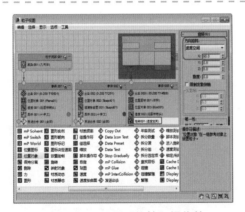 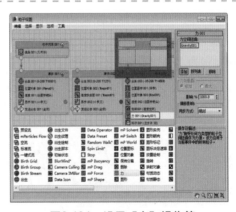

图8-193 设置【旋转】操作符 　　　　图8-194 设置【力】操作符

步骤 10 选择【事件003】中的【形状】操作符，将【3D】设置为【四面体】，如图8-195所示。在【事件003】中，添加【缩放】操作符并设置其参数，取消勾选【限定比例】复选框，将【X】设置为3.0，【Y】设置为200.0，【Z】设置为3.0，如图8-196所示。

步骤 11 在【事件003】中，添加【删除】操作符并设置其参数。选中【按粒子年龄】单选按钮，将【寿命】设置为40，【变化】设置为0，如图8-197所示。继续添加【材质静态】操作符，并添加【RainDrops】材质，如图8-198所示。

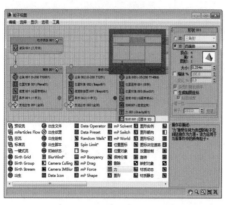

图8-195 设置【形状】操作符

图8-196 设置【缩放】操作符

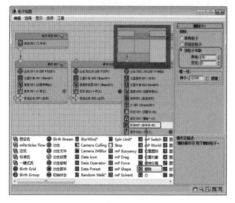

图8-197 设置【删除】操作符

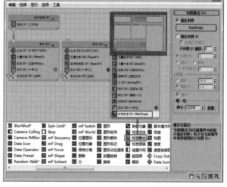

图8-198 设置【材质静态】操作符

**步骤 12** 将【事件003】中的【位置图标】和【速度】操作符删除。选中【显示】操作符，将其【类型】设置为【边界框】，如图8-199所示。在【粒子视图】中，添加【繁殖】操作符并设置其参数，勾选【删除父粒子】复选框，【子孙数】设置为50，【变化%】设置为30；在【速度】属性中，选中【使用单位】单选按钮并设置为1.004m，【散度】设置为51.5，如图8-200所示。

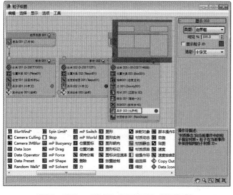

图8-199 设置【显示】操作符

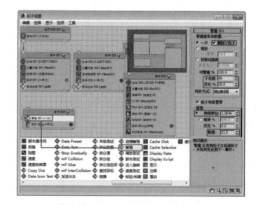

图8-200 设置【繁殖】操作符

**步骤 13** 在【粒子视图】中添加【图形朝向】操作符并设置其参数，在【注视摄影机/对象】中添加【Camera01】摄影机对象，如图8-1201所示。在【事件005】中添加【材质静态】操作符，添加【RainSplashes】材质，如图8-202所示。

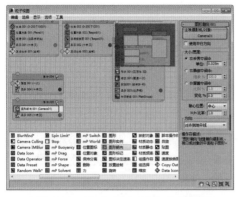

图8-201　设置【图形朝向】操作符

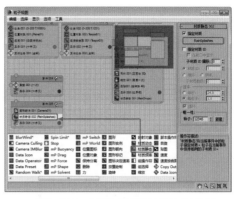

图8-202　设置【材质静态】操作符

步骤14　在【事件005】中添加【删除】操作符并设置其参数，选中【按粒子年龄】单选按钮，将【寿命】设置为5，【变化】设置为3，如图8-203所示。在【事件005】中添加【力】操作符，单击【添加】按钮，添加场景中的重力对象，如图8-204所示。

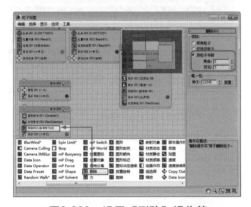

图8-203　设置【删除】操作符

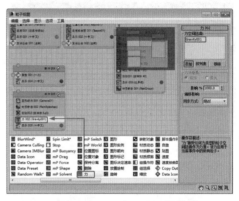

图8-204　设置【力】操作符

步骤15　选中【事件005】中的【显示】操作符，将其【类型】设置为【点】，如图8-205所示。选中【粒子流源001】，将【粒子数量】中的【上限】设置为600 000，如图8-206所示。

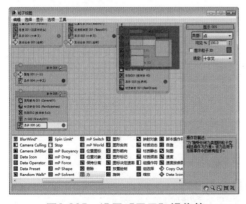

图8-205　设置【显示】操作符

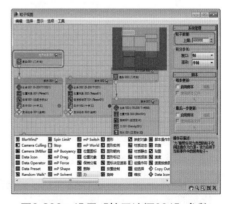

图8-206　设置【粒子流源001】参数

步骤16　在【粒子视图】窗口中将所有的事件串联起来，如图8-207所示。关闭【粒子视图】对话框，返回到视图中预览粒子效果，如图8-208所示。

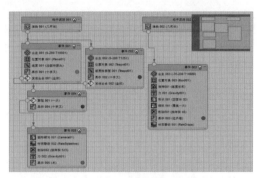

图8-207　将所有的事件串联起来

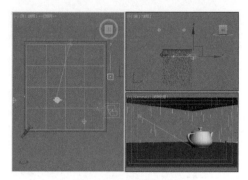

图8-208　预览粒子效果

**步骤 17** 将文件设置好保存参数后，打开【渲染设置】对话框，设置渲染输出参数。当动画渲染到第0帧时，效果如图8-209所示。当动画渲染到第100帧时，效果如图8-210所示。

图8-209　渲染第0帧的效果

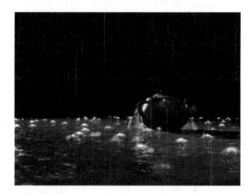

图8-210　渲染第100帧的效果

# 实例 73　超级喷射粒子应用——火焰动画

本例将讲解使用超级喷射粒子发射器模拟制作游戏中火焰特效的方法，主要是使用火焰贴图应用给超级喷射粒子，再渲染出火焰效果。

## 学习目标

掌握超级喷射粒子参数的设置方法

掌握选择并链接工具的使用方法

## 制作过程

资源路径：案例文件\Chapter 8\原始文件\制作火焰动画\制作火焰动画.max

案例文件\Chapter 8\最终文件\制作火焰动画\制作火焰动画.max

**步骤 1** 在讲解使用超级喷射粒子发射器模拟制作火焰动画效果的方法之前，先打开动画的最终效果预览一下，如图8-211所示。打开场景原始文件，如图8-212所示。

**步骤 2** 在视图中拖动时间滑块可以预览角色的喷火动作，效果如图8-213所示。在【粒子系统】对象面板中，单击【超级喷射】按钮，在场景中创建一个超级喷射粒子对象，调整其位置和旋转角度，并将其放在角色的头部位置上，如图8-214所示。

图8-211　火焰动画效果

图8-212　打开原始场景文件

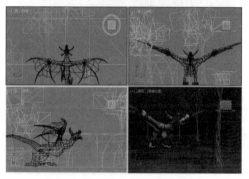

图8-213　预览角色动作效果

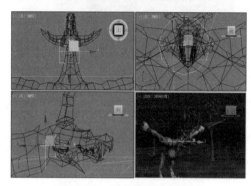

图8-214　创建超级喷射粒子

步骤3 选择超级喷射粒子发射器，进入【修改】命令面板，展开【基本参数】卷展栏，设置超级喷射粒子的基本参数，将【扩散】分别设置为29度和62度；【视口显示】选中【网格】单选按钮；【粒子数百分比】设置为21%，如图8-215所示。展开【粒子生成】卷展栏，设置粒子的数量和时间参数，将【使用速率】设置为20，【速度】设置为50.0，【变化】设置为1.05%，【发射开始】设置为24，【发射停止】设置为132，【显示时限】设置为109，【寿命】设置为30，【变化】设置为10，如图8-216所示。

图8-215　设置基本参数

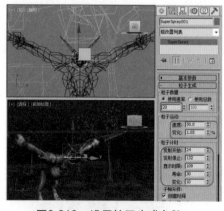

图8-216　设置粒子生成参数

步骤4 在【粒子大小】选项组中设置粒子的大小，将【大小】设置为62.0，【变化】设置为0.0%，【增长耗时】设置为3，【衰减耗时】设置为0；在【粒子类型】卷展栏中选择粒子类型，在【标准粒子】中选中【面】单选按钮，如图8-217所示。展开【旋转和碰撞】卷展栏，设置粒子的旋转和碰撞参数，将【自旋时间】设置为5，【变化】设置为0.0%，【相位】设置为0.6度，【变化】设置为7.5%；【自旋轴控制】选中【运动方向/运动模糊】单选按钮，并将【拉伸】设置为55，如图8-218所示。

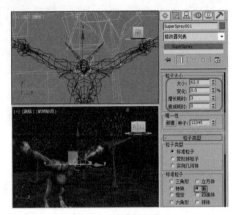

图8-217　设置粒子类型

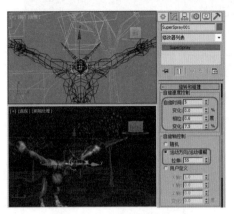

图8-218　设置旋转和碰撞

> 提示：【运动方向/运动模糊】用于控制围绕由粒子移动方向形成的向量旋转粒子。利用此单选按钮还可以使用【拉伸】微调器对粒子应用一种运动模糊。

步骤5　在【右】视图中，右击并在弹出的快捷菜单中选择【全部取消隐藏】命令，显示【骨骼】对象，如图8-219所示。选择超级喷射粒子对象，单击【选择并链接】按钮，将粒子链接到【骨骼】对象上，此时粒子将随着角色一起运动，如图8-220所示。

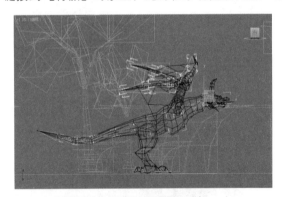

图8-219　显示【骨骼】对象

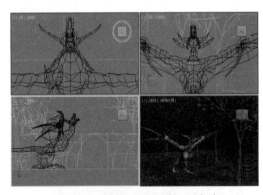

图8-220　链接到【骨骼】对象上

步骤6　选中超级喷射粒子发射器，按【M】键打开【材质编辑器】窗口，选择设置完成的火焰材质效果材质球，如图8-221所示。单击【将材质指定给选定对象】按钮，将火焰材质应用给超级喷射粒子对象，如图8-222所示。

图8-221　火焰材质效果

图8-222　将材质应用给粒子对象

步骤 7 在视图中预览到的火焰效果如图8-223所示。按【F9】键快速渲染一次火焰材质，效果如图8-224所示。

图8-223 预览火焰效果

图8-224 渲染材质效果

步骤 8 按【F10】键打开【渲染设置】对话框，设置动画的渲染输出参数。当动画渲染到第34帧时，画面效果如图8-225所示。当动画渲染到第100帧时，画面效果如图8-226所示。

图8-225 渲染第34帧的效果

图8-226 渲染第100帧的效果

 实例 74 粒子阵列应用——滚烫的水动画

本例将讲解使用粒子阵列模拟制作日常见到的水的沸腾，主要是通过折射、颗粒系统和位移动检扭曲的组合来创建滚烫的水。

**学习目标**

掌握超级喷射的设置方法

掌握粒子阵列的设置方法

**制作过程**

资源路径：案例文件\Chapter 8\原始文件\制作滚烫的水动画.max

案例文件\Chapter 8\最终文件\制作滚烫的水动画.max

步骤 1 在讲解使用粒子阵列模拟制作日常见到的水的沸腾的方法之前，先打开动画的最终效果预览一下，如图8-227所示。打开场景原始文件，如图8-228所示。

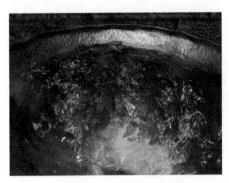

图8-227　滚烫的水的效果

图8-228　打开原始场景文件

步骤2 单击【创建】|【几何体】|【粒子系统】|【超级喷射】按钮，在【顶】视图中创建超级喷射，如图8-229所示。切换至【修改】面板，在【粒子分布】选项组中，将【轴偏离】设置为4.0度，将【扩散】设置为12.0度，将【平面偏离】设置为0.0度，将【扩散】设置为180.0度，在【显示图标】选项组中，将【图标大小】设置为20.0，在【视口显示】选项组中，将【粒子数百分比】设置为50.0%，如图8-230所示。

图8-229　创建【超级喷射对象】

图8-230　设置粒子

步骤3 展开【粒子生成】卷展栏，在【粒子数量】选项组中，选中【使用速率】单选按钮，将【使用速率】设置为3，在【粒子计时】选项组中，将【粒子计时】选项组中，将【发射开始】设置为-50，将【发射停止】设置为300，将【显示时限】设置为300，将【寿命】设置为58，如图8-231所示。在【粒子大小】选项组中，将【大小】设置为3.0。展开【粒子类型】卷展栏，在【标准粒子】选项组中，选中【面】单选按钮，如图8-232所示。

图8-231　设置【粒子生成】

图8-232　设置粒子大小和类型

步骤4 展开【旋转和碰撞】卷展栏，在【自旋速度控制】选项组中，将【自旋时间】设置为60，将【变化】设置为33.0%，将【相位】设置为180.0度，将【变化】设置为100.0%，展开【气泡运动】卷展栏，将【幅度】设置为1.6，将【变化】设置为20.0%，将【周期】设置为8，将【变化】设置为40.0%，将【相位】设置为180.0度，将【变化】设置为100.0%，如图8-233所示。选择创建的【超级喷射】对象，按住【Shift】键向右进行复制，将【副本数】设置为1，得到第二个【超级喷射】对象，如图8-234所示。

图8-233　设置旋转和碰撞和气泡运动

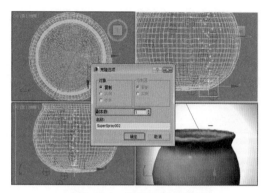

图8-234　复制超级喷射对象

步骤5 展开【粒子生成】卷展栏，在【粒子大小】选项组中，将【增长耗时】设置为30，将【衰减耗时】设置为0，在【唯一性】选项组中，将【种子】设置为3 323，如图8-235所示。使用同样的方法，再次复制一个【超级喷射】对象，展开【粒子生成】卷展栏，在【唯一性】选项组中，将【种子】设置为25 000，如图8-236所示。

图8-235　设置粒子大小

图8-236　设置唯一性

步骤6 按住【Shift】键对其进行复制，展开【基本参数】卷展栏，在【粒子分布】选项组中，将【扩散】设置为36.0度，如图8-237所示。展开【粒子生成】卷展栏，在【粒子数量】选项组中选中【使用总数】单选按钮，在【粒子计时】选项组中，将【发射开始】设置为30，如图8-238所示。

图8-237　设置扩散

图8-238　设置粒子生成

**步骤7** 展开【粒子生成】卷展栏，在【粒子大小】选项组中，将【大小】设置为5.0，将【变化】设置为100.0%，在【唯一性】选项组中，将【种子】设置为3323，如图8-239所示。单击【创建】|【几何体】|【粒子系统】|【粒子阵列】按钮，在【顶】视图中创建对象，如图8-240所示。

图8-239 设置粒子大小和唯一性

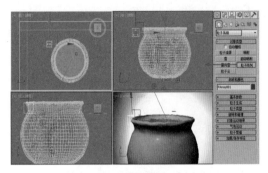

图8-240 创建粒子阵列对象

> 提示：粒子阵列拥有大量的控制参数，根据粒子类型的不同，可以表现出喷发、爆裂等特殊效果。可以很容易地将一个对象炸成带有厚度的碎片，这是电影特技中经常使用的功能，计算速度非常快。

**步骤8** 切换至【修改】面板，展开【基本参数】卷展栏，在【基于对象的发射器】选项组下方单击【拾取对象】按钮，按【H】键，弹出【拾取对象】对话框，选择【Steam Emitter】对象，单击【拾取】按钮，选择【显示图标】选项组，将【图标大小】设置为34.668，如图8-241所示。展开【粒子生成】卷展栏，将【使用速率】设置为2，将【粒子运动】下的【速度】设置为3.0，在【粒子计时】选项组中，将【发射停止】设置为300，将【显示时限】设置为300，如图8-242所示。

图8-241 拾取对象

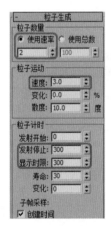

图8-242 设置粒子生成

**步骤9** 将【粒子大小】的【大小】设置为18.0，将【增长耗时】设置为0.0%，将【衰减耗时】设置为40，展开【粒子类型】卷展栏，在【标准粒子】选项组中选中【面】单选按钮，如图8-243所示。展开【气泡运动】卷展栏，将【幅度】设置为1.6，将【变化】设置为20.0%，将【周期】设置为8，将【变化】设置为40.0%，将【相位】设置为180.0度，将【变化】设置为10.0%，如图8-244所示。

图8-243　设置粒子大小

图8-244　设置气泡运动

步骤 10 按【M】键，打开【材质编辑器-Bubbles】对话框，选择第二个材质样本球，选择4个【超级喷射】对象，单击【将材质指定给选定对象】按钮，如图8-245所示。选择第三个材质样本球，将材质指定给粒子阵列对象，如图8-246所示。

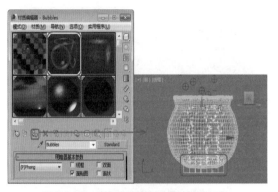

图8-245　为超级喷射对象指定材质

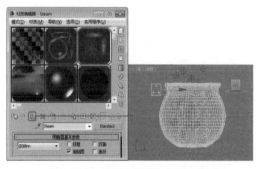

图8-246　为粒子阵列对象指定材质

步骤 11 将整个场景的动画参数设置完成后，打开【渲染设置】对话框，设置动画的渲染输出参数。当动画渲染到第140帧处时，得到的动画画面效果，如图8-247所示。当渲染到第300帧处时，画面效果如图8-248所示。

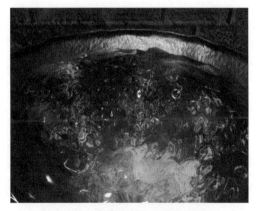

图8-247　渲染到第140帧的效果

图8-248　渲染到第300帧的效果

## 实例 75　粒子流源应用——飞舞的数字动画

本例将讲解使用粒子流源模拟制作飞舞的数字动画，主要是通过在【粒子视图】对话框中进行设置，然后在材质编辑器中对设置的粒子指定所需要的材质。

**学习目标**

掌握粒子流源的设置方法

**制作过程**

资源路径：案例文件\Chapter 8\原始文件\制作飞舞的数字动画.max
　　　　　案例文件\Chapter 8\最终文件\制作飞舞的数字动画.max

**步骤 1** 在讲解使用粒子流源模拟制作飞舞的数字动画的方法之前，先打开动画的最终效果预览一下，如图8-249所示。打开场景原始文件，如图8-250所示。

图8-249　飞舞的数字动画的效果

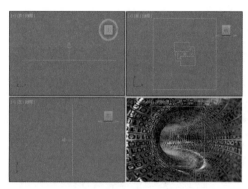
图8-250　打开原始场景文件

**步骤 2** 选择【粒子流源】对象，按【6】键，弹出【粒子视图】对话框，如图8-251所示。在【粒子视图】中添加一个【出生】操作符，在【出生001】卷展栏中，将【发射开始】设置为-50，将【发射停止】设置为100，将【数量】设置为1000，如图8-252所示。

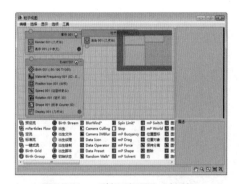
图8-251　【粒子视图】对话框

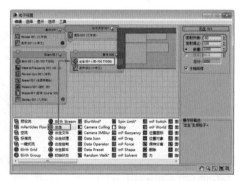
图8-252　添加【出生】操作符

> 提示：【粒子流源】是每个流的视口图标，同时也作为默认的发射器。默认情况下，它显示为带有中心徽标的矩形，但是可以使用控件更改其形状和外观。在视口中选择源图标时，粒子流发射器级别卷展栏将出现【修改】命令面板上。也可以在【粒子视图】中单击全局时间的标题栏以高亮显示粒子流源，并通过【粒子视图】对话框右侧的参数面板访问发射器级别卷展栏。可使用这些空间设置全局属性，例如图标属性和流中粒子的最大数量。

> 提示：在【修改】面板中，单击【粒子视图】按钮，也可弹出【粒子视图】对话框。

**步骤3** 在【事件002】中添加【位置图标】、【速度】、【旋转】操作符，如图8-253所示。在【事件002】中添加【图形】操作符，选择添加的【形状001】操作符，展开【形状001】卷展栏，将2D和3D设置为【数字Arial】，如图8-254所示。

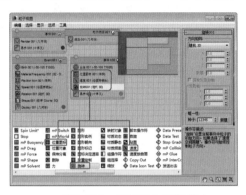

图8-253 继续添加操作符

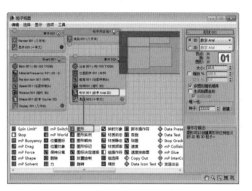

图8-254 添加【图形】操作符并进行设置

**步骤4** 将【材质频率】添加至【事件002】中，选择添加的事件，展开【材质频率001】卷展栏，单击【指定材质】下方的【无】按钮，选择材质，如图8-255所示。选择【显示】操作符，将【类型】设置为【几何体】，如图8-256所示。

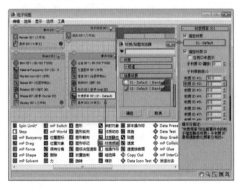

图8-255 添加【材质频率】并进行设置

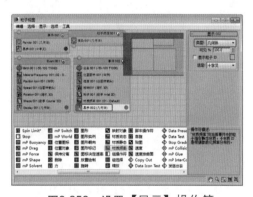

图8-256 设置【显示】操作符

**步骤5** 将事件串连起来，如图8-257所示。将文件设置好保存参数后，打开【渲染设置】对话框，设置渲染输出参数，当动画渲染到第55帧时，效果如图8-258所示。

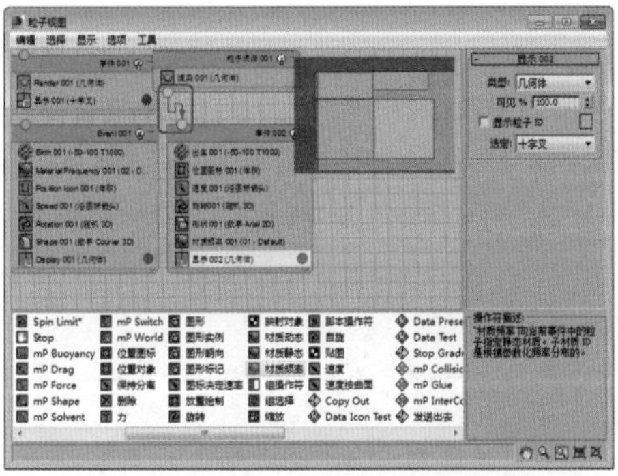

图8-257 将事件串连起来

图8-258 渲染第55帧处的效果

## 实例76 粒子云应用——圆形粒子动画

本例将讲解使用粒子云制作圆形粒子动画，首先使用圆工具，绘制出路径，其次创建圆柱体，再次为其添加【路径变形】修改器，拾取圆为路径，最后创建粒子云系统，设置参数，通过视频后期处理为粒子添加【镜头此熬过光晕】和【镜头效果高光】过滤器，将视频渲染输出效果。

**学习目标**

掌握粒子云及后期处理的设置方法

**制作过程**

资源路径：案例文件\Chapter 8\原始文件\制作圆形粒子动画.max

案例文件\Chapter 8\最终文件\制作圆形粒子动画.max

步骤1 在讲解制作使用粒子云制作圆形粒子动画的方法之前，先打开本例的最终文件预览一下，如图8-259所示。打开原始场景文件如图8-260所示。

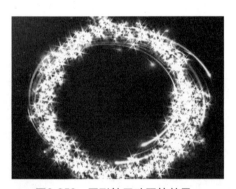

图8-259 圆形粒子动画的效果

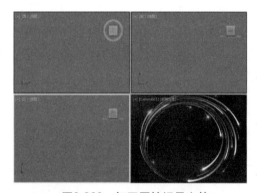

图8-260 打开原始场景文件

步骤2 选择【创建】|【图形】|【样条线】|【圆】工具，在【前】视图绘制圆，将【参数】卷展栏下方的【半径】设置为500.0，如图8-261所示。选择【创建】|【几何体】|【圆柱体】工具，在【前】视图中创建对象，将【参数】卷展栏下方的【半径】设置为25.0，将【高度】设置为90.0，将【高度分段】设置为50，将【端面分段】设置为5，将【边数】设置为18，如图8-262所示。

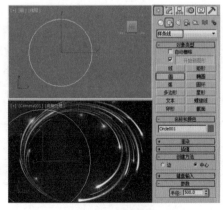

图8-261 绘制圆

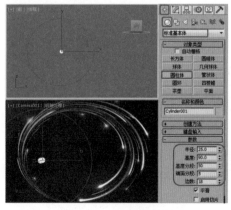

图8-262 绘制圆柱体

步骤3 切换至【修改】命令面板，添加【路径变形（WSM）】修改器，如图8-263所示。在【参数】卷展栏下方单击【拾取路径】按钮，拾取绘制的圆形，单击【转到路径】按钮，勾选【翻转】复选框，如图8-264所示。

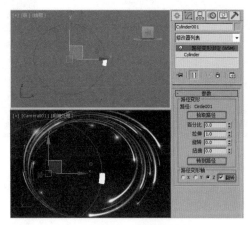

图8-263 添加修改器　　　　　　　　图8-264 拾取路径

步骤4 单击【自动关键点】按钮，在第0帧位置处，将【拉伸】设置为0，将时间滑块移动至第40帧位置处，将【拉伸】设置为34.9，如图8-265所示。选择【创建】|【几何体】|【粒子系统】|【粒子云】按钮，在【前】视图中，创建粒子云对象，如图8-266所示。

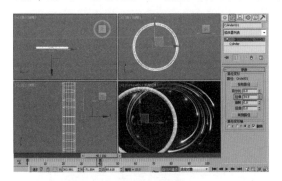

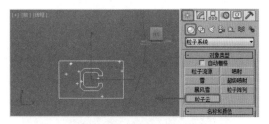

图8-265 设置关键帧　　　　　　　　图8-266 创建粒子云

步骤5 切换至【修改】面板，在【基本参数】卷展栏中，单击【拾取对象】按钮，拾取圆柱体，将【显示图标】选项组下方的【半径/长度】设置为56.853，如图8-267所示。展开【粒子生成】卷展栏，将【使用速率】设置为7，将【粒子运动】下方的【速度】设置为1.0，在【粒子计时】下方将【发射停止】设置为100，将【寿命】设置为100，将【粒子大小】下方的【大小】设置为8.0，选中【粒子类型】下方的【标准粒子】中的【球体】单选按钮，如图5-268所示。

步骤6 在菜单栏中执行【渲染】|【视频后期处理】命令，弹出【视频后期处理】对话框，单击【添加场景事件】按钮，添加一个【Camera001】事件，如图8-269所示。单击【添加图像过滤事件】按钮，弹出【添加图像过滤时间】对话框，添加【镜头效果光晕】事件，如图8-270所示。

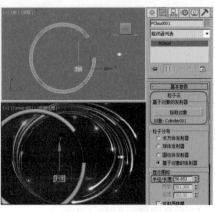

图8-267　拾取对象

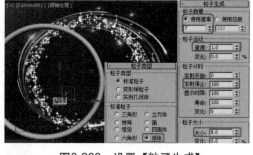

图8-268　设置【粒子生成】

图8-269　添加【Camera001】事件

图8-270　添加【镜头效果光晕】过滤事件

步骤7 单击【设置】按钮，弹出【镜头效果光晕】对话框，切换至【首选项】选项卡，在【效果】下方将【大小】设置为3.0，选中【颜色】下方的【渐变】单选按钮，如图8-271所示。切换至【噪波】选项卡，在【设置】选项组中，将【运动】设置为5.0，勾选【红】、【绿】、【蓝】复选框，在【参数】选项组中，将【大小】和【速度】设置为1.0、0.5，如图8-272所示。

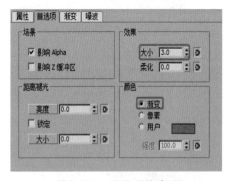

图8-271　设置【首选项】

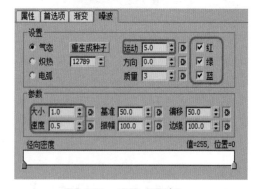

图8-272　设置【噪波】

步骤8 单击【确定】按钮，使用同样的方法，添加一个【镜头效果高光】，在【镜头效果高光】对话框中，在【属性】选项组中，勾选【过滤】下方的【全部】复选框，如图8-273所示。切换至【几何体】选项卡，在【效果】下方将【角度】设置为40.0，将【钳位】设置为10，如图8-274所示。

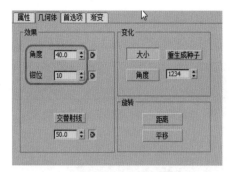

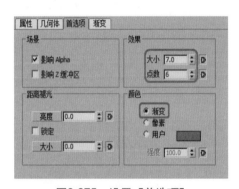

图8-273 设置【镜头效果高光】中的属性　　　　　图8-274 设置【几何体】

步骤 9 切换至【首选项】选项卡，将【效果】下方的【大小】设置为7，将【点数】设置为6，如图8-275所示。选择圆柱体对象，右击，在弹出的快捷菜单中选择【对象属性】命令，弹出【对象属性】对话框，勾选【透明】复选框，在【渲染控制】选项组下方，取消勾选【可渲染】复选框，如图8-276所示。

图8-275 设置【首选项】　　　　　图8-276 设置对象属性

步骤 10 单击【确定】按钮，选择粒子对象，右击，在弹出的快捷菜单中选择【对象属性】命令，在弹出的【对象属性】对话框中，将【对象ID】设置为1，单击【确定】按钮，如图8-277所示。再次打开【执行视频后期处理】对话框，单击【添加图形输出事件】按钮，选择要输出的路径和保存类型。然后单击【执行序列】按钮，在弹出的【执行视频后期处理】对话框中，设置【时间输出】与【输出大小】，如图8-278所示。

图8-277 设置粒子的对象属性　　　　　图8-278 设置后期处理中的输出范围及大小

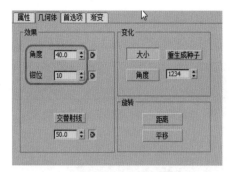

**步骤 11** 然后单击渲染按钮，渲染效果即可，渲染第25帧的效果如图8-279所示。渲染第99帧的效果如图8-280所示。

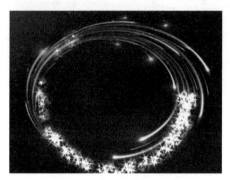

图8-279　渲染第25帧的效果

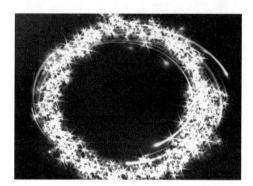

图8-280　渲染第99帧的效果

## 实例77　超级喷射粒子应用——水龙头动画

本例将讲解使用超级喷射制作水龙头动画，其中主要用到了【超级喷射】粒子系统，该粒子系统可以喷射出可控制的水滴状粒子。

### 学习目标

掌握超级喷射的设置方法

### 制作过程

资源路径：案例文件\Chapter 8\原始文件\制作水龙头动画.max

案例文件\Chapter 8\最终文件\制作水龙头动画.max

**步骤 1** 在讲解制作使用超级喷射制作水龙头动画的方法之前，先打开本例的最终文件预览一下，如图8-281所示。打开原始场景文件如图8-282所示。

图8-281　水龙头动画的效果

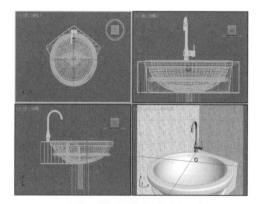

图8-282　打开原始场景文件

**步骤 2** 在场景中选择【洗手盆】和【水龙头】对象，右击，在弹出的快捷菜单中选择【隐藏未选择对象】命令，将其进行隐藏，如图8-283所示。选择【创建】|【几何体】|【粒子系统】|【超级喷射】工具，在【顶】视图中创建对象，如图8-284所示。

图8-283　隐藏对象

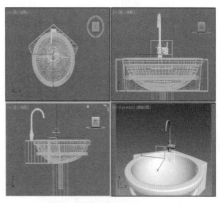

图8-284　创建超级喷射

步骤 3 切换至【修改】面板，在【基本参数】卷展栏中，将【扩散】分别设置为2.0度、180.0度，在【视口显示】选项组中，选中【网格】单选按钮，将【粒子数百分比】设置为100.0%，如图8-285所示。展开【粒子生成】卷展栏，将【使用速率】设置为50，将【粒子运动】下方的【速度】设置为1.0，将【粒子计时】下方的【发射开始】设置为-100，将【发射停止】设置为160，将【显示时限】设置为200，将【寿命】设置为200，在【粒子大小】选项组中，将【大小】设置为2.0，将【变化】设置为20.0%，将【增长耗时】设置为6，将【衰减耗时】设置为30，如图8-286所示。

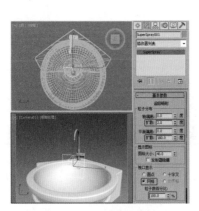

图8-285　设置基本参数

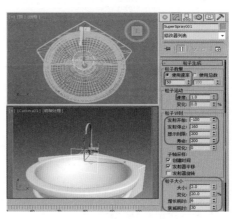

图8-286　设置粒子生成

步骤 4 在【粒子类型】卷展栏中，选中【变形球粒子】单选按钮，如图8-287所示。确认粒子对象处于选中状态，在工具栏中选择【选择并移动】和【选择并旋转】工具，在视图中沿X轴将粒子系统旋转165度，如图8-288所示。

图8-287　设置【粒子类型】

图8-288　调整对象的位置

步骤5 确认没有选择任何对象的情况下，右击，在弹出的快捷菜单中执行【全部取消隐藏】命令，按【M】键，打开【材质编辑器】对话框，选择粒子对象，将【水滴】材质指定给粒子对象，如图8-289所示。选择【创建】|【空间扭曲】|【导向器】|【导向板】按钮，在【顶】视图中创建导向板，如图8-290所示。

图8-289 指定材质

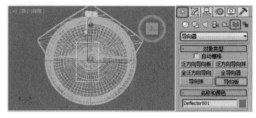

图8-290 创建导向板

步骤6 切换至【修改】面板，在【参数】卷展栏下方将【反弹】设置为0.05，将【变化】设置为100.0%，将【混乱】设置为100.0%，将【摩擦力】设置为96.0%，将【宽度】设置为70.0，【长度】设置为100.0，如图8-291所示。使用【选择并移动】工具，将其移动至合适的位置，选择【超级喷射】工具，使用【绑定到空间扭曲】按钮，将其绑定到导向板上，如图8-292所示。

图8-291 设置参数

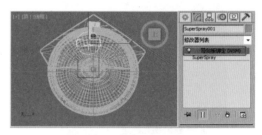

图8-292 绑定对象

步骤7 设置完成后，按【F9】键快速预览效果，渲染到40帧的效果如图8-293所示，渲染到第100帧的效果如图8-294所示。

图8-293 渲染到第40帧的效果

图8-294 渲染到第100帧的效果

# 实例 78　超级喷射粒子应用——火焰转轮动画

本例将讲解使用粒子云制作火焰转轮动画，主要通过创建【超级喷射】粒子系统，设置参数后来实现火焰效果，通过视频后期处理为粒子添加【镜头此熬过光晕】和【镜头效果高光】过滤器，将视频渲染输出效果。

## 学习目标

掌握超级喷射及后期处理的设置方法

## 制作过程

资源路径：案例文件\Chapter 8\原始文件\制作火焰转轮动画.max

案例文件\Chapter 8\最终文件\制作火焰转轮动画.max

步骤 1　在讲解使用制作火焰转轮动画方法之前，先打开火焰转轮动画的最终效果预览一下，如图8-295所示。打开场景的原始文件，如图8-296所示。

图8-295　火焰转轮效果

图8-296　打开原始场景文件

步骤 2　执行【创建】|【几何体】|【粒子系统】|【超级喷射】命令，在场景中创建一个超级喷射粒子对象并调整其位置，如图8-297所示。进入【修改】命令面板中设置粒子的基本参数，将【轴偏离】下的【扩散】和【平面偏离】下的【扩散】分别设置为8.0度、180.0度，【图标大小】设置为12.77，在【视口显示】区域下选中【网格】单选按钮，如图8-298所示。

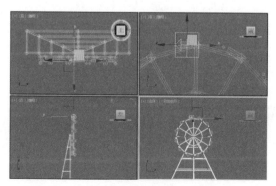

图8-297　创建【超级喷射】并调整位置

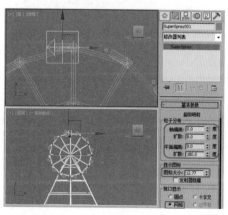

图8-298　设置粒子的基本参数

步骤3 展开【粒子生成】卷展栏中将【使用速率】设置为20，【速度】设置为10，【发射开始】、【发射停止】、【显示时限】、【寿命】、【变化】分别设置为10、200、200、20、3，如图8-299所示。在【粒子生成】卷展栏中的【粒子大小】选项组中设置粒子的大小参数，将【大小】、【变化】、【增长耗时】和【衰减耗时】分别设置为5.0、0.0%、5、0，如图8-300所示。

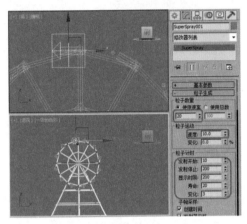

图8-299 设置【粒子生成】

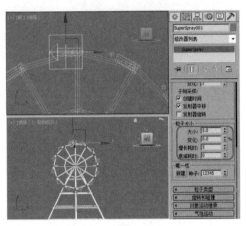

图8-300 设置粒子大小

步骤4 在【粒子类型】卷展栏中选中【标准粒子】单选按钮并选择【四面体】选项，如图8-301所示。在【旋转和碰撞】卷展栏中选中【自旋轴控制】区域下选中【运动方向/运动模糊】单选按钮，如图8-302所示。

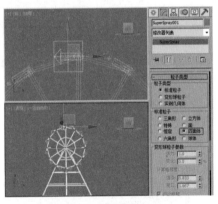

图8-301 设置标准粒子

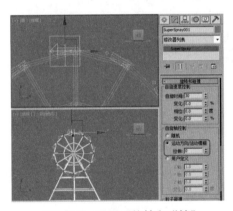

图8-302 设置【旋转和碰撞】

步骤5 将时间滑块拖动至第20帧处，按【N】键打开关键点记录模式，在【粒子生成】卷展栏中将【粒子运动】区域下的【速度】值设置为5.0，关闭【自动关键点】按钮，如图8-303所示。在工具栏中单击【对齐】按钮，然后在视图中选择绿色圆柱体对象，在弹出的对话框中勾选【对齐位置】区域的【X位置】、【Y位置】、【Z位置】复选框，再选中【当前对象】和【目标对象】区域的【中心】单选按钮，然后单击确定按钮，将两个对象对齐，如图8-304所示。

步骤6 在工具栏中单击【选择并链接】按钮，将粒子系统链接到绿色圆柱体上，将粒子系统与它连接，如图8-305所示。切换至【层次】命令面板，在【调整轴】卷展栏中单击【仅影响轴】按钮，然后在工具栏中单击【对齐】按钮，在视图中选择转轮对象，在打开的对话框中勾选【X位置】复选框和【Y位置】复选框，将粒子系统的轴心点与转轮的中心点对齐，如图8-306所示。

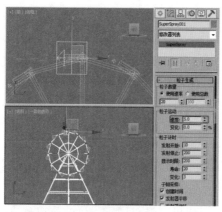

图8-303 设置【粒子运动】的速度

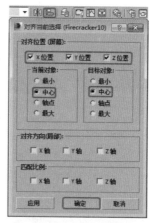

图8-304 将对象进行对齐

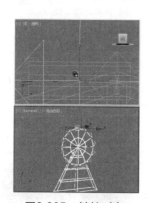

图8-305 链接对象

图8-306 对齐对象

步骤7 在视图中选择粒子系统右击，在弹出的快捷菜单中选择【对象属性】选项，打开【对象属性】对话框，将粒子系统的【对象ID】设置为1，将绿色圆柱体的【对象ID】设置为2，如图8-307所示。选择【工具】|【阵列】命令，打开【阵列】对话框，将【旋转】Z轴设置为30，在【阵列维度】区域下将1D数量设置为12，单击【确定】按钮，如图8-308所示。按【M】键打开【材质编辑器】对话框，将设置好的材质指定给【粒子系统】。

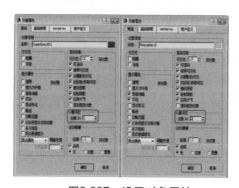

图8-307 设置对象属性

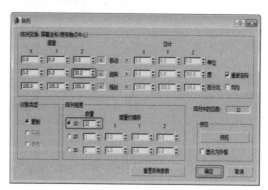

图8-308 阵列对象

步骤8 按【C】键切换至摄影机视图，选择【渲染】|【视频后期处理】命令，打开【视频后期处理】对话框，单击【添加场景事件】按钮，在弹出的对话框中保持其默认设置，单击【确定】按钮，添加一个摄影机视口的场景事件，如图8-309所示。单击【添加图像过滤器事件】按钮，在弹出的对话框中选择【镜头效果光晕】图像过滤事件，如图8-310所示。

图8-309 添加场景时间

图8-310 添加【镜头效果光晕】过滤事件

步骤9 使用同样的方法再添加一个【镜头效果高光】事件，如图8-311所示。双击【镜头效果光晕】过滤器事件，在弹出的对话框中单击【设置】按钮，进入【镜头效果光晕】的设置面板，单击【VP队列】和【预览】按钮，在【属性】选项卡中将【对象ID】设置为1，将【色调】的RGB值分别设置为250、240、0，并将值设置为30，如图8-312所示。

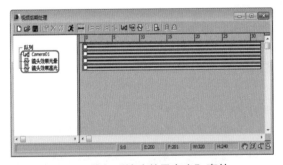

图8-311 添加【镜头效果高光】事件

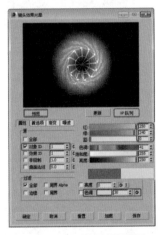

图8-312 设置【属性】

步骤10 切换到【首选项】选项卡，将颜色的类型设置为【渐变】，将【渐变】的RGB值分别设置为255、246、0，将【大小】和【柔化】分别设置为1.3、5.0，如图8-313所示。设置完成后单击【确定】按钮，返回到【视频后期处理】对话框，双击【镜头效果高光】过滤器事件，在弹出的对话框中单击【设置】按钮，进入【镜头效果光晕】的设置面板，单击【VP队列】和【预览】按钮，在【属性】选项卡中将【对象ID】设置为2，在【过滤】区域下勾选【边缘】复选框，如图8-314所示。

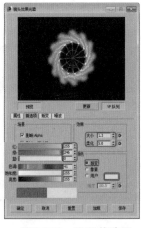
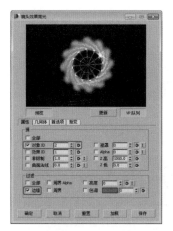

图8-313　设置首选项　　　图8-314　设置【镜头效果高光】的属性

步骤11 切换到【首选项】选项卡，将【大小】和【点数】分别设置为5.0、4，在【颜色】区域下选中【像素】单选按钮，将【强度】值设置为30.0，如图8-315所示。设置完成后单击【确定】按钮回到【视频后期处理】对话框。单击【添加图像输出事件】按钮，弹出【添加图像输出】事件对话框，如图8-316所示。

图8-315　设置【首选项】　　　图8-316　添加图像输出事件

步骤12 在该对话框中单击【文件】按钮，在弹出的对话框中为其指定一个正确的存储路径，如图8-317所示，并将其格式设置为AVI格式。设置完毕后，在【视频后期处理】对话框中单击【执行序列】按钮，在弹出的【执行视频后期处理】对话框中设置序列参数，如图8-318所示。

图8-317　设置输出路径　　　图8-318　设置序列参数

步骤 13 当动画渲染到第45帧时效果如图8-319所示。当渲染到110帧时效果如图8-320所示。

图8-319　渲染到第45帧时效果

图8-320　渲染到110帧时效果

# 第9章

# 大气特效与后期制作

在【环境和效果】对话框中可以为背景添加贴图或三维纹理贴图，还可以在该窗口中为场景添加雾效果、体积光效果、镜头效果或运动模糊等其他一些特殊效果。这些效果与【视频后期处理】对话框中的效果不同。本章主要介绍大气效果和【视频后期处理】对话框中的效果，利用这些效果来为场景对象制作后期特效。

## 实例 79　火效果应用——火焰动画

　　火是生活中常见的一种自然效果，3ds Max提供了火效果类型来模拟这种特效。和体积光需要借助灯光一样，火特效需要借助大气装置才能产生效果。下面讲解使用火特效来设置火焰燃烧动画。

### 学习目标

　　掌握球体虚拟辅助对象的创建
　　掌握火（Fire）特效的动画参数设置方法

### 制作过程

　　资源路径：案例文件\Chapter 9\原始文件\制作火焰动画\制作火焰动画.max
　　　　　　　案例文件\Chapter 9\最终文件\制作火焰动画\制作火焰动画.max

　▇▇ 步骤1 打开火焰动画的最终效果预览一下，如图9-1所示。打开原始场景文件，如图9-2所示。

图9-1　火焰动画最终效果

图9-2　打开原始场景文件

　▇▇ 步骤2 选择【创建】|【辅助】|【大气装置】命令，如图9-3所示。单击【球体Gizmo】按钮，创建一个球体辅助对象，如图9-4所示。

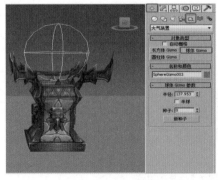

图9-3　选择大气装置

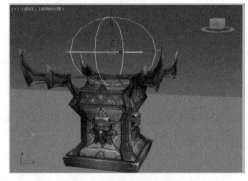

图9-4　创建球体辅助对象

　▇▇ 步骤3 在工具栏中单击【选择并均匀缩放】按钮 ，将球体大气装置对象的形状进行调整，如图9-5所示。在【修改】命令面板中展开【大气和效果】卷展栏，单击【添加】按钮，在弹出的对话框中选择添加的【火效果】效果，如图9-6所示。

图9-5　调整球体大气装置

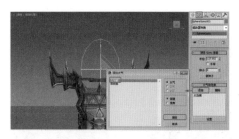

图9-6　添加【火效果】

> 提示：为大气装置对象添加大气效果的方法有两种，一种是直接在大气装置的【大气和效果】卷展栏单击【添加】按钮，选择添加大气或环境效果。另一种是打开【环境和效果】对话框，在【大气】卷展栏中添加大气效果，然后单击【拾取 Gizmo】按钮拾取大气装置。

步骤4　选择【火效果】，单击【大气和效果】下的【设置】按钮，打开【环境和效果】对话框，在【火效果参数】卷展栏中可以设置火焰参数，如图9-7所示。按【N】键开启动画记录模式，在第0帧处设置火焰参数，在【火焰类型】中选中【火舌】单选按钮，【拉伸】设置为2，如图9-8所示。

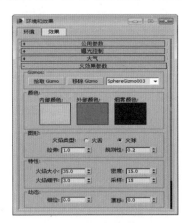

图9-7　设置火焰参数

图9-8　设置第0帧的火焰参数

步骤5　在视图中按【F9】键快速渲染一次火焰，得到的效果如图9-9所示。将时间滑块移至第100帧处，设置火焰参数，将【拉伸】设置为2.5，【规则性】设置为0.3；【相位】设置为0.5，【漂移】设置为2.3，如图9-10所示。

图9-9　快速渲染火焰效果

图9-10　设置第100帧的火焰参数

步骤6 在视图中按【F9】键快速渲染一次场景，得到的火焰效果如图9-11所示。打开【渲染设置】对话框，设置动画的渲染参数，渲染输出动画，其中某一帧的画面效果如图9-12所示。

图9-11 快速渲染火焰效果

图9-12 某一帧的画面效果

# 实例80 体积雾效果应用——白云飘飘动画

雾有3种定义，大气中悬浮的水汽凝结、接近地面的云或者是悬浮在大气中的微小液滴所构成的气溶胶。3ds Max提供了雾和体积雾两种效果，雾可以给场景添加整体的雾效果，而体积雾可以通过借助大气装置在场景中指定的位置添加局部的雾效果。本例将讲解使用体积雾效果来制作白云飘飘动画效果的方法。

**学习目标**

掌握体积雾动画参数的设置方法

**制作过程**

资源路径：案例文件\Chapter 9\最终文件\制作白云飘飘动画\制作白云飘飘动画.max

步骤1 在讲解制作白云飘飘动画的设置方法之前，先打开动画最终效果预览一下，如图9-13所示。选择【创建】|【辅助】|【大气装置】命令，单击【长方体 Gizmo】按钮，创建两个大小不同的长方体大气装置对象，如图9-14所示。

图9-13 白云飘飘最终效果

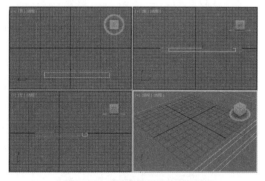

图9-14 创建长方体大气装置

**步骤2** 按【F8】键快速打开【环境和效果】对话框，在【背景】选项组中单击贴图按钮，从配套资源中选择一个天空背景，按【M】键打开【材质编辑器-贴图#0】对话框，将背景图片拖动到一个标准材质球中，将【坐标】展卷栏下的【贴图】设置为屏幕，如图9-15所示，关闭【材质编辑器】对话框，在【环境和效果】对话框的【大气】卷展栏中单击【添加】按钮，在弹出的对话框中选择添加的【体积雾】效果，如图9-16所示。

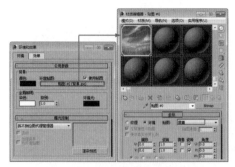

图9-15 【环境和效果】对话框

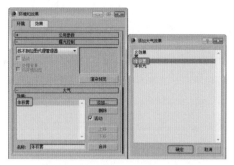

图9-16 添加【体积雾】效果

> 提示：【体积雾】效果与【雾】效果的使用方法相同，它们的区别在于【体积雾】能通过大气装置为场景添加局部的雾，而【雾】效果只能为场景添加整体的雾效果。

**步骤3** 在【体积雾参数】的【Gizmos】选项组中单击【拾取 Gizmo】按钮拾取【BoxGizmo001】对象，并设置【密度】参数为80.0，如图9-17所示。按【F9】键快速渲染一次场景中的体积雾效果，如图9-18所示。

图9-17 设置体积雾参数

图9-18 渲染体积雾效果

**步骤4** 按【N】键打开动画记录模式，在第0帧处设置体积雾参数，将【类型】选择为分形；【高】设置为1.0，【级别】设置为6.0，【低】设置为0.2，【大小】设置为100.0，【均匀性】设置为0.3，【相位】设置为-0.6，如图9-19所示。按【F9】键渲染体积雾效果如图9-20所示。

**步骤5** 将时间滑块移至第100帧，将【相位】设置为1，如图9-21所示，此时渲染天空中的体积雾效果如图9-22所示。

**步骤6** 单击【添加】按钮，再添加一个【体积雾】效果，如图9-23所示，并单击【拾取 Gizmo】按钮，拾取【Box Gizmo002】对象。在第0帧处设置体积雾参数，如图9-24所示。

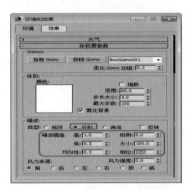

图9-19　设置第0帧的体积雾参数

图9-20　第0帧时渲染体积雾效果

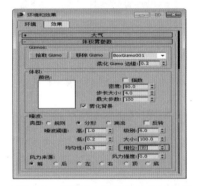

图9-21　设置第100帧的体积雾参数

图9-22　第100帧时渲染体积雾效果

图9-23　再添加一个【体积雾】效果

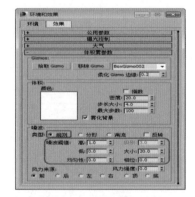

图9-24　设置体积雾参数

> 提示：在【类型】选项后面提供了规则、分形和湍流3种噪波类型。【噪波阈值】参数用于限制噪波的效果，【风力强度】参数用于控制烟雾远离风向（相对于相位）的速度。

**步骤7** 按【F9】键快速渲染一次场景，得到的白云效果如图9-25所示。将时间滑块移至第100帧处，在【类型】中选中【分形】单选按钮，设置【相位】参数为0.3，如图9-26所示。

**步骤8** 在视图中按【F9】键快速渲染一次，得到白云效果，如图9-27所示。调整视图角度，按【F10】键打开【渲染设置】对话框，设置动画的渲染输出参数，单击【渲染】按钮，渲染输出动画。当动画渲染到第50帧时，效果如图9-28所示。

图9-25　渲染白云效果

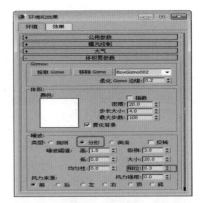

图9-26　设置第100帧的体积雾参数

图9-27　快速渲染得到白云效果

图9-28　渲染到第50帧的效果

# 实例 81　体积光效果应用——体积光动画

　　正常状态下的光线肉眼是看不到形状的，但是在一些特定的条件下，如夜晚打开手电筒，或者舞台上的射灯，这些光线是可以看到它们的体积的，上面两种类型的灯光都是人造体积光。体积光效果根据灯光与大气（雾、烟雾等）的相互作用提供灯光效果。下面将介绍使用体积光效果制作体积光动画的方法。

## 学习目标

　　掌握体积光的添加方法
　　掌握体积光动画参数的设置

## 制作过程

　　资源路径：案例文件\Chapter 9\原始文件\制作体积光动画\制作体积光动画.max
　　　　　　　案例文件\Chapter 9\最终文件\制作体积光动画\制作体积光动画.max

　　步骤 1　在学习制作体积光动画的方法之前，先打开该动画的最终效果预览一下，如图9-29所示。打开原始场景文件，如图9-30所示。

　　步骤 2　在还没有添加环境效果的情况下进行渲染，场景中只有普通灯光和材质的效果，如图9-31所示。按【F8】键打开【环境和效果】对话框，在【环境】选项卡中展开【大气】卷展栏，如图9-32所示。

图9-29 体积光动画最终效果

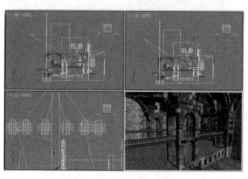

图9-30 原始场景文件

图9-31 原始场景效果

图9-32 展开【大气】卷展栏

■ 步骤3 在【大气】卷展栏中单击【添加】按钮 添加 ，在弹出的对话框中选择【体积光】效果，如图9-33所示，给场景添加体积光。添加体积光效果后，进入下方的【体积光参数】卷展栏并设置参数，如图9-34所示。

图9-33 选择【体积光】效果

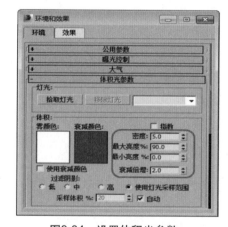

图9-34 设置体积光参数

■ 步骤4 单击【拾取灯光】按钮 拾取灯光 ，在【顶】视口中拾取上方的【Spot03】灯光，如图9-35所示。拾取灯光后会在【灯光】选项组中出现该灯光的名称。拾取灯光后，对场景进行渲染，此时可以在左侧观察到非常弱的体积光效果，如图9-36所示，因为该盏灯光距离比较远，所以产生的体积光并不明显。

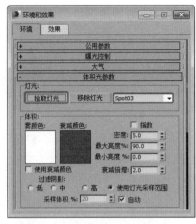

图9-35 拾取【Spot03】灯光

图9-36 体积光效果

步骤5 单击【拾取灯光】按钮，在【顶】视口中拾取另一盏平行光进行渲染，如图9-37所示，画面中出现了很明显的由窗外照射进来的体积光。在体积光的【体积】选项组中将【密度】参数设置为9.0，然后进行渲染，可以看到体积光变得更加浓重了，画面中的光柱显得非常醒目，如图9-38所示。

图9-37 拾取另一盏平行光

图9-38 设置密度参数效果

步骤6 将【雾颜色】设置为淡黄色，再次进行渲染，体积光的颜色变为了黄色，并且影响到了整个场景的色调，如图9-39所示。按【N】键打开动画记录模式，将时间滑块移至第100帧处，设置【均匀性】设置为0.2，【相位】参数为1，如图9-40所示。

图9-39 雾颜色效果

图9-40 设置第100帧的参数

提示：【大小】参数用于设置体积光噪波的大小尺寸，【相位】参数用于控制体积光的动画效果。

步骤 7 按【F9】键快速渲染一次场景，第100帧的体积光效果如图9-41所示。将体积光的参数设置完毕后，打开【渲染设置】对话框，设置动画的渲染输出，当渲染到第50帧时，效果如图9-42所示。

图9-41　渲染第100帧的效果

图9-42　渲染第50帧的效果

## 实例 82　镜头效果光晕应用——闪电特效

【镜头效果】是最常使用的一种效果，包含【镜头效果光晕】、【镜头效果高光】、【镜头效果光斑】和【镜头效果焦点】4种类型。本例讲解使用【镜头效果光晕】来模拟制作闪电效果的方法。

**学习目标**

掌握对象ID的设置方法

掌握【镜头效果光晕】参数的设置方法

**制作过程**

资源路径：案例文件\Chapter 9\最终文件\制作闪电效果\制作闪电效果.max

步骤 1 在讲解制作闪电效果的方法之前，先打开本例的最终文件预览一下，效果如图9-43所示。打开一个天空的背景贴图文件，将其应用为场景的背景，如图9-44所示。

图9-43　闪电最终效果

图9-44　添加背景贴图后的效果

步骤 2 切换至【创建】|【图形】面板，在【对象类型】卷展栏中选择【线】对象，在透视图中

创建几条样条线图形，如图9-45所示，并调整至合适的位置。选择创建的全部样条线图形，右击，在弹出的快捷菜单中选择【对象属性】命令，在弹出的【对象属性】对话框中将【对象ID】设置为1，如图9-46所示。

图9-45 创建样条线图形

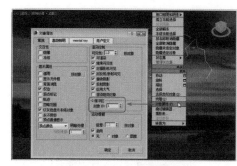

图9-46 设置【对象ID】

步骤3 在视口中继续创建几条二维样条线图形，如图9-47所示。将新创建的这几条二维样条线的【对象ID】设置为2，如图9-48所示。

图9-47 创建二维样条线

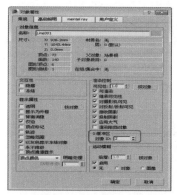

图9-48 设置【对象ID】

提示：在场景中将单位设置为【公制】|【毫米】。

步骤4 选择场景中的样条线对象，在【修改】命令面板中勾选【在渲染中启用】和【在视口启用】复选框，然后将【厚度】设置为0.1mm，如图9-49所示。选择【渲染】|【视频后期处理】命令，打开【视频后期处理】对话框，单击【添加场景事件】按钮，在弹出的对话框中保持其默认设置，单击【确定】按钮，添加一个透视视口的场景事件，如图9-50所示。

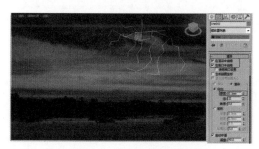

图9-49 设置可渲染参数

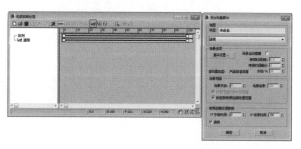

图9-50 添加场景事件

步骤 5 单击【添加图像过滤器事件】按钮，在弹出的对话框中选择【镜头效果光晕】图像过滤事件，如图9-51所示。单击【设置】按钮，进入【镜头效果光晕】的设置面板，在【属性】选项卡中将【对象ID】设置为1，如图9-52所示。

图9-51　选择【镜头效果光晕】图像过滤事件　　　　图9-52　设置【对象ID】

步骤 6 切换到【首选项】选项卡，将颜色的类型设置为【渐变】，将【大小】设置为1.5，如图9-53所示。设置完成后单击【确定】按钮，使用同样的方法再为其添加一个【镜头效果光晕】图像过滤事件，如图9-54所示。

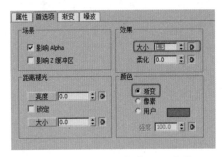
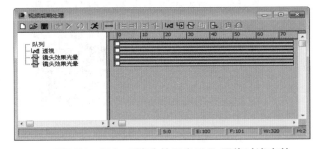

图9-53　设置【首选项】参数　　　　图9-54　添加【镜头效果光晕】图像过滤事件

步骤 7 选择添加的【镜头效果光晕】图像过滤事件，在该事件的属性面板中将【对象ID】设置为2，如图9-55所示，使它对后来创建的样条线图形产生影响。使用同样的方法在【首选项】选项卡中将【颜色】类型设置为【渐变】，将【大小】设置为0.3，如图9-56所示。

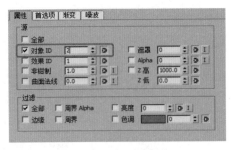
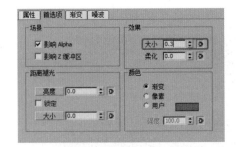

图9-55　设置【对象ID】　　　　图9-56　设置【首选项】参数

步骤 8 在【视频后期处理】对话框再添加一个【镜头效果光晕】图像过滤事件，同样将该事件的对象ID设置为2，然后将【大小】设置为0.5，将【颜色】类型设置为【渐变】，如图9-57

所示。在场景中几个样条线图形的顶端创建一个球体对象，并使用缩放工具将它变形为椭圆的形状，如图9-58所示。

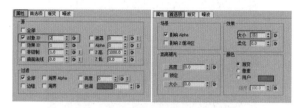

图9-57 设置【首选项】参数

图9-58 创建椭圆球体

步骤9 将该球体的【对象ID】设置为3，在【视频后期处理】对话框中添加第4个【镜头效果光晕】图像过滤事件，如图9-59所示。在【属性】选项卡中将【对象ID】设置为3。在【首选项】选项卡中将【大小】设置为7.0，将【柔化】设置为25，在【颜色】选中【渐变】单选按钮，如图9-60所示。

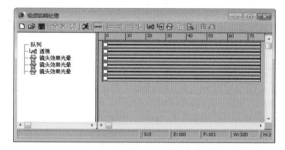

图9-59 添加【镜头效果光晕】图像过滤事件

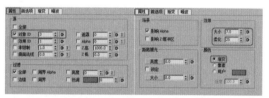

图9-60 设置【首选项】参数

步骤10 在【视频后期处理】对话框中单击【添加图像输入事件】按钮，弹出【添加图像输出事件】对话框，如图9-61所示，在该对话框中单击【文件】按钮，在弹出的对话框中为其指定一个正确的存储路径，如图9-62所示，并将其格式设置为JPEG格式。

图9-61 【添加图像输出事件】对话框

图9-62 指定存储路径

■ 步骤 11 设置完毕后，在【视频后期处理】对话框中单击【执行序列】按钮 🖈，在弹出的【执行视频后期处理】对话框中设置序列参数，如图9-63所示。单击【渲染】按钮，渲染场景的闪电效果，如图9-64所示。

图9-63 设置序列参数

图9-64 渲染场景的闪电效果

## 实例83 镜头效果光斑和镜头效果应用——太阳光特效

【镜头效果光斑】由【光晕】、【光环】、【自动二级光斑】、【手动二级光斑】、【射线】、【星形】、【条纹】和【噪波】8个元素组成。本例将讲解使用【镜头效果光斑】和【镜头效果】制作太阳光特效的方法。

### 学习目标

掌握如何添加并设置【镜头效果】的方法

掌握【镜头效果光斑】的添加方法

掌握【镜头效果光斑】参数的设置方法

### 制作过程

资源路径：案例文件\Chapter 9\最终文件\制作太阳光特效\制作太阳光特效.max

■ 步骤 1 在讲解制作太阳光特效的方法之前，先打开本例的最终文件进行预览，效果如图9-65所示。从配套资源中选择一个太空图像，作为视口背景贴图，如图9-66所示。

图9-65 太阳光特效最终效果

图9-66 添加背景贴图文件

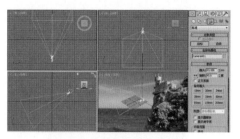

**步骤 2** 选择【创建】|【摄影机】|【目标】命令，在【左】视图中创建摄影机，按【C】键将【透视】视图转换为摄影机视图，然后调整摄影机的位置，如图9-67所示。选择【创建】|【灯光】|【泛光】命令，在图像上创建一盏泛光灯，并调整其位置，如图9-68所示。

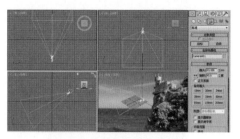

图9-67　调整摄影机的位置

图9-68　创建并调整泛光灯位置

**步骤 3** 确认灯光处于选中状态，切换至【修改】命令面板，在【大气和效果】卷展栏中单击【添加】按钮，在弹出的对话框中选择【镜头效果】选项，如图9-69所示。单击【确定】按钮后，添加【镜头效果】，单击【设置】按钮，在弹出的对话框中打开【镜头效果参数】卷展栏，分别将【光晕】、【自动二级光斑】、【射线】、【手动二级光斑】添加至右侧的列表框中，在右侧的列表框中选择【Ray】选项，在【射线元素】卷展栏中选择【参数】选项卡，将【大小】设置为10，如图9-70所示。

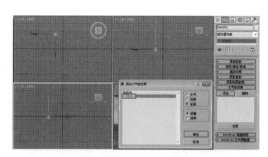

图9-69　选择【镜头效果】选项

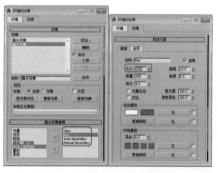

图9-70　设置镜头效果参数

**步骤 4** 设置完成后，退出该对话框，按【F9】键渲染查看效果，如图9-71所示。在菜单栏中选择【渲染】|【视频后期处理】命令，如图9-72所示。

图9-71　渲染查看效果

图9-72　选择【视频后期处理】命令

**步骤 5** 在弹出的对话框中单击【添加场景事件】按钮 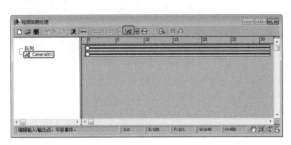，在弹出的对话框中使用其默认的设置，单击【确定】按钮，添加一个场景事件，如图9-73所示。再在该对话框中单击【添加图像过滤事件】按钮，在弹出的对话框中选择过滤器列表中的【镜头效果光斑】选项，如图9-74所示。

图9-73　添加场景事件

图9-74　选择【镜头效果光斑】选项

**步骤 6** 单击【确定】按钮，在【视频后期处理】对话框中双击【镜头效果光斑】，再在弹出的对话框中单击【设置】按钮，打开【镜头效果光斑】对话框，在队列窗口中单击【VP队列】和【预览】按钮，显示场景图像效果，如图9-75所示。在【镜头光斑属性】选项组中单击【节点源】按钮，拾取场景中的泛光灯对象，如图9-76所示。

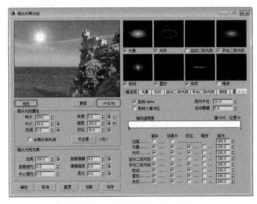

图9-75　显示场景图像效果

图9-76　拾取泛光灯对象

> 提示：单击【节点源】按钮，可以为镜头光斑效果选择源对象。镜头光斑源可以是场景中的任何对象，但通常为灯光，单击此按钮会弹出【选择光斑对象】对话框，必须选择光斑的源以退出对话框。

**步骤 7** 单击【确定】按钮，在【镜头光斑属性】选项组中将【强度】设置为10，在【首选项】选项卡中选择要启用的镜头光斑效果，如图9-77所示。设置完成后，单击【确定】按钮，在【视频后期处理】对话框中单击【执行序列】按钮 ✗，如图9-78所示。

**步骤 8** 在弹出的【执行视频后期处理】对话框中选中【单个】单选按钮，如图9-79所示。单击【渲染】按钮渲染最终的镜头效果光斑，如图9-80所示。

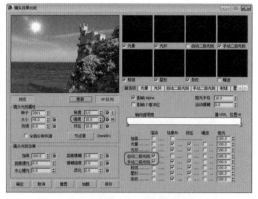

图9-77　选择要启用的镜头光斑效果

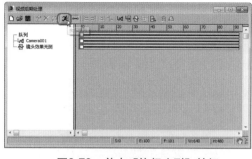

图9-78　单击【执行序列】按钮

图9-79　【执行视频后期处理】对话框

图9-80　最终镜头效果光斑

## 实例 84　镜头效果光斑应用——文字过光动画

　　本例将讲解使用【泛光灯】对象结合【镜头效果光斑】效果，来模拟制作影视片头中的文字过光动画的方法。

### 学习目标

　　掌握文字对象的创建方法
　　掌握文字材质的制作方法
　　掌握设置灯光动画的方法
　　掌握【镜头效果光斑】效果的使用方法

### 制作过程

　　资源路径：案例文件\Chapter 9\最终文件\制作文字过光动画\制作文字过光动画.max

　　步骤 1　在讲解制作文字过光动画的设置方法之前，先打开场景的最终文件预览一下，效果如图9-81所示。下面就来介绍这个效果的制作方法。在【图形】对象面板中，单击【文本】按钮，在【参数】卷展栏中将字体设置为【汉仪综艺体简】，将【字间距】设置为5，在【文本】文本框中输入【大展宏图】，然后在【前】视图中单击鼠标左键，即可创建文字，如图9-82所示。

　　步骤 2　选择输入的文字，切换到【修改】命令面板，在【修改器列表】中选择【倒角】修改器，在【倒角值】卷展栏中将【起始轮廓】设置为1.0，将【级别1】下的【高度】和【轮廓】

设置为1.0、1.5，勾选【级别2】复选框，将【高度】设置为5.0，勾选【级别3】复选框，将【高度】和【轮廓】设置为1.0、−1.5，在【相父】卷展栏中勾选【避免线相交】复选框，如图9-83所示。按【M】键打开【材质编辑器】对话框，选择一个新的材质样本球，在【Blinn基本参数】卷展栏中将【环境光】和【漫反射】的RGB值分别设置为218、174、0，如图9-84所示。

图9-81　文字过光动画最终效果

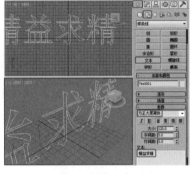

图9-82　创建文本对象

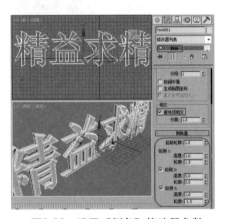

图9-83　设置【倒角】修改器参数

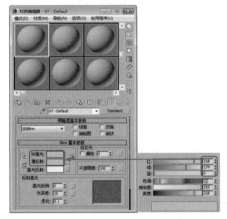

图9-84　设置材质基本参数

■■■ 步骤3 展开【贴图】卷展栏，将【反射】数量设置为80，并单击其后面的【无】按钮，在弹出的【材质/贴图浏览器】对话框中双击【位图】贴图，在弹出的对话框中选择贴图文件【Snap11.jpg】，单击【确定】按钮，如图9-85所示。单击【转到父对象】按钮 和【将材质指定给选定对象】按钮 ，即可将材质指定给文字对象。单击【平面】按钮，在视图中创建平面对象，然后为创建的平面对象指定【无光/投影】材质，设置【无光/投影基本参数】，如图9-86所示。

📖 提示：【反射】通道添加一张暖色调的图片，设置较高的反射参数，可以增强金属材质的质感。

■■■ 步骤4 在【灯光】对象面板中，单击【目标聚光灯】按钮，在场景中创建一个目标聚光灯，如图9-87所示，并启用它的阴影效果。在【摄影机】对象面板中，单击【目标】按钮，在场景中创建摄影机，如图9-88所示，激活【透视】视图，按【C】键将其转换为摄影机视图，并在其他视图中调整其位置。

■■■ 步骤5 在【灯光】对象面板中，单击【泛光】按钮，在视图中创建一盏泛光灯对象，如图9-89所示，并在【前】视图中调整平面和泛光灯的位置。按【N】键开启动画记录模式，将时间滑块移至第100帧处，将泛光灯和平面对象同时向右移动一段距离，如图9-90所示。然后再次单击【自动关键点】按钮，关闭动画记录模式。

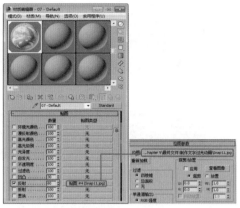

图9-85 添加反射贴图

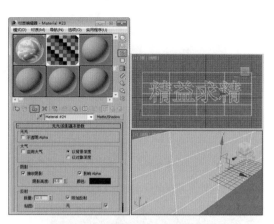

图9-86 设置【无光/投影基本参数】

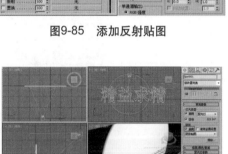

图9-87 创建目标聚光灯

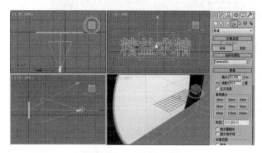

图9-88 创建摄影机

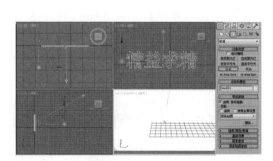

图9-89 创建泛光灯

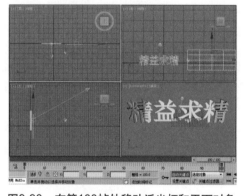

图9-90 在第100帧处移动泛光灯和平面对象

步骤6 选择平面对象并右击，在弹出的快捷菜单中选择【对象属性】命令，弹出【对象属性】对话框，取消勾选【接收阴影】和【投射阴影】复选框，单击【确定】按钮，如图9-91所示。从本书配套资源中打开一个背景贴图文件，如图9-92所示，将它应用为场景的背景。

提示：取消勾选【接收阴影】和【投射阴影】复选框，在场景中的对象将不会产生阴影，也不会投射阴影。

步骤7 在视图中按【F9】键快速渲染一次文字，效果如图9-93所示。在菜单栏中选择【渲染】|【视频后期处理】命令，打开【视频后期处理】对话框，单击【添加场景事件】按钮，在弹出的【添加场景事件】对话框中使用默认的摄影机视图，单击【确定】按钮，如图9-94所示。

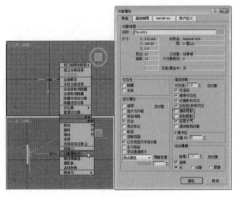

图9-91 设置【对象属性】

图9-92 添加背景贴图

图9-93 渲染视图效果

图9-94 使用默认的摄影机视图

步骤8 返回到【视频后期处理】对话框，单击【添加图像过滤事件】按钮 ，在弹出的对话框中选择过滤器列表中的【镜头效果光斑】选项，单击【确定】按钮，如图9-95所示。在【视频后期处理】对话框的左侧列表中双击【镜头效果光斑】，在弹出的对话框中单击【设置】按钮，弹出【镜头效果光斑】对话框，单击【VP队列】和【预览】按钮，然后单击【节点源】按钮，在弹出的对话框中选择泛光灯对象，并单击【确定】按钮，如图9-96所示。

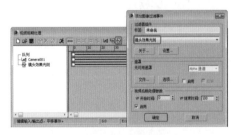

图9-95 选择【镜头效果光斑】选项

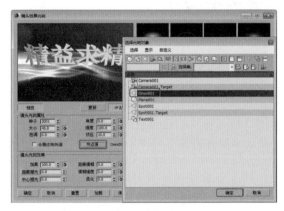

图9-96 拾取泛光灯

步骤9 切换到【光晕】选项卡，设置光晕的【大小】为100.0，如图9-97所示。切换到【条纹】选项卡，设置条纹的【大小】为300.0，设置完成后，单击左下角的【确定】按钮，如图9-98所示。

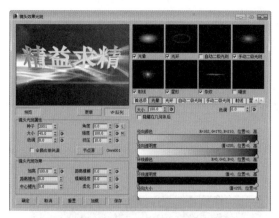

图9-97　设置光晕参数

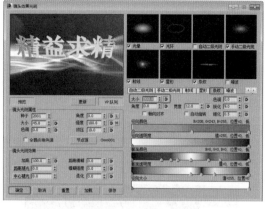

图9-98　设置条纹参数

单击【执行序列】按钮 🗙，弹出设置序列输出参数的对话框，设置参数如图9-99所示。将所有的参数都设置完毕后，单击【渲染】按钮渲染动画。当动画渲染到第45帧时效果如图9-100所示。

图9-99　设置序列参数

图9-100　渲染到第45帧效果

步骤 11 当渲染到第60帧时效果如图9-101所示。当渲染到第100帧时效果如图9-102所示。

图9-101　渲染到第60帧效果

图9-102　渲染到第100帧效果

**实例 85　交叉衰减变换效果应用——图像合成动画**

本例将讲解使用【交叉衰减变换】效果来制作图像合成动画效果的操作方法。

第 9 章　大气特效与后期制作

## 学习目标

掌握【交叉衰减变换】效果的设置方法

## 制作过程

资源路径：案例文件\Chapter 9\最终文件\制作交叉衰减变换动画\制作淡入淡出动画.max

▌▌▌ 步骤1 在讲解使用【交叉衰减变换】效果制作图像合成动画的方法之前，先打开本例的最终文件预览一下，效果如图9-103所示。下面就来讲解这个动画的制作方法，从配套资源中选择一张图片，作为场景的背景贴图，如图9-104所示。

图9-103　【交叉衰减变换】最终效果　　　　图9-104　添加背景贴图后的效果

▌▌▌ 步骤2 在菜单栏中选择【渲染】|【视频后期处理】命令，打开【视频后期处理】对话框，单击【添加场景事件】按钮，弹出【添加场景事件】对话框，如图9-105所示，在该对话框中选择【透视】视图。单击【确定】按钮后再次单击【添加图像输入事件】按钮，弹出【添加图像输入事件】对话框，如图9-106所示。

图9-105　【添加场景事件】对话框　　　　图9-106　【添加图像输入事件】对话框

▌▌▌ 步骤3 在【添加图像输入事件】对话框中单击【文件】按钮，在弹出的对话框中选择配套资源中的素材文件，如图9-107所示。将其添加至【添加图像输入事件】对话框中，在【视频后期处理】对话框中选择添加的图像输入事件，如图9-108所示，将其输出点调整至100帧位置。

▌▌▌ 步骤4 在【视频后期处理】对话框中同时选择两个添加的事件，如图9-109所示，然后单击【添加图像层事件】按钮。打开【添加图像层事件】对话框，在该对话框中选择【交叉衰减变换】效果，如图9-110所示。

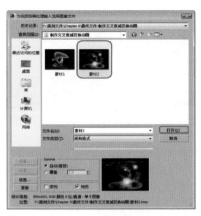

图9-107 选择素材文件

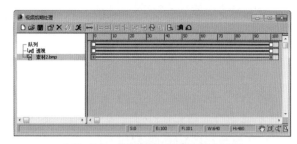

图9-108 选择添加的图像输入事件

图9-109 选择场景事件

图9-110 选择【交叉衰减变换】效果

步骤 5 单击【确定】按钮，在【视频后期处理】对话框中单击【添加图像输出事件】按钮，打开【添加图像输出事件】对话框，如图9-111所示，在该对话框中单击【文件】按钮，在弹出的对话框中为其指定一个正确的存储路径，如图9-112所示，并将其格式设置为AVI文件（*.avi）。

图9-111 【添加图像输入事件】对话框

图9-112 指定存储路径

步骤 6 单击【保存】按钮，弹出【AVI文件压缩设置】对话框，如图9-113所示，在其中使用默认设置。在【视频后期处理】对话框中单击【执行序列】按钮，弹出【执行视频后期处理】对话框，如图9-114所示，在其中的【输入大小】选项组中将【宽度】和【高度】分别设置为640和480。

图9-113 【AVI文件压缩设置】对话框

图9-114 【执行视频后期处理】对话框

█ 步骤7 单击【渲染】按钮渲染输入动画,当渲染到第20帧时,效果如图9-115所示。当渲染到第60帧时,效果如图9-116所示。

图9-115 渲染到第20帧的效果

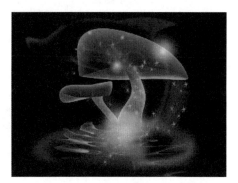

图9-116 渲染到第60帧的效果

# 实例86 镜头效果光晕应用——璀璨星空动画

本例将讲解使用【镜头效果光晕】来制作璀璨星空动画效果的操作方法。

## 学习目标

掌握【镜头效果光晕】效果的设置方法

## 制作过程

资源路径:案例文件\Chapter 9\原始文件\制作璀璨星空动画\制作璀璨星空动画.max

案例文件\Chapter 9\最终文件\制作交璀璨星空动画\制作璀璨星空动画.max

█ 步骤1 在讲解制作璀璨星空效果的方法之前,先打开本例的最终文件预览一下,效果如图9-117所示。打开原始场景文件,如图9-118所示。

█ 步骤2 选择【创建】|【几何体】|【粒子系统】|【暴风雪】命令,在【前】视图中绘制一个暴风雪图标,在【基本参数】卷展栏中将【显示图标】的【宽度】和【长度】均设置为520.0。在【视图显示】选项组中将【粒子数百分比】设置50.0%,如图9-119所示。切换至【修改】命令面板,打开【粒子生成】卷展栏,在【粒子数量】选项组中选择【使用速率】并将其设置为10,在【粒子运动】卷展栏中将【速度】设置为1.0,将【变化】设置为25.0%,将【翻滚】设置为0.0,将

【翻滚速率】设置为0.0，在【粒子计时】选项组中将【发射开始】设置为-100.0，将发射停止设置为100，将【显示时限】设置为100，将【寿命】设置为100，将【变化】设置为0。打开【粒子类型】卷展栏，在【标准粒子】选项组中选中【球体】单选按钮，如图9-120所示。

图9-117　璀璨星空动画的最终效果

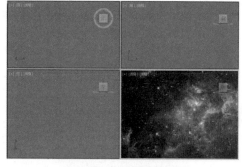

图9-118　打开场景文件

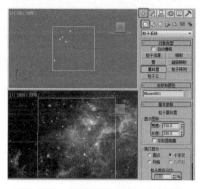

图9-119　创建暴风雪并设置参数

图9-120　设置【修改】命令面板

步骤3 选择【创建】|【摄影机】|【标准】|【目标】命令，创建一台摄影机，在【参数】卷展栏中将【镜头】设置为50.0mm，如图9-121所示。在菜单栏中选择【渲染】|【视频后期处理】命令，如图9-122所示。

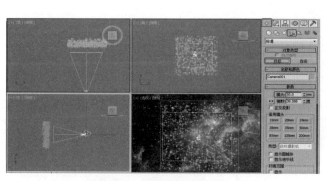

图9-121　创建目标摄影机

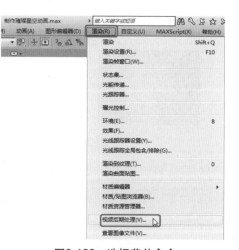

图9-122　选择菜单命令

步骤4 弹出【视频后期处理】对话框，在该对话框中单击【添加图像过滤事件】按钮，在弹出【添加图像过滤事件】对话框中选择【镜头效果光晕】图像过滤事件，如图9-123所示。单击【设置】按钮，打开【镜头效果光晕】设置面板，在队列窗口中单击【VP队列】和【预览】按钮。在【属性】选项卡中将【对象ID】设置为1。切换至【首选项】选项卡，在【效果】选项组中将【大小】设置为1.0，在【颜色】选项组中选择【像素】选项。切换至【噪波】选项组中，在【设置】选项组中将【运动】设置为10.0，将【方向】设置为0.0，将【质量】设置为3，勾选【红】、【绿】、【蓝】选项。设置完成后单击【确定】按钮，如图9-124所示。

图9-123　选择镜头效果光晕　　　　　　　　图9-124　设置面板参数

步骤 5　使用同样的方法添加【镜头效果高光】图像过滤事件。打开【镜头效果高光】设置面板，在队列窗口中单击【VP队列】和【预览】按钮。在【属性】选项卡中将【对象ID】设置为1。切换至【几何体】选项卡在【效果】选项组中将【角度】设置为100.0，将【钳位】设置为20，将【交替射线】设置为50.0。在【变化】选项组中单击【大小】按钮。切换至【首选项】选项卡中，在【效果】选项组中将【大小】设置为5.0，将【点数】设置为5。在【距离褪光】选项组中勾选【锁定】选项，将【亮度】设置为2 000.0。在【颜色】选项组中选中【渐变】单选按钮。设置完成后单击【确定】按钮，如图9-125所示。

步骤 6　返回到【视频后期处理器】对话框中，单击【执行序列】按钮，在弹出的【执行视频后期处理】对话框中选择【范围】选项，在【输出大小】选项组中将【高度】和【宽度】分别设置为320和240，如图9-126所示。

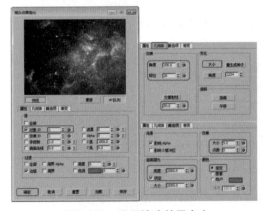

图9-125　设置镜头效果高光

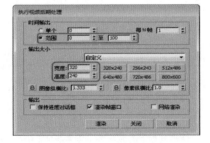

图9-126　执行视频后期处理

步骤 7　单击【渲染】按钮，渲染输入动画，当渲染到50帧时，效果如图9-127所示。当渲染到100帧时，效果如图9-128所示。

图9-127　渲染到第50帧的效果

图9-128　渲染到第100帧的效果

# 实例87　大气效果应用——星球动画

本例将讲解使用大气效果来制作星球动画效果的操作方法。

## 学习目标

掌握大气装置的设置方法

## 制作过程

资源路径：案例文件\Chapter 9\原始文件\制作星球动画\制作星球动画.max

　　　　　案例文件\Chapter 9\最终文件\制作星球动画\制作星球动画.max

步骤1　在讲解制作使用大气制作星球动画的方法之前，先打开本例的最终文件预览一下，如图9-129所示。打开原始场景文件如图9-130所示。

图9-129　星球动画的最终效果

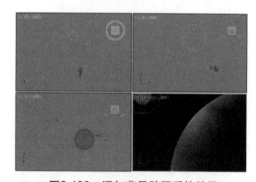

图9-130　添加背景贴图后的效果

步骤2　选择【创建】|【辅助对象】|【大气装置】|【球体Gizmo】工具，在【左】视图中创建对象，将【半径】设置为45.0，如图9-131所示。切换至【修改】面板，在【大气和效果】卷展栏中，添加【火效果】，如图5-132所示。

步骤3　选择添加的火效果，单击【设置】按钮，弹出【环境和效果】对话框，在【火效果参数】卷展栏中，将【内部颜色】设置为215、224、252，将【外部颜色】设置为132、140、173，如图5-133所示。在【图形】选项组中，将【规则性】设置为0.8，在【特性】选项组中，将【火焰大小】设置为6.0，将【密度】设置为5000.0，将【火焰细节】设置为5.0，将【采样】设置为5，然后单击【自动关键点】按钮，将时间滑块滑动至第300帧，将【相位】设置为100.0，再次单击【自动关键点】按钮，退出动画记录模式，如图5-134所示。

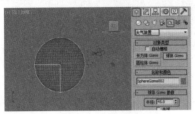

图9-131　创建大气球体并设置参数

图9-132　添加火效果

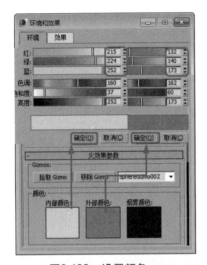

图9-133　设置颜色

图9-134　设置动画模式

步骤4 在视图中选择【球体Gizmo】对象，单击【选择并链接】工具，链接地球【Earth】对象，如图5-135所示。渲染第300帧的效果如图5-136所示。

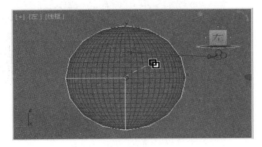

图9-135　链接对象

图9-136　第300帧的效果

# 第 10 章

## 常用三维文字标版动画

三维字体是利用文本工具创建出基本的文字造型，然后使用不同的修改器完成字体造型的制作，在制作过程中使用的都是比较常用的工具。

## 实例88 材质编辑器应用——沙砾金文字动画

在3ds Max中，用户可以根据需要在材质编辑器对话框中通过调整对象的材质添加动画效果，下面将介绍如何使用【材质编辑器】制作沙砾金文字动画效果。

**学习目标**

掌握自动关键点的设置方法

掌握如何使用【材质编辑器】对话框设置动画效果

**制作过程**

资源路径：案例文件\原始文件\Chapter 10\制作沙砾金文字动画\制作沙砾金文字动画.max

案例文件\最终文件\Chapter 10\制作沙砾金文字动画\制作沙砾金文字动画.max

**步骤1** 在学习制作沙砾金文字动画的设置方法之前，先预览一下沙砾金文字的最终效果，如图10-1所示。打开本例的原始场景文件，如图10-2所示，该场景为一个文字模型。

图10-1 沙砾金文字动画效果

图10-2 打开原始场景文件

**步骤2** 按【N】键打开自动关键点记录模式，将时间滑块拖动至第100帧处，在视图中选择摄影机，在左视图中调整摄影机的位置，如图10-3所示，再在视图中选择【Text01】对象，确认时间滑块在第100帧处，在【顶】视图中调整文字的位置，调整后的效果如图10-4所示。

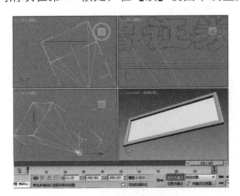

图10-3 调整摄影机的位置

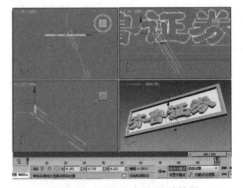

图10-4 调整文字位置后效果

**步骤3** 将时间滑块拖动至第0帧处，按【M】键打开【材质编辑器-边框】对话框，选择【边框】材质样本球，在【贴图】卷展栏中单击【反射】右侧的材质按钮，在【位图参数】卷展栏中勾选【应用】复选框，将【W】、【H】分别设置为0.167、0.135，如图10-5所示。将时间滑块拖动至第100帧处，将【W】、【H】都设置为1.0，效果如图10-6所示。

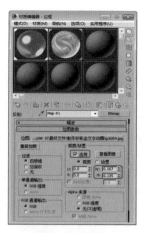

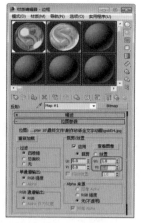

图10-5　在第0帧处设置W、H的参数　　　　图10-6　在第100帧处设置W、H的参数

步骤 4 将时间滑块拖动至第100帧处，再在【材质编辑器-背板】对话框中选择【背板】材质样本球，在【贴图】卷展栏中将【凹凸】右侧的数量设置为120，如图10-7所示。设置完成后，退出【材质编辑器】对话框，按【N】键关闭自动关键点记录模式，按【F9】键进行渲染，效果如图10-8所示。

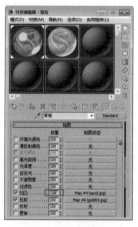

图10-7　设置凹凸数量

图10-8　渲染后的效果

 **实例89　弯曲修改器应用——卷页字动画**

本例将介绍利用文字工具输入文字，并为输入的文字指定【弯曲】修改器，然后通过记录修改器中心点的移动动作来产生最终的动画效果。

**学习目标**

掌握创建文字的方法

掌握使用【弯曲】修改器制作卷页文字的方法

掌握使用关键点制作背景动画的方法

**制作过程**

资源路径：案例文件\Chapter 10\最终文件\制作卷页字动画\制作卷页字动画.max

**步骤 1** 在学习制作卷页字动画的设置方法之前，先预览一下卷页字动画的最终效果，如图10-9所示。在【图形】对象面板中单击【文本】按钮，在【参数】卷展栏中将字体设置为【方正大黑简体】，将【大小】设置为75.0，在【文本】文本框中输入【一帆风顺】，然后在【前】视图中单击鼠标左键，即可创建文字，并将文本的颜色块定义为白色，如图10-10所示。

图10-9  卷页字动画最终效果

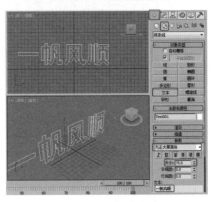

图10-10  创建文字

**步骤 2** 切换到【修改】命令面板，在修改器列表中选择【挤出】修改器。在【参数】卷展栏中将【数量】设置为1.0，如图10-11所示。在修改器列表中选择【弯曲】修改器，在【参数】卷展栏中，将【弯曲】选项组中的【角度】设置为-660.0，选中【弯曲轴】选项组中的【X】单选按钮，并勾选【限制】选项组中的【限制效果】复选框，最后将【上限】设置为460.0，如图10-12所示。

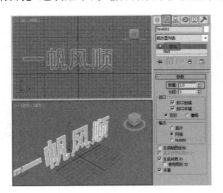

图10-11  设置挤出参数

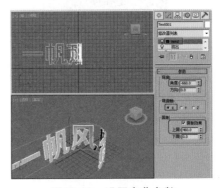

图10-12  设置弯曲参数

**步骤 3** 按【F8】键，打开【环境和效果】对话框，单击【背景】选项组中【环境贴图】下的【无】按钮，在打开的【材质/贴图浏览器】对话框中选择【位图】贴图，单击【确定】按钮。再在打开的对话框中选择贴图文件【背景.jpg】，单击【打开】按钮，如图10-13所示。按【M】键打开【材质编辑器】对话框，选择第一个样本球。在【环境和效果】对话框中，将环境贴图拖至样本球上，在弹出的对话框中选中【实例】单选按钮，单击【确定】按钮，如图10-14所示。

**步骤 4** 确定时间滑块位于第0帧处，单击【自动关键点】按钮，在【坐标】卷展栏中将【贴图】设置为【屏幕】，在【位图参数】卷展栏中勾选【裁剪/放置】选项组中的【应用】复选框，将【U】、【W】、【V】和【H】分别设置为0.127、0.781、0.167和0.661，单击【查看图像】按钮，可以查看裁剪的区域，如图10-15所示。将时间滑块移至第100帧处，在【材质编辑器】对话框中将【裁剪/放置】选项组中的【U】、【W】、【V】和【H】分别设置为0.0、1.0、0.0和1.0，单击【查看图像】按钮，可以查看裁剪的区域，如图10-16

所示。

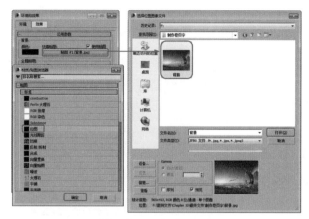

图10-13　选择环境贴图

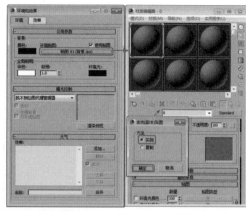

图10-14　拖动环境贴图并选择【实例】单选按钮

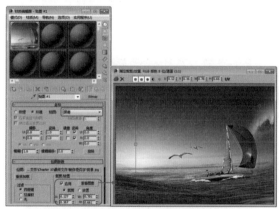

图10-15　设置贴图关键点

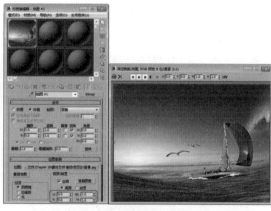

图10-16　设置第二个关键点

步骤 5 在【前】视图中选择输入的文字，将时间滑块移动到第0帧处，单击【自动关键点】按钮。切换到【修改】命令面板，将当前选择集定义为【Gizmo】，在【前】视图中向左调整轴，如图10-17所示。将时间滑块移至第90帧处，在【前】视图中沿*X*轴向右拖动鼠标，将卷曲的字展开，如图10-18所示。

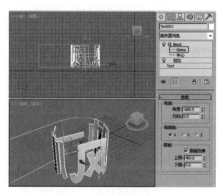

图10-17　调整轴位置

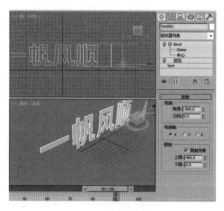

图10-18　在第90帧展开文字

步骤6 退出动画模式。在【摄影机】对象面板中单击【目标】按钮，然后在【顶】视图中创建一架摄影机，将【透视】视图激活，再按【C】键，将当前激活视图转换为摄影机视图，并在其他视图中调整摄影机的位置，如图10-19所示。按【F10】键快速打开【渲染设置】对话框，设置好渲染输出参数后渲染动画，当渲染到第20帧时，效果如图10-20所示。

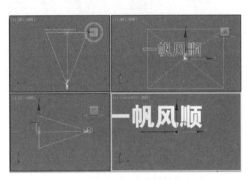

图10-19 创建并调整摄影机位置

图10-20 渲染到第20帧的效果

步骤7 当渲染到第40帧时效果如图10-21所示。当渲染到第100帧时效果如图10-22所示。

图10-21 渲染到第40帧的效果

图10-22 渲染到第100帧的效果

 实例90 聚光灯应用——激光文字动画

介绍如何创建激光文字，激光文字主要通过施加【挤出】修改器和为其设置动画来创建完成。

## 学习目标

掌握【挤出】修改器的应用

## 制作过程

资源路径：案例文件\Chapter 10\最终文件\制作激光文字动画\制作激光文字动画.max

步骤1 在制作激光文字之前，首先来预览一下激光文字的效果，如图10-23所示。选择【创建】|【图形】|【文本】命令，在【参数】卷展栏中单击【字体】右侧的下三角按钮，在弹出的下拉菜单中选择【经典特黑简】选项，将【大小】设置为100.0，在【文本】文本框中输入【正

点播报】，在【前】视图中单击鼠标左键创建文字，如图10-24所示。

图10-23　激光文字效果

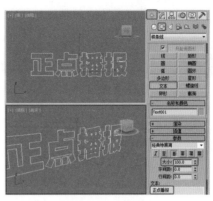

图10-24　创建文字

步骤2 选择【创建】|【图形】|【矩形】命令，在【前】视图中创建一个【长度】和【宽度】分别为450.0、650.0的矩形，如图10-25所示。确认所绘制的矩形处于选中的状态，右击，在弹出的快捷菜单中选择【转换为】|【转换为可编辑样条线】命令，切换至【修改】命令面板，将当期选择集定义为【线段】，在【几何体】卷展栏中单击【附加】按钮，在创建的文本上单击鼠标左键，对其进行附加操作，如图10-26所示。

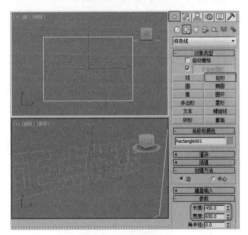

图10-25　创建矩形

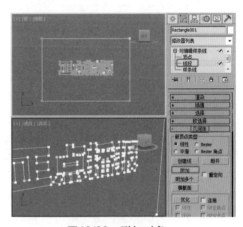

图10-26　附加对象

步骤3 在修改器下拉列表中选择【挤出】修改器，在【参数】卷展栏中的【数量】文本框中输入10.0，按【Enter】键确认，如图10-27所示。选择【创建】|【摄影机】|【标准】|【目标】命令，在【前】视图中创建一个摄影机，将【镜头】设置为40.0mm，如图10-28所示。

步骤4 选择创建的摄影机对象，在除【透】视图外的其他视图中调整摄影机的位置，激活【透】视图，然后按【C】键将当前激活的视图转换为摄影机视图，如图10-29所示。选择【创建】|【灯光】|【标准】|【目标聚光灯】命令，在【前】视图中创建一个目标聚光灯，在【常规参数】卷展栏中勾选【阴影】选项组中的【启用】复选框，如图10-30所示。

图10-27　选择【挤出】修改器

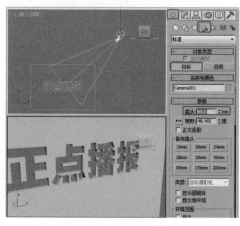

图10-28　创建目标摄影机

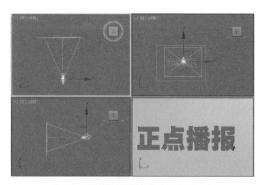

图10-29　转换的摄影机视图

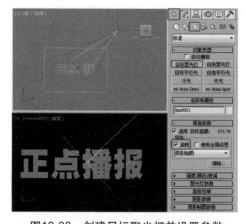

图10-30　创建目标聚光灯并设置参数

步骤5 进入【修改】命令面板，在【强度/颜色/衰减】卷展栏中单击【倍增】右侧的颜色框，在弹出的【颜色选择器：灯光颜色】对话框中将【红、绿、蓝】分别设置为253、131、0，如图10-31所示。单击【确定】按钮，单击【远距衰减】选项组中的【使用】复选框，在【开始】文本框中输入435.0，在【结束】文本框中输入654.0，在【聚光灯参数】卷展栏中的【聚光区/光束】和【衰减区/区域】文本框中分别输入21.4、37.0，如图10-32所示。

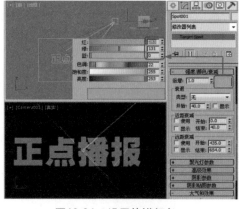

图10-31　设置倍增颜色

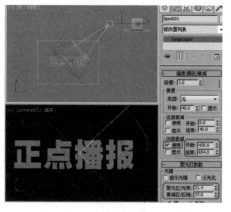

图10-32　设置目标聚光灯参数

步骤6 在【大气和效果】卷展栏中单击【添加】按钮，在弹出的【添加大气效果】对话框中选择【体积光】效果，单击【确定】按钮，在视图中调整目标聚光灯的位置，如图10-33所示。单击右下角的【时间配置】按钮，在弹出的对话框中将【动画】选项组中的【开始时间】和【结束时间】分别设置为0、50，如图10-34所示。

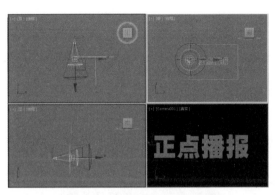

图10-33　调整目标聚光灯位置

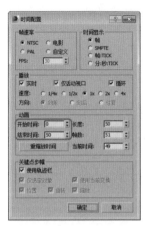

图10-34　设置开始和结束时间

步骤7 单击【确定】按钮，单击【自动关键点】按钮，开启动画记录模式，将时间滑块移动至第50帧处，在【前】视图中选择目标聚光灯沿X轴向右移动，添加关键点，如图10-35所示。设置完成后单击【自动关键点】按钮，退出记录动画模式，渲染第25帧位置的效果，如图10-36所示。

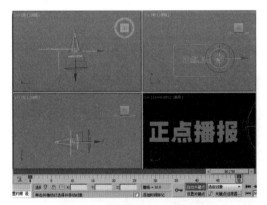

图10-35　在第50帧处添加关键点

图10-36　渲染第25帧位置效果

## 实例91　自动关键帧应用——文字标版动画

本例的制作非常简单，主要介绍了材质动画和摄影机动画，并通过【视频后期处理】对话框进行合成。

**学习目标**

掌握创建摄影机的方法
掌握制作关键帧动画的方法

## 制作过程

资源路径：案例文件\Chapter 10\原始文件\制作文字标版动画\制作文字标版动画.max

案例文件\Chapter 10\最终文件\制作文字标版动画\制作文字标版动画.max

**步骤 1** 在学习制作文字标版动画之前，先预览一下动画的最终效果，如图10-37所示。打开该动画的原始场景文件，如图10-38所示。

图10-37　动画最终效果　　　　　图10-38　打开原始场景文件

**步骤 2** 打开【材质编辑器】对话框，将动画时间滑块拖动至第200帧位置处，单击【自动关键点】按钮，在【金属基本参数】卷展栏中，将【反射高光】区域下的【高光级别】和【光泽度】分别设置为60、100，如图10-39所示。单击【自动关键点】按钮，退出动画模式，在【摄影机】对象面板中单击【目标】按钮，在【顶】视图中创建一架摄影机，在【参数】卷展栏中将【镜头】参数设置为23mm。激活【透视】视图，按【C】键将其转换为摄影机视图，并在其他视图中调整其位置，如图10-40所示。

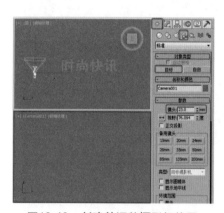

图10-39　设置【反射高光】参数　　　　图10-40　创建并调整摄影机位置

> 提示：之所以在此处创建并设置小镜头显示范围的摄影机，目的是将所要表现的对象进行特写。

**步骤 3** 选择【创建】|【辅助对象】|【标准】|【虚拟对象】命令，然后在【顶】视图中摄影机的右侧创建一个虚拟物体，如图10-41所示。首先在视图中选择摄影机，在工具栏中单击【选择并链接】按钮，然后在摄影机上单击鼠标左键并将其拖动至虚拟物体上，效果如图10-42所示。

图10-41　创建虚拟物体

图10-42　链接对象

**步骤4** 打开【自动关键点】按钮，将动画时间滑块拖动至第100帧位置处，在【顶】视图中向右移动虚拟物体，并通过摄影机视图观察最终的效果，如图10-43所示。退出动画模式，切换到【显示】命令面板，打开【按类别隐藏】参数卷展栏，勾选【辅助对象】复选框，将虚拟物体隐藏，效果如图10-44所示。

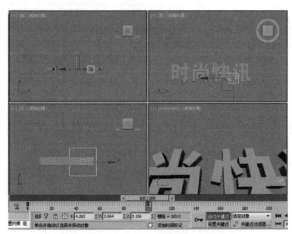

图10-43　虚拟物体最终动画效果

图10-44　隐藏虚拟物体

**步骤5** 在【摄影机】对象面板中单击【目标】按钮，在【顶】视图中创建一架摄影机，在【参数】卷展栏中将【镜头】参数设置为23。激活【前】视图，按【C】键将其转换为摄影机视图，并在其他视图中调整其位置，如图10-45所示。单击【自动关键点】按钮，将时间滑块拖动至第200帧位置处，并在视图中调整摄影机位置，如图10-46所示，然后在轨迹条中选择位于第0帧处的关键帧，将它移动至第100帧位置处。

**步骤6** 激活【Camera001】视图，然后在菜单栏中选择【渲染】|【视频后期处理】命令，弹出【视频后期处理】对话框，单击【添加场景事件】按钮，在打开的【添加场景事件】对话框中使用默认设置，单击【确定】按钮，添加场景事件，如图10-47所示。然后在【视频后期处理】对话框中选择【Camera001】摄影机第200帧处的关键点，并将其拖动至第100帧位置处，如图10-48所示。

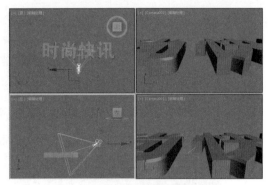

图10-45　创建并调整摄影机位置

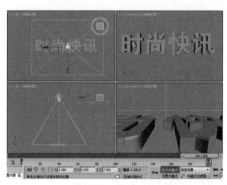

图10-46　在第200帧处调整摄影机位置

图10-47　添加场景事件

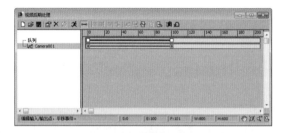

图10-48　调整关键帧

步骤 7 依照上述方法将第2个摄影机对象添加到【视频后期处理】对话框中，并将Camera002摄影机第0帧处的关键帧移动至第100帧位置处，如图10-49所示。然后在【视频后期处理】对话框中单击【执行序列】按钮 ，在弹出的对话框中设置场景的渲染输出参数，如图10-50所示。

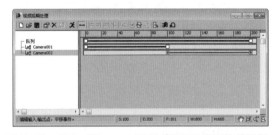

图10-49　添加【Camera002】摄影机并调整关键帧

图10-50　设置渲染输出参数

步骤 8 单击【渲染】按钮，渲染输出场景动画。当渲染到第100帧时，效果如图10-51所示。当渲染到第200帧时，效果如图10-52所示。

图10-51　渲染到第100帧的动画效果

图10-52　渲染到第200帧的动画效果

# 实例92 挤出修改器应用——光影文字动画

本例将介绍一个光影动画的制作方法。通过【文本】工具制作一个文字图形，并为文字设置厚度和【倒角】来制作产生光影的文字，然后制作一个相同的文字图形，为它指定【挤出】修改器和【锥化】修改器，通过材质来表现光影效果，再通过记录变换动画及修改器参数动画来完成最终的光影文字动画。

**学习目标**

掌握【倒角】的使用方法
掌握【挤出】和【锥化】的使用方法

**制作过程**

资源路径：案例文件\Chapter 10\最终文件\制作光影文字动画\制作光影文字动画.max

步骤1 在制作光影文字之前，先来预览一下最终的效果，如图10-53所示。新建一个空白场景文件，在场景中按【S】键打开三维捕捉，选择【创建】|【图形】|【样条线】命令，在【对象类型】卷展栏中选择【文本】选项，在【参数】卷展栏中将【字体】设置为【经典黑体简】，在【文本】下面的输入框中输入【光影播客】，如图10-54所示，然后在【前】视图中0坐标处单击创建【光影播客】文字标题，并将其命名为【光影播客】。

图10-53 光影文字最终效果

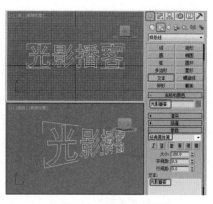

图10-54 设置文本属性

步骤2 关闭【三维开关】，确定文本处于选中的状态下，进入【修改】命令面板，在修改器列表中选择【倒角】修改器，在【倒角值】卷展栏中将【起始轮廓】设置为1.0，将【级别1】下的【高度】设置为12.0，勾选【级别2】复选框，将它下面的【高度】和【轮廓】分别设置为1.0和−1.0，如图10-55所示。在场景中创建一个目标摄影机，在【顶】视图中创建一个摄影机，切换至【修改】命令面板，在【参数】卷展栏中将【镜头】参数设置为35.0mm，并在除【透】视图外的其他视图中调整摄影机的位置，激活【透】视图，按【C】键将当前视图转换为摄影机视图，按【Shift+F】组合键为摄影机视图添加安全框，如图10-56所示。

步骤3 确定【光影播客】对象处于选中状态。按【M】键打开【材质编辑器】对话框。将第1个材质样本球命名为【光影播客】，在【明暗器基本参数】卷展栏中，将明暗器类型定义为【金属】。在【金属基本参数】卷展栏中，单击 按钮，解除【环境光】与【漫反射】的颜色锁定，将【环境光】的RGB值分别设置为0、0、0，单击【确定】按钮；将【漫反射】的RGB

值分别设置为255、255、255，单击【确定】按钮；将【反射高光】选项组中的【高光级别】、
【光泽度】均设置为100、100，如图10-57所示。打开【贴图】卷展栏，单击【反射】通道右
侧的【无】按钮，在打开的【材质/贴图浏览器】对话框中选择【位图】贴图，单击【确定】按
钮，然后在打开的对话框中选择配套资源中的案例文件\Chapter 10\最终文件\制作光影文字动画\
Gold04.jpg文件，如图10-58所示，单击【打开】按钮，打开位图文件。

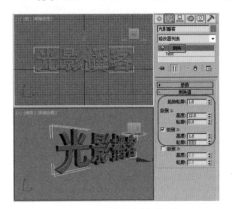

图10-55　设置倒角参数

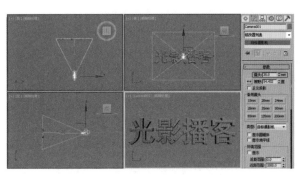

图10-56　为摄影机视图添加安全框

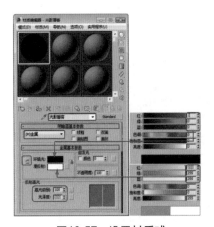

图10-57　设置材质球

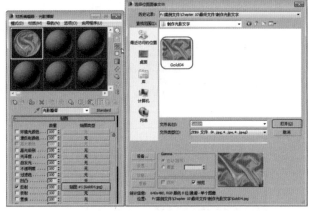

图10-58　选择位图素材文件

**步骤 4** 在【输出】卷展栏中，将【输出量】设置为1.2，按【Enter】键确认，然后在场景中
选择【光影播客】对象，单击【将材质指定给选定对象】按钮 ，然后单击【在视口中显示标
准贴图】按钮 ，将材质指定给【光影播客】对象，如图10-59所示。将时间滑块拖动至第100帧
位置处，然后单击【自动关键点】按钮，开启动画记录模式。在【坐标】卷展栏中将【偏移】下
的U、V值分别设置为0.2、0.1，如图10-60所示。

**步骤 5** 勾选【位图参数】卷展栏中的【应用】复选框，并单击【查看图像】按钮，在打开
的对话框中将当前贴图的有效区域进行设置，在设置完成后将其对话框关闭即可，并将【裁剪/
放置】选项组中的W、H分别设置为0.474、0.474，如图10-61所示。设置完成后，退出动画记录
模式。在场景中选择【光影播客】对象，按【Ctrl+V】组合键对它进行复制，在打开的【克隆选
项】对话框中，勾选【对象】选项组下的【复制】单选按钮，将新复制的对象重新命名为【光影
播客光影】，单击【确定】按钮，如图10-62所示。

图10-59 设置材质后的效果

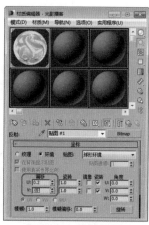

图10-60 设置偏移值

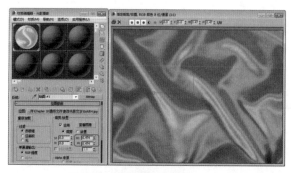

图10-61 设置位图参数

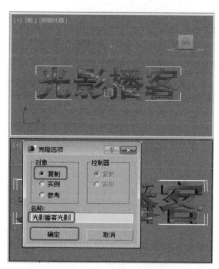

图10-62 复制对象并命名

步骤6 单击【修改】按钮，进入【修改】命令面板，在堆栈中选择【倒角】修改器，然后单击堆栈下的【从堆栈中移除修改器】按钮 ，将【倒角】删除。然后在【修改器列表】中选择【挤出】修改器，在【参数】卷展栏中将【数量】设置为500.0，按【Enter】键确认，取消勾选【封口】选项组中的【封口始端】与【封口末端】复选框，勾选【生成贴图坐标】复选框，如图10-63所示。确定【光影播客光影】对象处于选中状态，激活第2个材质样本球，将当前材质名称重新命名为【光影材质】。在【明暗器基本参数】卷展栏中勾选【双面】复选框。在【Blinn 基本参数】卷展栏中，将【环境光】和【漫反射】的RGB值分别设置为255、255、255，单击【确定】按钮；将【自发光】值设置为100，按【Enter】键确认；将【反射高光】选项组中的【光泽度】参数设置为0，按【Enter】键确认，如图10-64所示。

步骤7 打开【贴图】卷展栏，在其中单击【不透明度】通道右侧的【无】按钮，打开【材质/贴图浏览器】对话框，在该对话框中选择【遮罩】贴图，如图10-65所示。单击【确定】按钮，进入到【遮罩】二级材质设置面板中，首先单击贴图右侧的【无】按钮，在打开的【材质编辑器-光影材质】对话框中选择【棋盘格】选项，单击【确定】按钮，在打开的【棋盘格】层级材质面板中的【坐标】卷展栏中将【瓷砖】下的【U】和【V】分别设置为250.0和0.001，打开【噪波】参数卷展栏，勾选【启用】复选框，将【数量】设置为【5】，按【Enter】键确认，如图10-66所示。

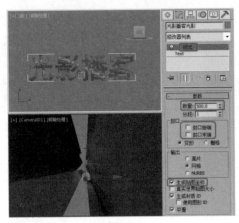

图10-63　设置挤出参数

图10-64　设置材质参数

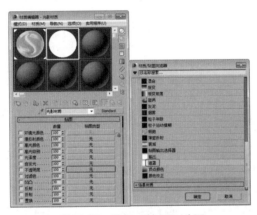

图10-65　选择【遮罩】贴图

图10-66　设置遮罩参数

步骤8　打开【棋盘格参数】卷展栏，将【柔化】值设置为0.01，按【Enter】键确认，将【颜色 #2】的RGB值分别设置为156、156、156，单击【确定】按钮，如图10-67所示。设置完毕后，选择【转到父对象】按钮，返回到遮罩层级。单击【遮罩】右侧的【无】按钮，在打开的【材质/贴图浏览器】对话框中选择【渐变】贴图，如图10-68所示。

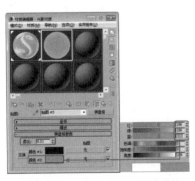

图10-67　设置【棋盘格参数】

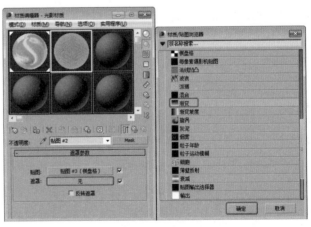

图10-68　选择【渐变】贴图

步骤 9 在打开的【渐变】层级材质面板中，打开【渐变参数】卷展栏，将【颜色 #2】的RGB值分别设置为0、0、0，将【噪波】选项组中的【数量】值设置为0.1，选中【分形】单选按钮，最后将【大小】设置为5.0，如图10-69所示。单击两次【转到父对象】按钮返回父级材质面板。在【材质编辑器】对话框中单击【将材质指定给选定的对象】按钮，将当前材质赋予视图中【光影播客光影】对象，设置完材质后，将时间滑块拖动至第60帧位置处，渲染该帧图像，效果如图10-70所示。

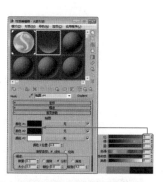

图10-69 设置渐变参数

图10-70 渲染第60帧图像效果

步骤 10 继续在【贴图】卷展栏中将【反射】的【数量】设置为5，并单击其后面的【无】按钮，在打开的【材质/贴图浏览器】对话框中选择【位图】贴图，在打开的对话框中选择配套资源中的案例文件\Chapter 10\最终文件\制作光影文字动画\Gold04、jpg文件，单击【确定】按钮，进入【位图】层级面板，在【输出】卷展栏中将【输出量】设置为1.35，如图10-71所示。在场景中选择【光影播客光影】对象，单击【修改】按钮，切换到修改命令面板，在【修改器列表】中选择【锥化】修改器，打开【参数】卷展栏，将【数量】设置为1.0，按【Enter】键确认，如图10-72所示。

步骤 11 在场景中选择【光影播客】和【光影播客光影】对象，在工具栏中单击【选择并移动】按钮，然后在【顶】视图中沿Y轴将选择的对象移至摄影机下方，如图10-73所示。将视口底端的时间滑块拖动至第60帧位置处，单击【自动关键点】按钮，开启动画记录模式，然后将选择的对象重新移动至移动前的位置处，如图10-74所示。

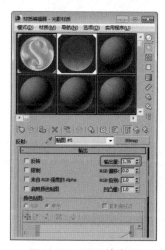

图10-71 设置输出量

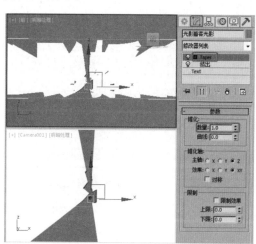

图10-72 设置【锥化】修改器参数

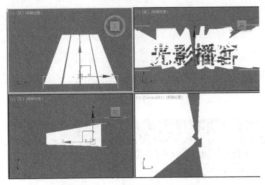

图10-73　调整所选对象位置

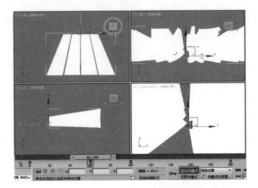

图10-74　在第60帧处调整对象位置

步骤 12 将时间滑块拖动至第80帧位置处，选择【光影播客光影】对象，在【修改】命令面板中将【锥化】修改器的【数量】值设置为0.0，按【Enter】键确认，如图10-75所示。确定当前帧仍然为第80帧。激活【顶】视图，在工具栏中右击【选择并非均匀缩放】按钮，在弹出的【缩放变换输入】对话框中设置【偏移：屏幕】选项组中的Y值为1，如图10-76所示。

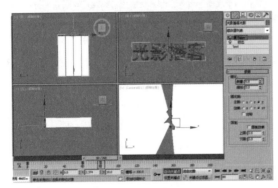

图10-75　设置数量值

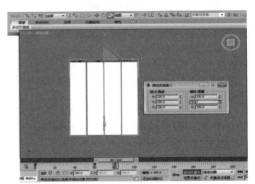

图10-76　设置缩放值

步骤 13 确定【光影播客光影】对象仍然处于选中状态。在工具栏中单击【曲线编辑器】按钮，打开【轨迹视图】对话框。选择【编辑器】|【摄影表】命令，如图10-77所示。在打开的【光影播客光影】序列下选择【变换】|【缩放】选项，将第0帧处的关键点移动至第60帧位置处，如图10-78所示。

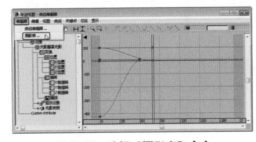

图10-77　选择【摄影表】命令

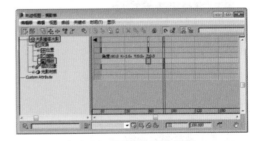

图10-78　调整关键点位置

步骤 14 为其设置环境背景效果，如图10-79所示。将时间滑块移动至第60帧位置，渲染该帧效果，如图10-80所示。

图10-79 设置环境背景效果

图10-80 渲染第60帧效果

## 实例93 路径变形器应用——书写文字动画

路径变形器可以将一个对象链接到路径上，然后使该对象沿路径进行运动，本例将通过字母L作为变形路径，然后使圆柱体沿该字母进行运动，最后在【视频后期处理】对话框中添加特效过滤器，从而达到霓虹与辉光发光效果。

### 学习目标

掌握路径变形器的使用方法

掌握自动关键点的设置

掌握【视频后期处理】对话框的使用

### 制作过程

资源路径：案例文件\Chapter 10\原始文件\制作书写文字动画\制作书写文字动画.max

案例文件\Chapter 10\最终文件\制作书写文字动画\制作书写文字动画.max

步骤1 在学习制作书写文字动画之前，先预览一下动画的最终效果，如图10-81所示。打开该动画的原始场景文件，如图10-82所示。

图10-81 动画最终效果

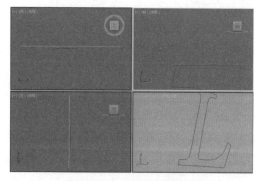

图10-82 打开原始场景文件

步骤2 选择【创建】|【几何体】|【扩展基本体】|【胶囊】命令，在【前】视图中创建一个胶囊，在【参数】卷展栏中将【半径】、【高度】分别设置为0.5、150.0，将边数设置为30，将【高度分段】设置为200，并将其命令为【圆柱01】如图10-83所示。切换至【修改】命令面板，

在【修改器列表】中选择【路径变形绑定（WSM）】修改器，在【参数】卷展栏中单击【拾取路径】按钮，然后在视图中选择L图形作为路径，单击【转到路径】按钮将胶囊移动至路径，如图10-84所示。

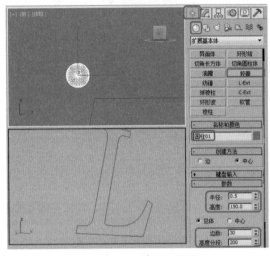

图10-83　设置胶囊参数　　　　　　　　　　图10-84　将胶囊移动至路径

步骤3　按【M】键打开【材质编辑器】对话框，将【路径】材质指定给胶囊，如图10-85所示。关闭【材质编辑器】对话框，选择【创建】|【几何体】|【粒子系统】|【超级喷射】命令，在【前】视图中创建一个超级喷射，并设置其参数如图10-86所示。

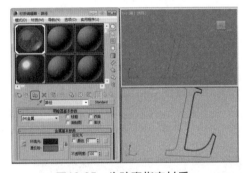

图10-85　为胶囊指定材质

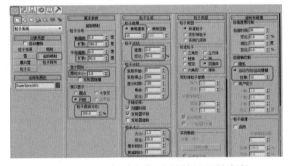

图10-86　创建超级喷射并设置其参数

步骤4　确认该对象处于选中状态，切换至【运动】命令面板，在【指定控制器】卷展栏中选择【位置：位置XYZ】，单击【指定控制器】按钮，在弹出的对话框中选择【路径约束】选项，如图10-87所示。单击【确定】按钮，在【路径参数】卷展栏中单击【添加路径】按钮，然后在视图中选择L图形作为路径，在【路径选项】区域下将【沿路径】设置为0.0%，并勾选【跟随】复选框，然后在【轴】区域下选择Z轴选项，效果如图10-88所示。

步骤5　将时间滑块拖动至第0帧处，按N键打开自动关键点记录模式，在视图中选择创建的胶囊对象，在【修改】命令面板中选择Capsule，在【参数】面板中将【高度】设置为2.0，如图10-89所示。将时间滑块拖动至第5帧处，将【高度】设置为16.0，如图10-90所示。

步骤6　将时间滑块拖动至第10帧处，将【高度】设置为29.0，如图10-91所示。添加其他关键帧，效果如图10-92所示，使用同样的方法调整对象的高度，退出动画模式。

图10-87 选择【路径约束】选项

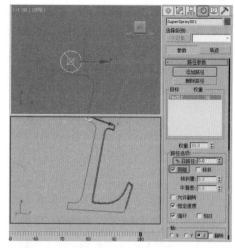

图10-88 设置【路径约束】参数

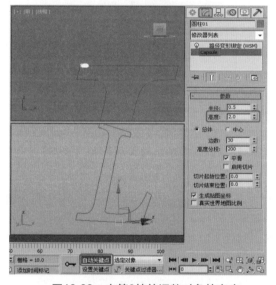

图10-89 在第0帧处调整对象的高度

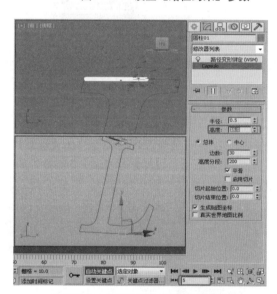

图10-90 在第5帧处调整对象的高度

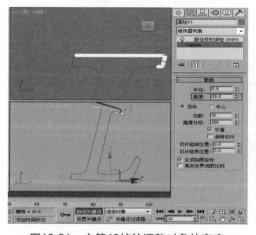

图10-91 在第10帧处调整对象的高度

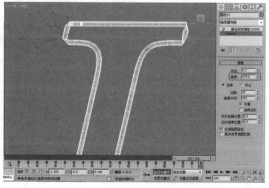

图10-92 添加其他关键帧

步骤7 选择【渲染】|【视频后期处理】命令，在弹出的对话框中添加两个【镜头效果光晕】过滤器和一个【镜头效果光斑】过滤器，双击第一个【镜头效果光晕】事件，在打开的对话框中单击【设置】按钮进入它的设置面板，单击【VP序列】和【预览】按钮，设置【对象ID】为1，如图10-93所示。选择【首选项】选项卡，选中【颜色】选项组中的【渐变】单选按钮，在【效果】选项组中将【大小】和【柔化】分别设置为1.1、5.0，如图10-94所示。

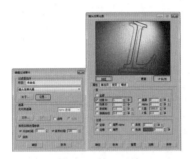

图10-93　设置【对象ID】

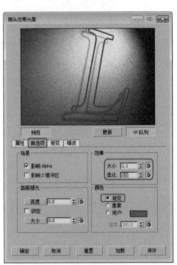

图10-94　设置【首选项】选项卡

步骤8 选择【噪波】选项卡，在【设置】选项组中将【运动】和【质量】分别设置为2.0和5，并勾选【红】、【绿】和【蓝】3个复选框，在【参数】选项组中将【大小】和【速度】分别设置为6.0、2.0，如图10-95所示。完成设置后单击【确定】按钮返回【视频后期处理】对话框，双击第2个【镜头效果光晕】事件，在打开的对话框中单击【设置】按钮进入它的设置面板，单击【VP序列】和【预览】按钮，在【属性】面板中将【对象 ID】设置为2；选择【首选项】选项卡，在【效果】选项组中将【大小】设置为1.5，在【颜色】选项组中勾选【像素】单选按钮，并将【强度】设置为20.0，如图10-96所示，完成设置后单击【确定】按钮返回【视频后期处理】对话框。

图10-95　设置【噪波】选项卡

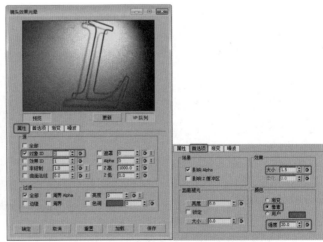

图10-96　设置第2个镜头光晕参数

步骤9 双击【镜头效果光斑】事件，在打开的对话框中单击【设置】按钮进入它的设置面板，单击【VP序列】和【预览】按钮，单击【节点源】按钮，在打开的对话框中选择【SuperSpray001】选项，如图10-97所示，单击【确定】按钮将粒子系统作为发光源，在【首选项】选项卡中只勾选【光晕】、【射线】后面两个复选框，取消其他复选框的勾选，如图10-98所示。

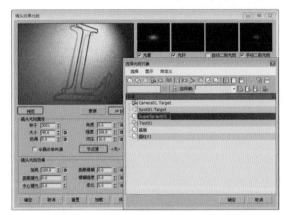

图10-97 选择节点源

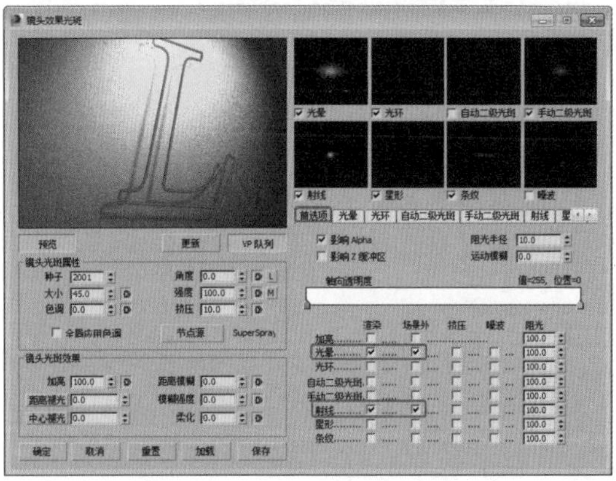

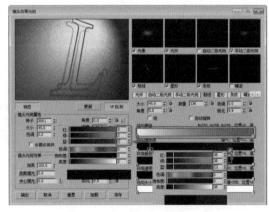

图10-98 设置【首选项】选项卡

步骤10 选择【光晕】选项卡，将【大小】值设置为45.0，然后根据图10-99所示设置它的颜色，选择【射线】选项卡，将【大小】、【数量】和【锐化】分别设置为45.0、136和9.9，然后将【径向颜色】左侧颜色设置为白色，将右侧的颜色设置为红色，再根据图10-100所示设置它的颜色。

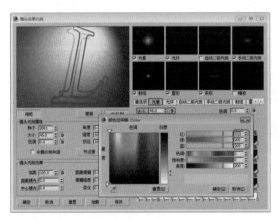

图10-99 设置【光晕】选项卡

图10-100 设置【射线】选项卡

步骤11 设置完成后，单击【确定】按钮，动画渲染到第25帧时，效果如图10-101所示。动画渲染到第75帧时，效果如图10-102所示。

图10-101 渲染到第25帧的动画效果

图10-102 渲染到第75帧的动画效果

# 实例94    粒子阵列应用——火焰崩裂文字动画

本例将介绍一个火焰崩裂动画的制作方法。使用【倒角】修改器生成镂空模型，利用【粒子阵列】产生文字爆炸的碎片。然后使用【镜头效果光晕】特效过滤器进行处理，产生燃烧效果。通过设置【体积光】效果表现文字炸裂过程中所呈现的光芒。

## 学习目标

掌握【倒角】的使用方法

掌握【镜头效果光晕】特效的使用方法

## 制作过程

资源路径：案例文件\Chapter 10\最终文件\制作火焰崩裂文字动画\制作火焰崩裂文字动画.max

案例文件\Chapter 10\最终文件\制作火焰崩裂文字动画\制作火焰崩裂文字动画.max

**步骤1** 在学习制作火焰崩裂文字动画之前，先预览一下动画的最终效果，如图10-103所示。打开该动画的原始场景文件，如图10-104所示。

图10-103　动画最终效果

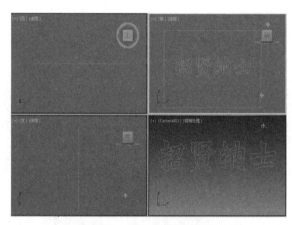

图10-104　设打开的原始场景文件

**步骤2** 选中【镂空文字】对象。在修改器列表中选择【倒角】修改器，制作镂空的文字效果。在【倒角值】卷展栏中，将【级别1】下的【高度】和【轮廓】设置为15.0、-1.0；勾选【级别2】复选框，将【高度】和【轮廓】分别设置为2.0和-1.0，勾选【相交】选项组中的【避免线相交】复选框，如图10-105所示。

**步骤3** 确定【镂空文字】处于选择状态，按【Ctrl+V】组合键，在打开的【克隆选项】对话框中选中【复制】单选按钮，并将当前复制的新对象重新命名为【遮挡文字】，最后单击【确定】按钮，如图10-106所示。

提示：勾选【避免线相交】选项是为了避免尖锐折角产生突出变形。

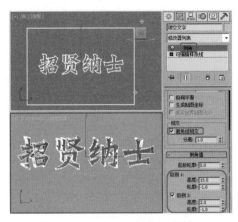

图10-105　设置【倒角】参数

图10-106　复制【镂空文字】

步骤4 确定新复制的对象处于选择状态，返回到【编辑样条线】堆栈层，将当前选择集定义为【样条线】，在视图中选择【遮挡文字】对象外侧的矩形样条曲线，按【Delete】键，将其删除，如图10-107所示。然后关闭当前选择集，返回到【倒角】堆栈层，这样就得到实体文字。

步骤5 确定【遮挡文字】对象处于选择状态，将【倒角值】卷展栏中的【级别1】下的【高度】和【轮廓】都设置为0.0，并取消【级别2】复选框的勾选，如图10-108所示。

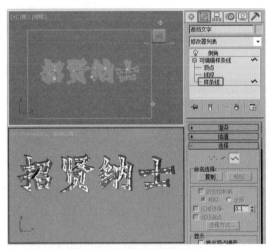

图10-107　选择【样条曲线】

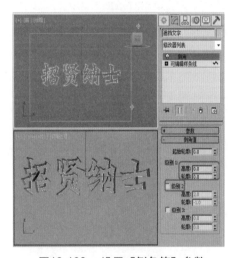

图10-108　设置【倒角值】参数

步骤6 确定【遮挡文字】对象处于选择状态，按【Ctrl+V】组合键，在打开的【克隆选项】对话框中在【对象】中选中【复制】单选按钮，将新对象重新命名为【粒子文字】，最后单击【确定】按钮，如图10-109所示。

步骤7 选择【遮挡文字】对象，在工具栏中选择【曲线编辑器】工具，打开【轨迹视图-曲线编辑器】对话框，在左侧的列表中选择【遮挡文字】，然后在菜单中选择【编辑】|【可见性轨迹】|【添加】命令，为【遮挡文字】添加一个可视性轨迹，如图10-110所示。

步骤8 在左侧的列表中选择新添加的【可见性】，选择工具栏中的【添加关键点】工具，在第0帧、第10帧和第11帧处各添加一个关键点，其中前两个关键点的值都是1。添加完第11帧处的关键帧后，在轨迹视图底部的文本框中输入0，如图10-111所示。然后关闭【轨迹视图-曲线编辑器】对话框。

图10-109　复制【遮挡文字】

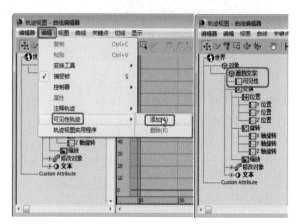

图10-110　添加可视性轨迹

> 提示：在添加的可见性轨迹中，1表示物体对象可见，0表示物体对象不可见。

**步骤9** 选择【创建】|【几何体】|【粒子系统】|【粒子阵列】工具，在【顶】视图中创建一个粒子阵列系统。切换到【修改】命令面板，在【基本参数】卷展栏中单击【基于对象的发射器】选项组中的【拾取对象】按钮。按【H】键，在打开的【拾取对象】对话框中选择【粒子文字】对象，单击【拾取】按钮，如图10-112所示。

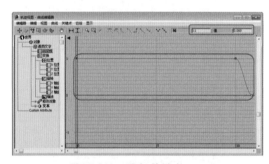

图10-111　添加关键点

图10-112　拾取【粒子文字】

**步骤10** 在【基本参数】卷展栏中，在【视口显示】选项组中选中【网格】单选按钮，这样在视图中会看到以网格物体显示的粒子碎块、，如图10-113所示。在【粒子生成】卷展栏中，将【粒子运动】选项组中的【速度】、【变化】和【散度】分别设置为5.0、45.0%和32.0度。将【粒子计时】选项组中的【发射开始】、【显示时限】和【寿命】分别设置为10、125和125。将【唯一性】选项组中的【种子】设置为24 567。在【粒子类型】卷展栏中，选中【对象碎片】单选按钮。将【对象碎片控制】选项组中的【厚度】设置为5.0，选中【碎片数目】单选按钮。在【旋转和碰撞】卷展栏中，将【自旋速度控制】选项组中的【自旋时间】设置为40，将【变化】设置为15.0%，如图10-114所示。

**步骤11** 粒子系统设置完成后，在选择【粒子文字】对象，选择【倒角】修改器右击将【倒角】修改器删除，如图10-115所示。选择粒子系统，右击，在弹出的快捷菜单中选择【对象属性】命令，在打开的对话框中将【对象ID】设置为1，在【运动模糊】选项组中选中【图像】单选按钮，单击【确定】按钮，如图10-116所示。

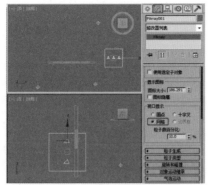

图10-113 单击【网格】按钮

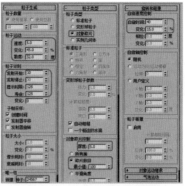

图10-114 设置粒子参数

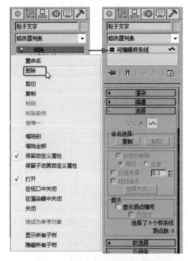

图10-115 删除【倒角】修改器

图10-116 设置【对象属性】

步骤12 打开【材质编辑器】，选择【文本】样本球，按【H】键，在打开的对话框中选择【PArray001】、【粒子文字】、【镂空文字】和【遮挡文字】的对象，单击【将材质指定给选定对象】按钮，为选择的对象制定文字材质，如图10-117所示。

步骤13 关闭【材质编辑器】，选择【创建】|【灯光】|【标准】|【目标聚光灯】工具，在【顶】视图中从上往下拖动鼠标创建一盏目标聚光灯。在【常规参数】卷展栏中，勾选【阴影】选项组中的【启用】复选框。在【强度/颜色/衰减】卷展栏中，将【倍增】设置为2，将灯光颜色的RGB设置为255、240、69；勾选【远距衰减】选项组中的【使用】和【显示】复选框，将【开始】和【结束】分别设置为394和729。在【聚光灯参数】卷展栏中，将【光锥】选项组中的【聚光区/光束】和【衰减区/区域】分别设置为15.6和22.1，选中【矩形】单选按钮，将【纵横比】设置为3.5，如图10-118所示。

步骤14 打开【高级效果】卷展栏，在【投影贴图】选项组中勾选【贴图】复选框，并单击【无】按钮，在打开的【材质/贴图浏览器】对话框中选择【噪波】贴图，并单击【确定】按钮。打开【材质编辑器】，并激活第二个样本球，将【噪波】贴图拖动至【材质编辑器】中第二个材质样本球上，然后在打开的【实例（副本）贴图】对话框中选中【实例】单选按钮，最后单击【确定】按钮。在【坐标】卷展栏中，将【模糊】设置为2.5，将【模糊偏移】设置为5.4，在【噪波参数】卷展栏中，将【大小】设置为32.0，将【颜色#1】的RGB设置为255、48、0，将

【颜色#2】的RGB设置为255、255、0，效果如图10-119所示。

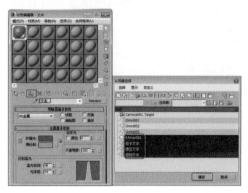

图10-117　将材质指定给选定对象　　　　　图10-118　设置目标聚光灯并设置其参数

步骤15 关闭【材质编辑器】。按【8】键，打开【环境和效果】对话框，在【大气】卷展栏中单击【添加】按钮，在打开的对话框中选择【体积光】，单击【确定】按钮，添加一个体积光。在【体积光参数】卷展栏中，单击【拾取灯光】按钮，然后在场景中选择【Spot001】。将【雾颜色】的RGB设置为255、242、135，将【衰减倍增】设置为0.0，如图10-120所示。然后关闭【环境和效果】对话框。

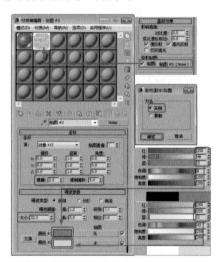

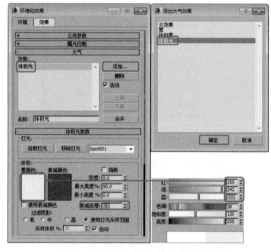

图10-119　动画最终效果　　　　　　　图10-120　设打开的原始场景文件

步骤16 调整目光聚光灯的位置，在场景中选择【Spot001】对象，单击【自动关键点】按钮，将时间滑块移动到第40帧位置处。在【强度/颜色/衰减】卷展栏中，将【远距衰减】选项组中的【开始】和【结束】分别设置为500.0和800.0，如图10-121所示。

步骤17 将时间滑块移动至第65帧位置处，将【开始】和【结束】分别设置为320.0和560.0，如图10-122所示。

步骤18 将时间滑块移动至第85帧位置处，将【开始】和【结束】都设置为0.0，如图10-123所示，然后关闭【自动关键点】按钮。

步骤19 选择【创建】|【辅助对象】|【大气装置】|【球体Gizmo】工具，在【顶】视图中创建一个【球体Gizmo】，并将【半径】设置为50.0，勾选【半球】复选框，使当前所创建的圆球线框形成一个半球，如图10-124所示。

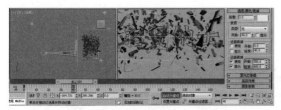

图10-121 设置40帧处的参数

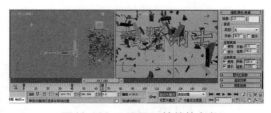

图10-122 设置65帧处的参数

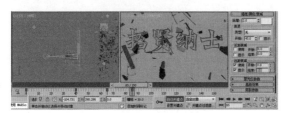

图10-123 设置85帧处的参数

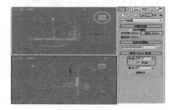

图10-124 创建半球体

步骤20 选择【选择并移动】工具，调整【球体Gizmo】的位置，右击【选择并非均匀缩放】工具，在弹出的对话框中将【偏移：屏幕】选项组中的【Y】设置为240，如图10-125所示。

步骤21 选择【选择并移动】工具，并按【Shift】键，选择【球体Gizmo】，在【前】视图中沿X轴并将其向左方移动，然后释放鼠标，在打开的【克隆选项】对话框中，选择【对象】选项组中选中【实例】单选按钮，将【副本数】设置为3，最后单击【确定】按钮，如图10-126所示。

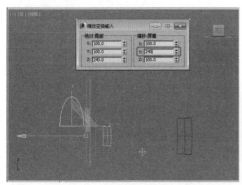

图10-125 将半球进行缩放

图10-126 复制半球

步骤22 打开【环境和效果】对话框，在【大气】卷展栏中单击【添加】按钮，在打开的对话框中选择【火效果】，单击【确定】按钮，添加一个火效果，在【火效果参数】展栏中，单击【拾取 Gizmo】按钮，然后在场景中选择4个半球线框。在【颜色】选项组中，将【内部颜色】的RGB设置为242、233、0，将【外部颜色】的RGB设置为216、16、0。在【图形】选项组中，在【火焰类型】选项中选中【火舌】单选按钮，将【规则性】设置0.3。在【特性】选项组中，将【火焰大小】设置为20.0，将【火焰细节】设置为10.0，将【采样数】设置为20，如图10-127所示。

步骤23 单击【自动关键点】按钮，将时间滑块移动至第150帧位置处，将【动态】选项组中的【相位】设置为180.0，如图10-128所示。然后关闭【自动关键点】按钮。

步骤24 选择【渲染】|【视频后期处理】命令，在弹出的对话框中添加一个【Camera01】场景事件和一个【镜头效果光晕】过滤事件，如图10-129所示。

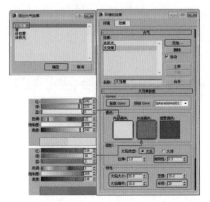

图10-127 设置【火效果】并设置其参数

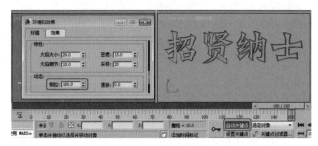

图10-128 设置【相位】

步骤25 双击添加的【镜头效果光晕】过滤事件, 在弹出的对话框中单击【设置】按钮, 进入【镜头效果光晕】对话框, 单击【VP队列】和【预览】按钮, 在【属性】选项卡中使用默认设置。进入【首选项】选项卡, 将【效果】选项组中的【大小】设置为2.0。在【颜色】选项组中选中【用户】单选按钮, 将【颜色】的RGB设置为255、85、0, 将【强度】设置为40.0。进入【噪波】选项卡, 选中【电弧】单选按钮。将【运动】和【质量】分别设置为0.0和10。勾选【红】、【绿】和【蓝】3个复选框, 将【大小】和【速度】分别设置为20.0和0.2, 将【基准】设置为60.0, 最后单击【确定】按钮, 如图10-130所示。

图10-129 添加过滤事件

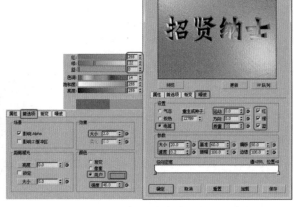

图10-130 设置【镜头效果光晕】参数

步骤26 单击【添加图像输出事件】按钮, 在弹出的【添加图像输出事件】对话框中, 单击【文件】按钮, 选择文件输出位置, 然后单击【确定】按钮。单击【执行序列】按钮, 在弹出的对话框中设置场景的渲染输出参数, 然后单击【渲染】按钮, 如图10-131所示。最后将场景文件进行保存。按【F9】键进行渲染, 渲染效果如图10-132所示。

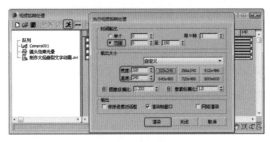

图10-131 设置渲染参数

图10-132 渲染效果

# 实例95　自动关键点应用——文字动画

本例将介绍使用自动关键点制作文字动画的制作方法。通过【文本】工具制作一个文字图形并为其指定材质，创建摄影机和灯光调整视角，通过【环境和效果】对话框添加环境贴图设置背景图案。

### 学习目标

掌握【倒角】的使用方法

掌握创建摄影机和灯光的使用方法

### 制作过程

资源路径：案例文件\Chapter 10\最终文件\制作文字动画\制作文字动画.max

案例文件\Chapter 10\最终文件\制作文字动画\制作文字动画.max

**步骤1** 在制作文字动画之前，先预览一下电光文字的效果，如图10-133所示。在动画控制区域中单击【时间配置】按钮，在打开的对话框中将【动画】选项组中的【长度】设置为330，如图10-134所示。

图10-133　最终效果

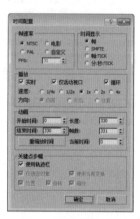

图10-134　设置【事件配置】

**步骤2** 设置完成后，单击【确定】按钮，选择【创建】|【图形】|【文本】工具，在【参数】卷展栏中将【字体】设置为【汉仪书魂体简】，在【文本】文本框中输入【时空在线】，在【前】视图中单击鼠标创建文本，并将其命名为【时空在线】，如图10-135所示。

**步骤3** 选择【修改】命令面板，在修改器下拉列表中选择【倒角】修改器，在【参数】卷展栏中取消勾选【生成贴图坐标】复选框，在【相交】选项组中勾选【避免线相交】复选框，在【倒角值】卷展栏中将【级别1】下的【高度】设置为4.0，勾选【级别2】复选框，将【高度】和【轮廓】分别设置为1.0和-1.0，如图10-136所示。

**步骤4** 设置完成后，再在修改器下拉列表中选择【UVW贴图】修改器，并使用其默认参数，效果如图10-137所示。

> 提示：在【UVW贴图】修改器的【参数】卷展栏中【分离】是指将两个边界之间保持的距离间隔，以免越界交叉。

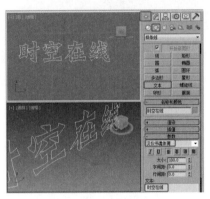

图10-135　创建文本

图10-136　设置【倒角】修改器

■ 步骤5 确认该对象处于选中状态，按【Ctrl+V】组合键，在弹出的对话框中选中【复制】单选按钮，如图10-138所示。

图10-137　选择【UVW贴图】修改器

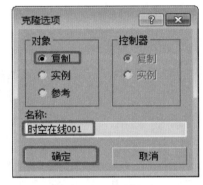

图10-138　复制文本

■ 步骤6 单击【确定】按钮，确认复制后的对象处于选中状态，在【修改】命令面板中按住【Ctrl】键选择【UVW贴图】和【倒角】修改器，右击，在弹出的快捷菜单中选择【删除】命令，如图10-139所示。

■ 步骤7 选中复制的对象，右击，在弹出的快捷菜单中选择【转换为】|【转换为可编辑样条线】命令，如图10-140所示。

图10-139　删除UVW贴图】和【倒角】修改器

图10-140　转换为可编辑样条线

步骤8 转换完成后，在【渲染】卷展栏中勾选【在渲染中启用】和【在视口中启用】复选框，将【厚度】设置2.0，如图10-141所示。

步骤9 选择【创建】|【图形】|【文本】工具，在【参数】卷展栏中将【字体】设置为【Vijaya Bold】，将【大小】和【字间距】分别设置为55.0、5.0，在【文本】文本框中输入【space time online】，然后在【前】视图中单击鼠标左键创建文本，并调整文本的位置，将其命名为【字母】，如图10-142所示。

图10-141 设置【渲染】卷展栏参数

图10-142 创建文本

步骤10 切换至【修改】命令面板中，在【渲染】卷展栏中取消勾选【在渲染中启用】和【在视口中启用】复选框，效果如图10-143所示。

步骤11 在修改器下拉列表中选择【挤出】修改器，在【参数】卷展栏中将【数量】设置为5.0，勾选【生成贴图坐标】复选框，如图10-144所示。

图10-143 设置【渲染】卷展栏参数

图10-144 【挤出】修改器

步骤12 确认该对象处于选中状态，按【Ctrl+V】组合键，在弹出的对话框中选中【复制】单选按钮，如图10-145所示。

步骤13 单击【确定】按钮，确认复制后的对象处于选中状态，将【挤出】修改器删除。在修改器下拉列表中选择【编辑样条线】修改器，将当前选择集定义为【样条线】，在视图中框选选中样条线，在【几何体】卷展栏中将【轮廓】设置为-0.8，如图10-146所示。

图10-145　复制文本

图10-146　设置轮廓

步骤14 调整完成后，将当前选择集关闭，在【修改】命令面板中选择【挤出】修改器，使用其默认参数即可，如图10-147所示。

步骤15 按H键，在弹出的对话框中选择【时空在线】和【字母】对象，如图10-148所示。

图10-147　选择【挤出】修改器

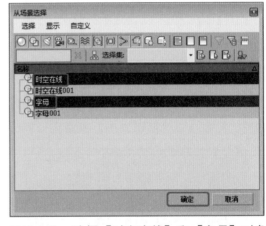

图10-148　选择【时空在线】和【字母】对象

步骤16 单击【确定】按钮，按【M】键，打开【材质编辑器】对话框，选择一个新的材质样本球，将其命名为【标题】，然后单击右侧的【Standard】按钮，在弹出的对话框中选择【混合】贴图，单击【确定】按钮，在弹出的【替换材质】对话框中单击【将旧材质保存为子材质？】单选按钮，单击【确定】按钮，如图10-149所示。

步骤17 在【混合基本参数】卷展栏中，单击【材质1】通道后面材质按钮，进入材质1的通道。在【Blinn基本参数】卷展栏中单击【环境光】左侧的按钮，取消颜色的锁定，将【环境光】的RGB值设置为0、0、0，将【漫反射】的RGB值设置为128、128、128，将【不透明度】设置为0；在【反射高光】选项组中将【光泽度】设置为0，如图10-150所示。

步骤18 设置完成后，单击【转到父对象】按钮，在【混合基本参数】卷展栏中单击【材质2】右侧的材质通道按钮，在【明暗器基本参数】卷展栏中将【明暗器类型】设置为【金属】，在【金属基本参数】卷展栏中单击【环境光】左侧的按钮，取消颜色的锁定，将【环境光】的RGB值设置为118、118、118，将【漫反射】的RGB值设置为255、255、255，将【不透明度】设置为0；

在【反射高光】选项组中将【高光级别】和【光泽度】分别设置为120和65，如图10-151所示。

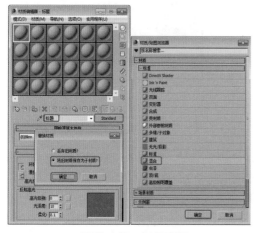
图10-149　指定贴图

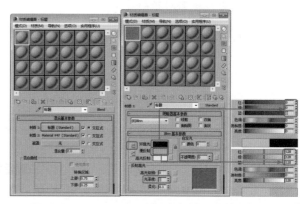
图10-150　设置【混合基本参数】卷展栏参数

步骤19 在【贴图】卷展栏中单击【漫反射颜色】后面的【无】按钮，在打开的【材质/贴图浏览器】对话框中选择【位图】贴图，单击【确定】按钮。在打开的对话框中选择配套资源中的Map\Metal01.tif文件，单击【打开】按钮，在【坐标】卷展栏中将【瓷砖】下的U和V都设置为0.08，如图10-152所示。

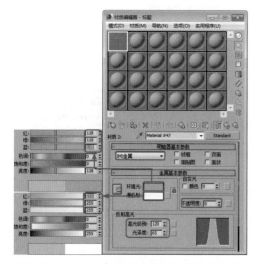
图10-151　设置【金属基本参数】卷展栏参数

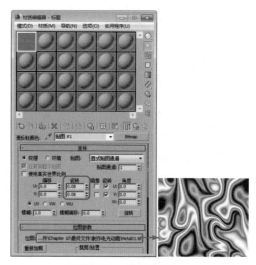
图10-152　选择位图

步骤20 单击【转到父对象】按钮，将【凹凸】右侧的【数量】设置为15，如图10-153所示。

步骤21 单击其后面的【无】按钮，在打开的【材质/贴图浏览器】对话框中选择【噪波】贴图，进入【噪波】贴图层级。在【噪波参数】卷展栏中选中【分形】单选按钮，将【大小】设置为0.5，将【颜色#1】的RGB值设置为134、134、134，如图10-154所示。

步骤22 单击两次【转到父对象】按钮，单击【遮罩】通道右侧的【无】按钮，在弹出的【材质/贴图浏览器】对话框中选择【渐变坡度】选项，如图10-155所示。

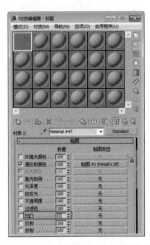

图10-153 设置【凹凸】的数量

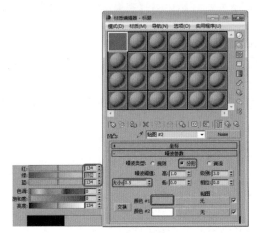

图10-154 设置【噪波参数】卷展栏参数

■■■ 步骤23 单击【确定】按钮，在【渐变坡度参数】卷展栏中将【位置】为第50帧的色标滑动到第95帧位置处，并将其RGB值设置为0、0、0，在【位置】为第97帧处添加一个色标，并将其RGB值设置为255、255、255；在【噪波】选项组中将【数量】设置为0.01，选中【分形】单选按钮，如图10-156所示。

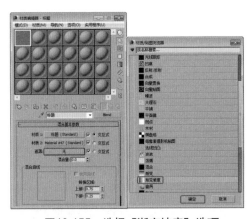

图10-155 选择【渐变坡度】选项

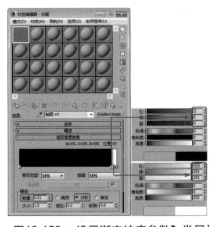

图10-156 设置渐变坡度参数】卷展栏

■■■ 步骤24 设置完毕后，将时间滑块移动到第150帧位置处，单击【自动关键点】按钮，将【位置】为第95帧处的色标移动至1位置处，将第97帧位置处的色标移动至第2帧位置处，如图10-157所示。

■■■ 步骤25 关闭自动关键点记录模式，选择【图形编辑器】|【轨迹视图-摄影表】命令，即可打开【轨迹视图-摄影表】对话框，如图10-158所示。

■■■ 步骤26 在面板左侧的序列中打开【材质编辑器材质】|【标题】|【遮罩】|【Gradient Ramp】，将0帧处的关键帧移动至第95帧位置处，如图10-159所示。

■■■ 步骤27 调整完成后，将该对话框关闭，在【材质编辑器】对话框中将设置完成后的材质指定给选定对象，指定完成后，在菜单栏中选择【编辑】|【反选】命令，如图10-160所示。

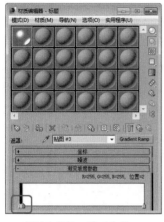

图10-157 移动色标

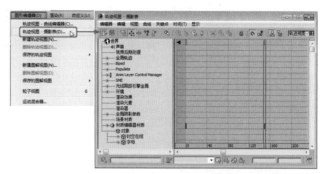

图10-158 打开【轨迹视图-摄影表】对话框

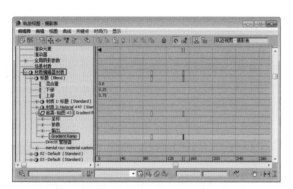

图10-159 选择【Gradient Ramp】

图10-160 选择【反选】命令

步骤28 再在材质编辑器对话框中选择一个材质样本球，将其命名为【文字轮廓】，在【明暗器基本参数】卷展栏中将明暗器类型设置为【金属】，在【金属基本参数】卷展栏中单击【环境光】右侧的按钮，取消颜色的锁定，将【环境光】的RGB值设置为77、77、77，将【漫反射】的RGB值设置为178、178、178；在【反射高光】选项组中的【高光级别】和【光泽度】分别设置为75和51，如图10-161所示。

步骤29 在【贴图】卷展栏中将【反射】后面的【数量】设置为80，单击其右侧的【无】按钮，在打开的【材质/贴图浏览器】对话框中选择【位图】贴图，如图10-162所示。

步骤30 单击【确定】按钮。在打开的对话框中选择配套资源中的CDROM\Map\Metals.jpg文件，单击【打开】按钮，在【坐标】卷展栏中将【瓷砖】下的U和V分别设置为0.5和0.2，如图10-163所示。

步骤31 单击【转到父对象】按钮，返回到上一层级，将设置完成后的材质指定给选定对象，将材质编辑器对话框关闭，指定材质后的效果如图10-164所示。

步骤32 在视图中选择所有的【时空在线】对象，选择【组】|【组】命令，在弹出的对话框中将【组名】命名为【文字标题】，如图10-165所示，然后单击【确定】按钮。

步骤33 按【Ctrl+I】组合键进行反选，选择【组】|【组】命令，在弹出的对话框中将【组名】命名为【字母标题】，如图10-166所示，单击【确定】按钮。

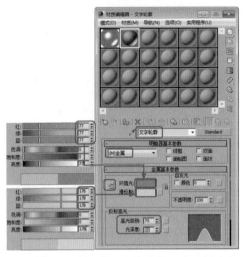

图10-161　设置【金属基本参数】卷展栏参数

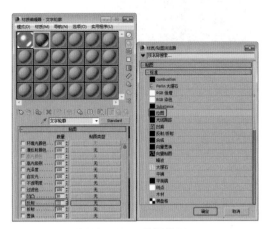

图10-162　选择位图

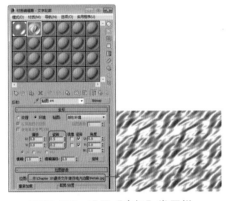

图10-163　设置【坐标】卷展栏

图10-164　指定材质后的效果

图10-165　命名组名为【文字标题】

图10-166　命名组名为【字母标题】

步骤34　在视图中调整两个对象的位置，选择【创建】|【摄影机】|【目标】摄影机，在【顶】视图中创建一架摄影机，激活【透视】视图，按【C】键，将当前视图转换为【摄影机】视图，切换至【修改】命令面板，在【环境范围】选项组中勾选【显示】复选框，将【近距范围】和【远距范围】分别设置为8.0和811.0，将【目标距离】设置为533.0，然后在场景中调整摄影机的位置，如图10-167所示。

步骤35　激活摄影机视图，在菜单栏中选择【视图】|【视口配置】命令，如图10-168所示。

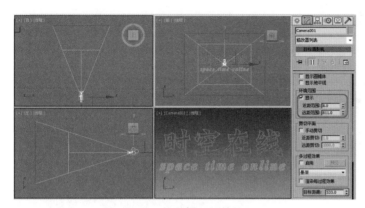

图10-167 调整摄影机的位置　　　　　　　　图10-168 选择【视口配置】命令

 步骤36 在弹出的对话框中选择【安全框】选项卡，勾选【动作安全区】和【标题安全区】复选框，在【应用】选项组中勾选【在活动视图中显示安全框】复选框，单击【应用】按钮，如图10-169所示。

步骤37 设置完成后，单击【确定】按钮，选择【创建】|【灯光】|【标准】|【泛光】工具，在【顶】视图中创建一盏泛光灯，在视图中调整灯光的位置，如图10-170所示。

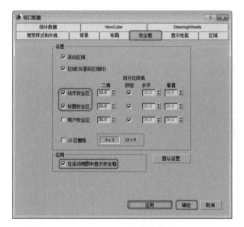

图10-169 设置【安全框】选项卡

图10-170 创建泛光灯

步骤38 确认该灯光处于选中状态，切换至【修改】命令面板中，在【常规参数】卷展栏中取消勾选【阴影】选项组中的【启用】和【使用全局设置】复选框，将【阴影类型】设置为【阴影贴图】，如图10-171所示。

步骤39 使用同样的方法继续创建一盏泛光灯，切换至【修改】命令面板，在【常规参数】卷展栏中取消勾选【阴影】选项组中的【启用】和【使用全局设置】复选框，将【阴影类型】设置为【阴影贴图】，在【强度/颜色/衰减】卷展栏中将【倍增】设置为0.6，并在视图中调整其位置，如图10-172所示。

图10-171 设置【常规参数】卷展栏参数　　　　　图10-172　再创建泛光灯并设置参数

步骤40 按【8】键，弹出【环境和效果】对话框，在【背景】选项组中单击【环境贴图】下面的【无】按钮，在打开的【材质/贴图浏览器】对话框中选择【位图】贴图，单击【确定】按钮。再在打开的对话框中选择配套资源中的Map\背景025.jpg文件，如图10-173所示，单击【打开】按钮。

步骤41 按【M】键打开【材质编辑器】对话框，将环境贴图拖动到【材质编辑器】中新的样本球上，在弹出的对话框中选中【实例】单选按钮，单击【确定】按钮。在【材质编辑器】对话框中的【坐标】卷展栏中将【贴图】设置为【屏幕】，如图10-174所示。

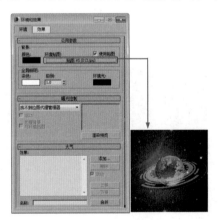

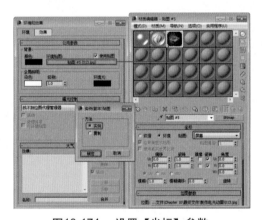

图10-173　打开位图　　　　　　　　　　图10-174　设置【坐标】参数

步骤42 将时间滑块拖到0帧处，按【N】键打开动画记录模式，勾选【裁剪/放置】选项组中的【应用】复选框，将【U】、【V】、【W】、【H】分别设置为0.271、0.266、0.314、0.274，如图10-175所示。

步骤43 将时间滑块拖到第250帧处，在【裁剪/放置】选项组中将【U】、【V】、【W】、【H】分别设置为0.0、0.0、1.0、1.0，如图10-176所示。

步骤44 将时间滑块拖到第210帧位置处，在【坐标】卷展栏中将【模糊】设置为1.2，如图10-177所示。

步骤45 将时间滑块拖到250帧位置处，在【坐标】卷展栏中将【模糊】参数设置为50.0，如图10-178所示。

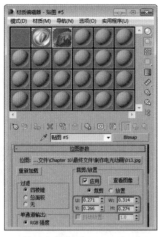

图10-175　设置第0帧处的【裁剪/放置】参数

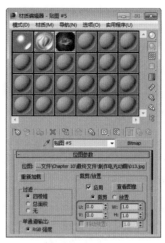

图10-176　设置第250帧处的【裁剪/放置】参数

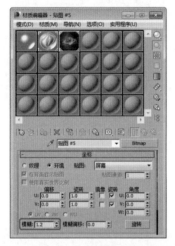

图10-177　设置第210帧处的【模糊】参数

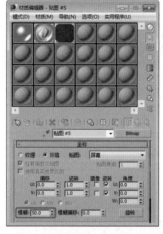

图10-178　设置第250帧处的【模糊】参数

步骤46 设置完成后关闭【自动关键点】按钮和【材质编辑器】对话框，激活摄影机视图，按【Alt+B】键，在弹出的对话框中选择【背景】选项组，在该选项中选中【使用环境背景】单选按钮，单击【应用到活动视图】按钮，设置完成后单击【确定】按钮，效果如图10-179所示。

步骤47 按【Shift+L】组合键，将场景中的灯光隐藏，再按【Shift+C】组合键将场景中的摄影机进行隐藏，在场景中选择【文字标题】对象，激活【顶】视图，在工具栏中右击【选择并旋转】工具，在弹出的对话框中将【偏移：屏幕】选项组中的【Z】设置为90，如图10-180所示。

步骤48 在工具栏中右击【选择并移动】工具，在【移动变换输入】对话框中将【绝对：世界】选项组中的XYZ分别设置为2.43、2813.511、29.299，如图10-181所示。

步骤49 再在视图中选中【字母标题】对象，在【移动变换输入】对话框中将【绝对：世界】选项组中的XYZ分别设置为−760.99、−584.03、−55.368，如图10-182所示。

步骤50 将时间滑块拖动到第90帧位置处，单击【自动关键点】按钮，确认【字母标题】对象处于选中状态，在【移动变换输入】对话框中将【绝对：世界】选项组中的XYZ分别设置为1.689、−0.678、−51.445，如图10-183所示。

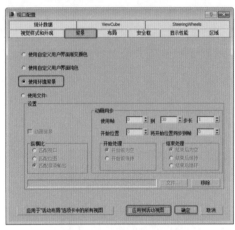

图10-179　设置环境背景

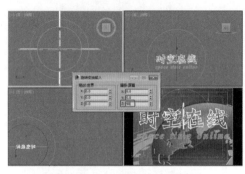

图10-180　设置【事件配置】

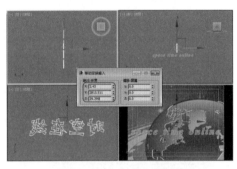

图10-181　电光文字效果

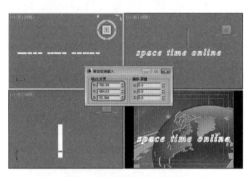

图10-182　旋转【文字标题】对象

步骤51 再在视图中选择【文字标题】对象，在【移动变换输入】对话框中将【绝对：世界】选项组中的XYZ分别设置为2.43、−0.678、29.299，如图10-184所示。

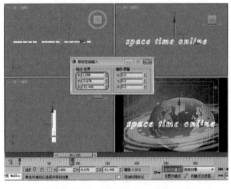

图10-183　移动【字母标题】

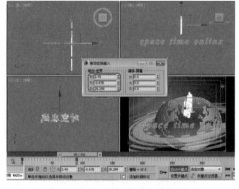

图10-184　移动【文字标题】

步骤52 在工具栏中右击【选择并旋转】工具，激活【顶】视图，在【旋转变换输入】对话框中的【偏移：屏幕】选项组中将【Z】设置为−90，如图10-185所示。

步骤53 设置完成后，将该对话框进行关闭，按【N】键关闭自动关键点记录模式，使用【选择并移动】工具在场景中选择【文字标题】和【字母标题】对象，打开【轨迹视图-摄影表】对话框，如图10-186所示。

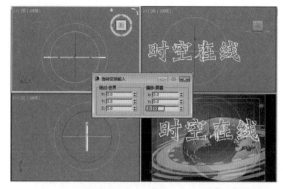
图10-185　旋转【文字标题】

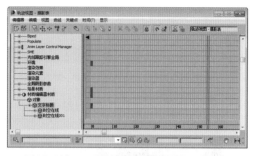
图10-186　　【轨迹视图-摄影表】对话框

步骤54 选择【文字标题】右侧第0帧处的关键帧，按住鼠标将其拖动至第10帧位置处，如图10-187所示。

步骤55 选择【字母标题】右侧第0帧处的关键帧，按住鼠标将其拖动至第30帧位置处，如图10-188所示。

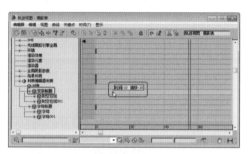
图10-187　拖动关键帧到第10帧处

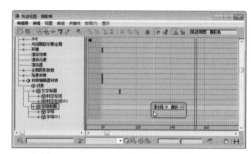
图10-188　　拖动关键帧到第30帧处

步骤56 调整完成后，将该对话框关闭，用户可以拖动时间滑块查看效果，效果如图10-189所示。

步骤57 激活【前】视图，选择【创建】|【图形】|【线】工具，创建一个与【时空在线】高度相等的线段，在【渲染】卷展栏中勾选【在渲染中启用】和【在视口中启用】复选框，如图10-190所示。

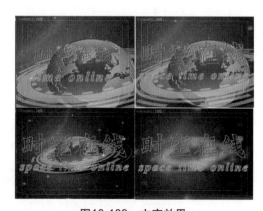
图10-189　文字效果

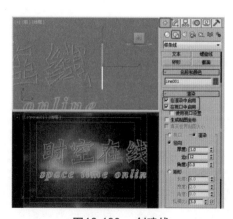
图10-190　创建线

步骤58 确定新创建的线段处于选择状态，右击，在弹出的快捷菜单中选择【对象属性】命令，在弹出的对话框中将【对象ID】设置为1，如图10-191所示。

**步骤59** 设置完成后，单击【确定】按钮，将时间滑块拖至第150帧处，单击【自动关键帧】按钮，选择工具栏中的【选择并移动】工具，激活【前】视图，将线沿X轴向左移至【时】字的左侧边缘，如图10-192所示。设置完成后关闭【自动关键点】按钮。

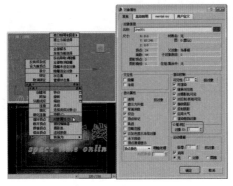

图10-191　设置【对象ID】　　　　　图10-192　移动线

**步骤60** 确定线处于选择状态，打开【轨迹视图-摄影表】对话框，在左侧的面板中选择【Line001】下的【变换】，将其右侧第0帧处的关键帧移动至第95帧位置处，如图10-193所示。

**步骤61** 在【轨迹视图-摄影表】对话框左侧的选项栏中选择【Line001】，在菜单栏中选择【编辑】|【可见性轨迹】|【添加】命令，为【Line001】添加一个可见性轨迹，如图10-194所示。

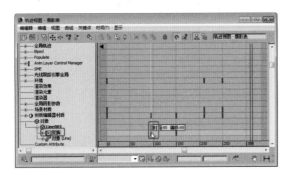

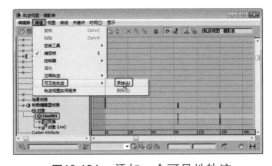

图10-193　移动关键帧　　　　　图10-194　添加一个可见性轨迹

**步骤62** 选择【可见性】选项，在工具栏中选择【添加关键点】工具，在第94帧的位置处添加一个关键点，并将值设置为0.000，表示在该帧时不可见，如图10-195所示。

**步骤63** 继续在第95帧位置处添加关键点，并将其值设置为1.000，表示在该帧时可见，如图10-196所示。

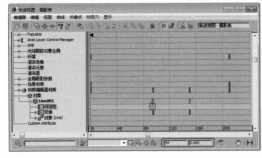

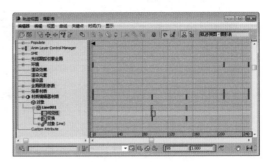

图10-195　添加一个关键点　　　　　图10-196　设置关键点

**步骤64** 使用同样的方法，在第150帧处添加关键帧，并将值设置为1.000，在第150帧位置处添加一个可见关键点，如图10-197所示。

**步骤65** 继续在第151帧处添加关键帧，并将值设置为0.000，在第151帧位置处添加一个不可见关键点，如图10-198所示。

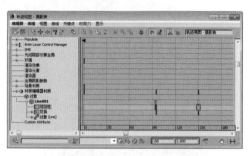

图10-197 添加一个可见关键点

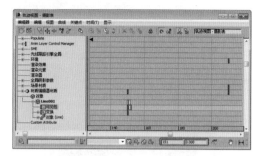

图10-198 添加一个不可见关键点

**步骤66** 添加完成后，将该对话框关闭，按【M】键，在弹出的【材质编辑器】中选择一个新样本球，将其命名为【线】，在【Blinn基本参数】卷展栏中将【不透明度】设置为0；在【反射高光】选项组中将【光泽度】设置为0，如图10-199所示，设置完成后，将该材质指定给选定对象，并将该对话框关闭。

**步骤67** 在菜单栏中选择【渲染】|【视频后期处理】命令，如图10-200所示。

图10-199 将材质指定给选定对象

图10-200 选择【视频后期处理】命令

**步骤68** 打开【视频后期处理】对话框在该对话框中单击【添加场景事件】按钮，在弹出的【添加场景事件】对话框中使用默认的参数，如图10-201所示，单击【确定】按钮，添加场景事件。

**步骤69** 单击工具栏中的【添加图像过滤事件】按钮，在弹出的对话框中选择【镜头效果光晕】选项，将【标签】命名为【线】，如图10-202所示，设置完成后单击【确定】按钮，添加光晕特效滤镜。

**步骤70** 双击【线】选项，在弹出的对话框中单击【设置】按钮，打开【镜头效果光晕】对话框，单击【VP队列】和【预览】按钮，选择【首选项】选项卡，在【效果】选项组中将【大小】设置为6，选择【颜色】选项组中选中【渐变】单选按钮，如图10-203所示。

**步骤71** 选择【噪波】选项卡，将【设置】选项组中的【运动】设置为1.0，然后勾选【红】、【绿】和【蓝】3个复选框；在【参数】选项组中将【大小】设置为6.0，如图10-204所示。

图10-201 添加场景事件

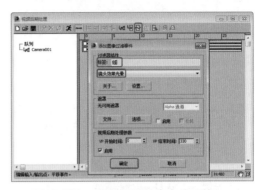

图10-202 将【标签】命名为【线】

图10-203 设置【首选项】参数

图10-204 设置【噪波】参数

**步骤72** 设置完成后单击【确定】按钮，返回【视频后期处理】对话框中，添加一个输出事件，在【视频后期处理】对话框中单击【执行序列】按钮，在弹出的【执行视频后期处理】对话框中将【范围】定义为0至330，将【宽度】和【高度】分别定义为640和480，单击【渲染】按钮，即可对动画进行渲染，如图10-205所示。

**步骤73** 当渲染到100帧时的效果如图10-206所示。

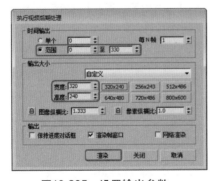

图10-205 设置输出参数

图10-206 100帧时的效果

# 第11章

## 片头动画

　　光效在片头动画中是最常用的效果之一，本章将为读者介绍光效在片头动画中的妙用，另外，还将为读者介绍视频合成器强大的特效功能。同时，还将介绍粒子系统的使用技巧和火焰效果的制作方法。

湖州卫视
新闻综合频道

## 实例96　文本工具应用——文字效果

本例将介绍通过文本工具创建本次案例的主题文字与副标题文字效果，并根据材质编辑器为创建的文字赋予金属材质，让文字效果更具观赏性。

### 学习目标

掌握【文本】工具的使用方法

### 制作过程

资源路径：案例文件\Chapter 11\最终文件\制作文字效果\制作文字效果.max

步骤 1　在讲解制作文学效果方法之前，首先打开本例的最终文件，预览一下文字的效果，如图11-1所示。新建一个空白的场景文件，在视图底部的【时间控制】工具栏中单击【时间配置】按钮，打开【时间配置】对话框，在【动画】区域将【结束时间】设置为180帧，单击【确定】按钮，如图11-2所示。

图11-1　制作文字效果

图11-2　【时间配置】对话框

步骤 2　选择【创建】|【图形】|【文本】命令，在【参数】卷展栏中的字体列表中选择【方正大黑简体】，在【文本】输入框中输入【湖州卫视】，将【大小】设置为100.0m，将【字间距】设置为20.0m，然后在【前】视图中创建文字，并将它命名为【主标题】，如图11-3所示。切换至【修改】面板，添加【倒角】修改器，为文字设置倒角，选择【修改器列表】|【倒角】修改器，在【倒角值】卷展栏中将【起始轮廓】设置为-0.2m，将【级别1】下的【高度】和【轮廓】分别设置为2.0m、2.5m，勾选【级别2】复选框，将它下面的【高度】轮廓值分别设置为8.0m、0.0m，勾选【级别3】复选框，将它下面的【高度】、【轮廓】分别设置为2.0m、-2.5m，如图11-4所示。

> 提示：在【名称和颜色】卷展栏下，文本框显示对象名称，一般在视图中创建一个物体，系统会自动赋予一个表示自身类型的名称，如Box01、Sphere03等，同时允许自定义对象名称。

步骤 3　选择【修改器列表】|【编辑网格】修改器，将当前选择集定义为【多边形】，在【顶】视图中选择文字侧面的多边形面，在【曲面属性】卷展栏中将材质ID设置为1，如图11-5所

示。在菜单栏中选择【编辑】|【反选】命令，反转选择区，将选择的多边形的材质ID设置为2，如图11-6所示。

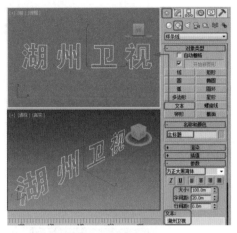

图11-3　创建文字

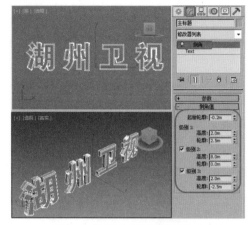

图11-4　设置倒角值

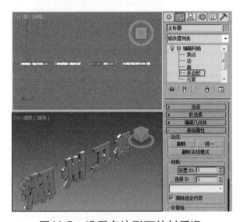

图11-5　设置多边形面的材质ID

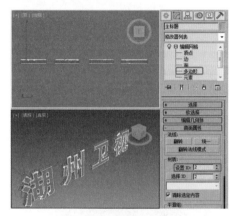

图11-6　设置多边形的材质ID

步骤4 选择【主标题】对象。按【M】键打开【材质编辑器】对话框，在该对话框中单击【Standard】按钮，在打开的【材质/贴图浏览器】对话框中选择【多维/子对象】材质，如图11-7所示。单击【确定】按钮，在弹出在【替换材质】对话框中，保持默认设置，单击【确定】按钮，在【多维/子对象基本参数】卷展栏中单击【设置数量】按钮，在打开的【设置材质数量】对话框中将【材质数量】设置为2，如图11-8所示。

图11-7　文字的多维/子对象材质

图11-8　设置材质数量

步骤 5 单击【ID 1】后面的材质按钮，进入该材质层，在【明暗器基本参数】卷展栏中，将阴影模式定义为【金属】。在【金属基本参数】卷展栏中，将【环境光】的RGB值分别设置为240、60、0；将【漫反射】的RGB值分别设置为255、255、0，将【自发光】值设置为20，将【高光级别】和【光泽度】分别设置为92、76，如图11-9所示。在【扩展参数】卷展栏中，在【衰减】区域选择【外】单选按钮，将【过滤】色的RGB值分别设置为245、255、0，如图11-10所示。

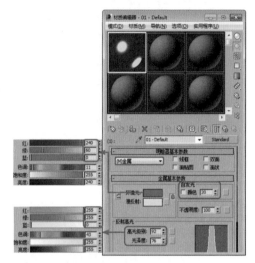

图11-9　设置材质参数

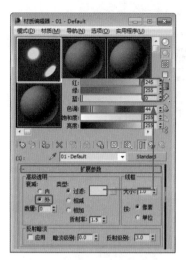

图11-10　设置扩展参数

步骤 6 打开【贴图】卷展栏，单击【反射】通道右侧的【无】按钮，在打开的【材质/贴图浏览器】中选择【位图】贴图，单击【确定】按钮，再在打开的对话框中选择配套资源中的golds.JPG文件，如图11-11所示。连续单击 按钮回到材质的最上层，单击【ID 2】右侧的材质按钮，在弹出的【材质/贴图浏览器】对话框中选择【标准】材质，如图11-12所示。

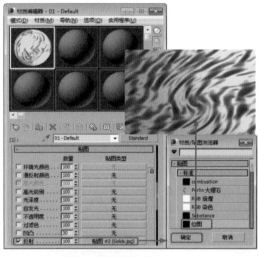

图11-11　选择位图

图11-12　设置【ID2】材质

步骤 7 单击【确定】按钮，在【明暗器基本参数】卷展栏中，将阴影模式定义为【金属】，在【金属基本参数】卷展栏中，将【环境光】的RGB值分别设置为240、60、0，将【漫反射】的RGB值分别设置为255、215、0，将【高光级别】和【光泽度】分别设置为85、87，如图11-13所示。在【扩展参数】卷展栏中，选中【衰减】区域的【外】单选按钮，将【过滤】色的RGB值分别设置为245、255、0，如图11-14所示。

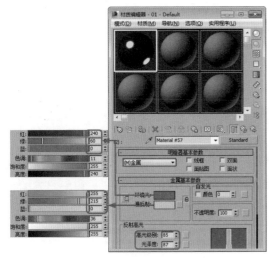

图11-13 设置【ID2】材质

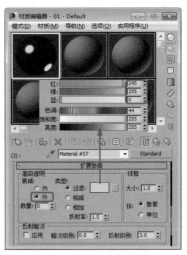

图11-14 设置扩展参数

步骤8 打开【贴图】卷展栏，单击【反射】通道右侧的【无】按钮，在打开的【材质/贴图浏览器】对话框中选择【位图】贴图，单击【确定】按钮，再在打开的对话框中选择配套资源中的golds.JPG文件，如图11-15所示。单击【打开】按钮，进入反射通道。将时间滑块移至第180帧位置，单击【自动关键点】按钮，开启动画记录模式，将【瓷砖】的U、V值都设置为2.8，如图11-16所示。

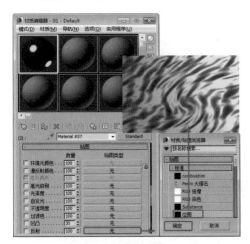

图11-15 选择位图

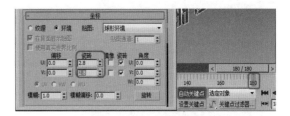

图11-16 设置关键点

提示：材质编辑器是3ds Max重要的组成部分之一，使用它可以定义、创建和使用材质。材质编辑器随着3ds Max的不断更新，功能也变得越来越强大。材质编辑器按照不同的材质特征，可以分为标准、混合、合成、顶/底、多维/子对象等16种材质类型。

步骤9 单击【自动关键点】按钮,退出动画记录模式，完成材质设置后单击 按钮，然后单击【视口中显示明暗处理材质】按钮 ，制作的材质如图11-17所示。选择【文本】选项，在【参数】卷展栏中的字体列表中选择【方正隶变简体】，将【大小】和【字间距】设置为75.0m、20.0m，在【文本】输入框中输入【新闻综合频道】，在【前】视图中【湖州卫视】的下面创建文字，将创建的文字命名为【副标题】，如图11-18所示。

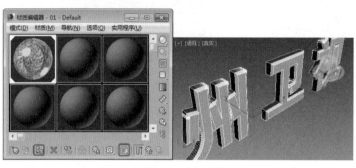

图11-17 制作的材质

图11-18 创建文字

步骤10 进入【修改】命令面板，选择【修改器列表】|【倒角】修改器，在【倒角值】卷展栏中将【级别1】下的【高度】、【轮廓】设置为0.0m、2.0m；勾选【级别2】复选框，将它下面的【高度】、【轮廓】值设置为5.0m、0.0m；勾选【级别3】复选框，将它下面的【高度】和【轮廓】设置为3.0m、−1.5m，如图11-19所示。选择【副标题】对象。按【M】键，打开【材质编辑器】对话框，在【明暗器基本参数】卷展栏中将阴影模式定义为【金属】。在【金属基本参数】卷展栏中，取消环境光和漫反射之间的锁定，将【环境光】的RGB值分别设置为242、57、0；将【漫反射】的RGB值分别设置为253、53、0，将【高光级别】和【光泽度】分别设置为92、76，如图11-20所示。

图11-19 添加倒角并设置倒角值

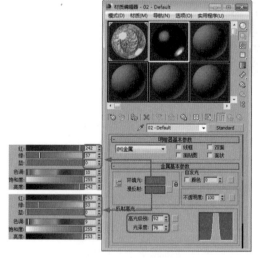

图11-20 设置材质1

提示：【倒角】修改器将图形挤出为 3D 对象并在边缘应用平或圆的倒角。此修改器的一个常规用法是创建 3D 文本和徽标，而且可以应用于任意图形。

步骤11 在【扩展参数】卷展栏中选中【衰减】选项组中的【外】单选按钮，将【过滤】的

RGB值设置为246、255、0，如图11-21所示，打开【贴图】卷展栏，单击【反射】通道右侧的【无】按钮，在打开的【材质/贴图浏览器】对话框中选择【位图】贴图，单击【确定】按钮，在打开的对话框中选择配套资源中的golds.JPG文件，如图11-22所示。

图11-21　设置材质2

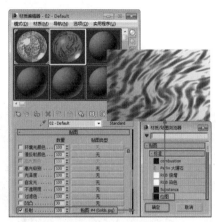

图11-22　设置材质3

步骤12　单击【打开】按钮，进入反射通道，在【坐标】卷展栏中将【模糊偏移】值设置为0.016，如图11-23所示。完成材质设置后单击【将材质指定给选定对象】按钮将材质指定给文字，效果如图11-24所示。

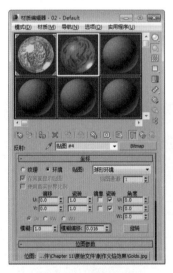

图11-23　设置材质3

图11-24　制作材质后的效果

# 实例 97　关键点应用——摄影机动画

本案例主要通过设置关键点为文字创建摄影机动画效果，使文字的开始位置与结束位置发生变化。

**学习目标**

掌握使用关键点

掌握使用涟漪工具

**制作过程**

资源路径：案例文件\Chapter 11\原始文件\制作摄影机动画\制作摄影机动画.max

案例文件\Chapter 11\最终文件\制作摄影机动画\制作摄影机动画.max

步骤1 打开场景文件，该文件是上一个案例的最终文件效果，如图11-25所示。选择【目标】选项，在【顶】视图中创建一架目标摄影机，将它的【镜头】值设置为37.738mm，右击激活【透】视图，按【C】键将该视图转换为摄影机视图，然后在【前】以及【左】视图中调整摄影机的位置，如图11-26所示。

图11-25 打开场景文件

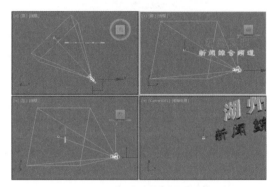

图11-26 创建并调整摄影机位置

步骤2 将时间滑块移至第76帧位置，单击【自动关键点】按钮，启动动画记录模式，在工具栏中选择【选择并移动】选项，在视图中调整摄影机位置，如图11-27所示。单击【自动关键点】按钮，退出动画记录模式，将时间滑块移至第0帧位置，选择文字对象，在【顶】视图中调整文字的位置，如图11-28所示。

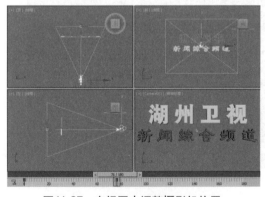

图11-27 在视图中调整摄影机位置

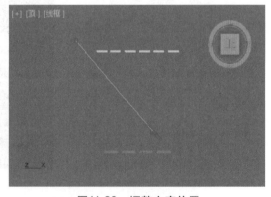

图11-28 调整文字位置

步骤3 将时间滑块移至第40帧位置，单击【自动关键点】按钮，启动动画记录模式，在【前】视图中调整文字位置，如图11-29所示。将时间滑块移至第80帧位置，在【前】视图中调整文字的位置，如图11-30所示。

提示：请务必在设置完关键帧后禁用【自动关键点】，否则会不小心创建不需要的动画。

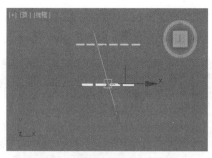

图11-29　调整第40帧文字位置

图11-30　调整第80帧文字位置

步骤4 将当前时间滑块移至第110帧位置，在【前】视图中沿Y轴将文字调整至合适的位置，如图11-31所示。在轨迹条中将第0帧处的关键帧调整至第110帧，该文字从第110帧开始出现在镜头中，如图11-32所示。

图11-31　调增文字位置

图11-32　调整第110帧文字位置

步骤5 选择【几何/可变形】|【涟漪】命令，在【顶】视图中创建一个涟漪空间扭曲物体，在【涟漪】选项组中将【振幅1】、【振幅2】、【波长】设置为10.0、15.0、270.0，将【显示】选项组下的【圈数】、【分段】和【尺寸】设置为10、16、4，如图11-33所示。在工具栏中选择【绑定到空间扭曲】工具，选择【新闻综合频道】文字，在该文字上按住鼠标左键向空间扭曲物体上拖动，将文字绑定到空间扭曲物体上，使文字产生波浪扭曲的运动效果，如图11-34所示。

提示：涟漪修改器可以在对象几何体中产生同心涟漪效果。可以使用两种不同涟漪效果中的一个，也可以使用两者的组合。涟漪使用标准的 Gizmo 和中心，可以将其变换以提高涟漪变化的数量。

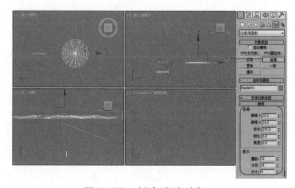

图11-33　创建涟漪对象

图11-34　绑定对象

步骤6 将时间滑块拖至第180帧的位置，单击【自动关键点】按钮，开启动画记录模式。在视图中调整对象的位置，如图11-35所示。设置完成后，单击【自动关键点】按钮，关闭动画记录模式，渲染108帧的效果，如图11-36所示。

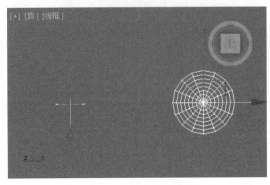

图11-35 调整对象位置

图11-36 渲染108帧的效果

 **实例98 大气装置应用——火焰效果**

本例主要通过在大气中添加【体积光】和【火效果】来制作火燃烧和体积光的效果。

**学习目标**

掌握使用【球体Gizmo】的方法

掌握使用【目标聚光灯】的方法

**制作过程**

资源路径：案例文件\Chapter 11\原始文件\制作火焰效果\制作火焰效果.max

案例文件\Chapter 11\最终文件\制作火焰效果\制作火焰效果.max

步骤1 选择【大气装置】|【球体Gizmo】命令，在【球体Gizmo 参数】卷展栏中勾选【半球】复选框，在【顶】视图中创建一个半球线框，将【半径】值设置为107.0，如图11-37所示。在工具栏中选择【选择并均匀缩放】选项，对【球体Gizmo】对象进行非等比缩放使其接近火舌的形状，如图11-38所示。

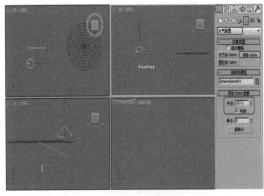

图11-37 创建【球体Gizmo】

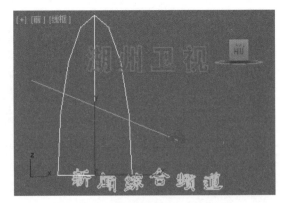

图11-38 调整【球体Gizmo】形状

**步骤2** 选择创建的【球体Gizmo】，按【Shift】键的同时向右拖动鼠标，复制【球体Gizmo】对象，并调整复制后的对象，如图11-39所示。按【8】键，打开【环境编辑器】对话框，在【大气】卷展栏中单击【添加】按钮，在打开的【环境和效果】对话框中选择【火效果】，单击【确定】按钮，添加一个火焰效果，如图11-40所示。

> 提示：使用【球体 Gizmo】可以在场景中创建球体 Gizmo 或半球 Gizmo。

**步骤3** 在【火效果参数】卷展栏中单击【拾取 Gizmo】按钮，并在视图中选择6个半球线框；在【颜色】下将【内部颜色】的RGB值设置为255、60、0，将【外部颜色】的RGB值设置为225、50、0，将【烟雾颜色】的RGB值设置为26、26、26；在【图形】区域下选择【火舌】单选按钮，将【拉伸】值设置为1.0；在【特性】区域下将【火焰大小】、【火焰细节】、【密度】、【采样】分别设置为45.0、3.0、33.8、10，如图11-41所示。将时间滑块移至第180帧的位置处，单击【自动关键点】按钮，开启动画记录模式，将【动态】区域下的【相位】和【漂移】分别设置为268.0、90.0，如图11-42所示。单击【自动关键点】按钮，关闭动画记录模式。

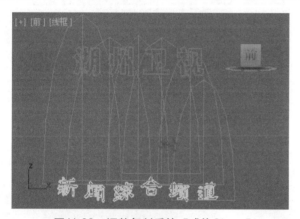

图11-39 调整复制后的【球体Gizmo】

图11-40 添加【火效果】

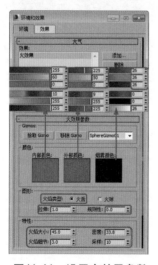

图11-41 设置火效果参数

图11-42 设置动态参数

**步骤4** 选择【泛光灯】选项，在场景中创建一盏泛光灯，在【强度/颜色/衰减】卷展栏中将【倍增】值设置为1.3，如图11-43所示，将灯光颜色的RGB值设置为177、147、147。再次创建一个泛光灯，在【强度/颜色/衰减】卷展栏中将【倍增】值设置为0.8，将灯光颜色的RGB值设置为137、137、137；勾选【远距衰减】区域的【使用】和【显示】复选框，将【开始】和【结束】分别设置为425.0、712.0，如图11-44所示。

> 提示：【泛光灯】从单个光源向各个方向投影光线。泛光灯用于将【辅助照明】添加到场景中，或模拟点光源。

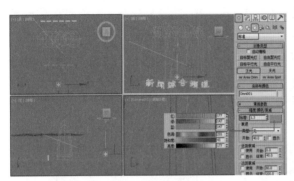

图11-43　创建泛光灯并设置参数1

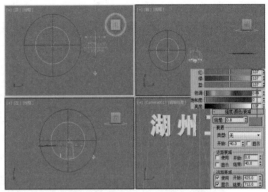

图11-44　创建泛光灯并设置参数2

步骤 5 将时间滑块调至第120帧的位置，单击【自动关键点】按钮，启用动画记录模式。在视图中调整灯光的位置，如图11-45所示。关闭【自动关键点】按钮，然后将第0帧处的关键点调至第60帧的位置，如图11-46所示。

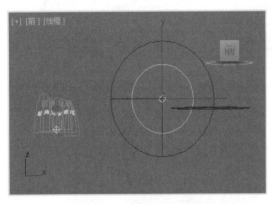

图11-45　调整灯光位置

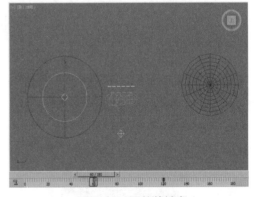

图11-46　调整关键点

步骤 6 选择【目标聚光灯】选项，在【顶】视图中创建一盏目标聚光灯，如图11-47所示。切换至【修改】命令面板，在【常规参数】卷展栏中勾选【阴影】区域的【启用】复选框，在【强度/颜色/衰减】卷展栏中将【倍增】值设置为2.87，将灯光颜色RGB值设置为0、0、0，在【聚光灯参数】卷展栏中将【聚光区/光束】和【衰减区/区域】分别设置为16.5、25.0，选中【矩形】单选按钮，将【纵横比】设置为6.7，如图11-48所示。

步骤 7 将时间滑块移至第110帧位置，单击【自动关键点】按钮，开启动画记录模式，在【强度/颜色/衰减】卷展栏中将灯光颜色的RGB值设置为180、180、180；勾选【远距衰减】区域的【使用】和【显示】复选框，并将【开始】和【结束】分别设置为450.0、1000.0；然后将第0帧处的关键帧移至第100帧位置处，如图11-49所示。将时间滑块移动至第130帧位置，将【远距衰减】区域的【开始】和【结束】分别设置为500、1 500，在视图中调整聚光灯的位置，如图11-50所示。

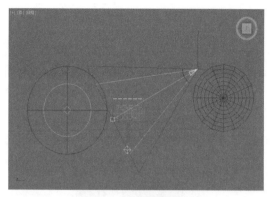

图11-47　创建目标聚光灯

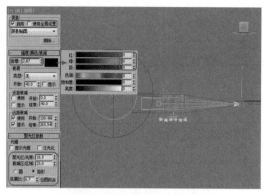

图11-48　设置目标聚光灯参数

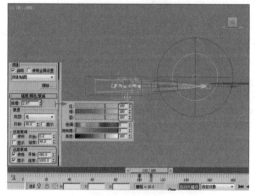

图11-49　记录聚光灯参数

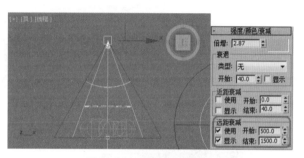

图11-50　调整聚光灯位置

步骤8　将时间滑块调至第150帧的位置，将【远距衰减】下的【开始】和【结束】值设置为400.0、1 000.0，然后在视图中调整灯光的位置，如图11-51所示。将时间滑块移动至第160帧位置，在【强度/颜色/衰减】卷展栏中将灯光颜色的RGB值设置为0、0、0，如图11-52所示。

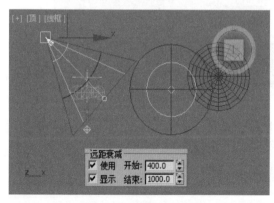

图11-51　调整灯光位置

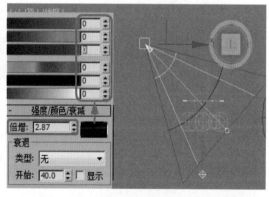

图11-52　在第160帧位置设置灯光颜色

步骤9　在工具栏中单击【曲线编辑器】按钮，打开轨迹视图，调整聚光灯的运动曲线。在左侧的序列窗口中选择Spot01下的【变换】下【位置】的【X位置】、【Y位置】、【Z位置】3个选项，框选所有关键点并右击，在打开的对话框中单击【输入】和【输出】按钮将曲线类型定义为和，如图11-53所示。在场景中选择聚光灯，在【高级效果】卷展栏中单击【投影贴图】

下的【无】按钮，在打开的【材质/贴图浏览器】对话框中选择【噪波】贴图，如图11-54所示。

> 提示：曲线编辑器是一种轨迹视图模式，可用于处理在图形上表示为函数曲线的运动。使用它，可以查看运动的插值：3ds Max 在关键帧之间创建的对象变换。使用曲线上的关键点及其切线控制柄，可以轻松查看和控制场景中各个对象的运动和动画效果。

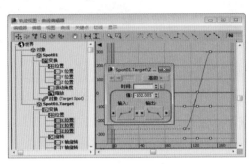

图11-53　曲线编辑器　　　　　　　　　图11-54　选择【澡波】贴图

**步骤10** 按【M】键打开【材质编辑器】对话框，将【噪波】贴图拖动至材质编辑器中的一个新的材质样本球中，选中【实例】单选按钮，单击【确定】按钮，复制一个关联的材质，如图11-55所示。在【噪波参数】卷展栏中将【颜色1】的RGB值设置为238、67、0，将【颜色2】的RGB值设置为246、217、85，如图11-56所示。

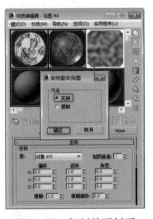

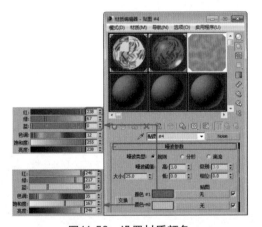

图11-55　复制关联材质　　　　　　　　图11-56　设置材质颜色

**步骤11** 选择【渲染】|【环境】命令，打开【环境编辑器】对话框，在【大气】卷展栏中单击【添加】按钮，在打开的【环境和效果】对话框中选择【体积光】效果，为其添加一个【体积光】效果，如图11-57所示。在【体积光参数】卷展栏中单击【拾取灯光】按钮，并在视图中选择聚光灯，在【体积】区域下将【雾颜色】的RGB值设置为248、248、228，将【衰减颜色】的RGB值设置为0、0、0，将【密度】值设置为1.0，如图11-58所示。

> 提示：按【8】键，可直接打开【环境和效果】对话框。

图11-57 添加【体积光】效果

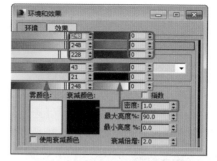

图11-58 设置【体积光】参数

步骤12 在【环境】选项卡中选择【体积光】效果，单击右侧的【上移】按钮，将它移动至【火效果】的上面，如图11-59所示。设置完成后渲染第130帧位置的效果，如图11-60所示。

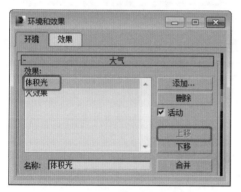

图11-59 调整体积光位置

图11-60 渲染后效果

提示：【体积光】根据灯光与大气（雾、烟雾等）的相互作用提供灯光效果。

## 实例99 粒子系统应用——星光灿烂与文字光芒动画

通过在场景中添加粒子系统，为场景中的粒子系统与文字添加【镜头效果光晕】和添加【镜头效果高光】场景事件，来模拟视频片头中的文字发光效果的方法。

**学习目标**

掌握【粒子系统】工具的使用方法
掌握【镜头效果光晕】图像事件的设置方法
掌握【镜头效果高光】图像事件的设置方法

**制作过程**

资源路径：案例文件\Chapter 11\原始文件\制作星光灿烂与文字光芒动画\制作星光灿烂与
　　　　文字光芒动画.max
　　　　案例文件\Chapter 11\最终文件\制作星光灿烂与文字光芒动画\制作星光灿烂与
　　　　文字光芒动画.max

▌ 步骤 1 在制作粒子效果之前首先打开上一实例的场景，观察一下效果，如图11-61所示。选择【创建】|【几何体】|【粒子系统】|【雪】命令，在【顶】视图中创建一个雪粒子系统，在【参数】卷展栏中将【雪花大小】值和【速度】值设置为4.0、60.0，选中【十字叉】单选按钮，将【计时】下的【开始】和【寿命】设置为-100、100，如图11-62所示。

图11-61　打开文件

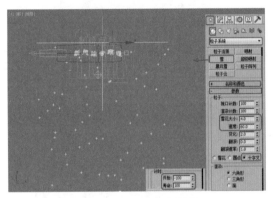

图11-62　设置粒子参数

提示：【雪】模拟降雪或投撒的纸屑。雪系统与喷射类似，但是雪系统提供了其他参数来生成翻滚的雪花，渲染选项也有所不同。

▌ 步骤 2 激活【前】视图，在工具栏中单击【镜像】按钮，对粒子系统进行Y轴镜像调整，如图11-63所示。在视图中选择【湖州卫视】对象，右击，在弹出的快捷菜单中选择【属性】命令，在打开的对话框中将【G-缓冲区】下的【对象ID】设置为1，如图11-64所示。

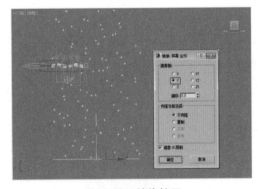

图11-63　镜像粒子

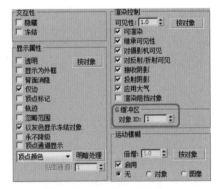

图11-64　设置【对象ID】1

提示：单击【镜像】将打开【镜像】对话框，使用该对话框可以在镜像选定对象的方向时，移动这些对象。

**步骤 3** 选择粒子系统，将粒子系统的【对象ID】设置为2，如图11-65所示。打开【材质编辑器】对话框，为粒子设置一个黄色的金属材质。选择【渲染】|【视频后期处理】命令，打开【视频后期处理】对话框，单击【添加场景事件】按钮添加一个场景事件，如图11-66所示。

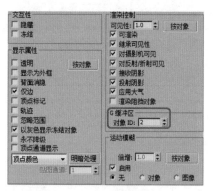

图11-65 设置【对象ID】2

图11-66 添加场景事件

**步骤 4** 单击【添加图像过滤事件】按钮，添加一个图像过滤事件，在打开的对话框中选择过滤器列表中的【镜头效果光晕】选项，如图11-67所示。单击【设置】按钮进入过滤器设置面板，在【属性】面板中勾选【过滤】区域下的【周界Alpha】复选框，如图11-68所示。

图11-67 选择【镜头效果光晕】选项

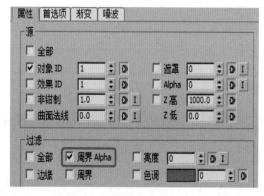

图11-68 勾选【周界Alpha】复选框

**步骤 5** 选择【镜头效果光晕】选项【首选项】选项卡进入设置面板，在【效果】区域下将【大小】设置为1.5，在【颜色】区域下选择【用户】单选按钮，如图11-69所示，将颜色的RGB值设置为255、38、0。选择【噪波】选项卡进入噪波面板，将【运动】、【方向】、【质量】分别设置为40.0、30.0、2，将【参数】下的【大小】和【速度】设置为5.0、2.0，如图11-70所示。

**步骤 6** 使用同样的方法，再次添加一个【镜头效果高光】图像过滤事件，单击【设置】按钮，在【属性】选项卡中将【对象ID】设置为1，在【过滤】区域下勾选【亮度】复选框，将值设置为2，如图11-71所示。选择【几何体】选项卡进入设置面板，将【效果】下的【角度】设置为108.0，如图11-72所示。

> 提示：使用【镜头效果高光】对话框可以指定明亮的、星形的高光。将其应用在具有发光材质的对象上。

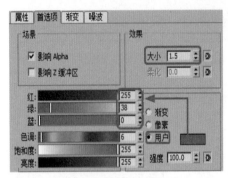

图11-69 设置【首选项】选项卡中的参数

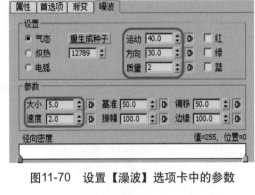

图11-70 设置【澡波】选项卡中的参数

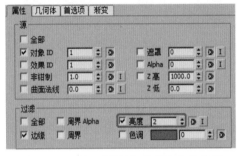

图11-71 设置【属性】选项卡中的参数

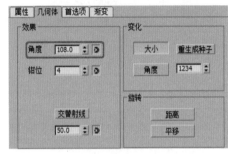

图11-72 设置角度

步骤7 选择【首选项】选项卡进入设置面板，在【效果】区域下将【大小】和【点数】设置为5.0、8，在【颜色】区域下选中【像素】单选按钮，将【强度】值设置为95.0，如图11-73所示。按【F8】键打开【环境和效果】对话框，在【公用参数】卷展栏中单击【环境贴图】下的【无】按钮，在打开的【材质/贴图浏览器】中选择【渐变】贴图，如图11-74所示。

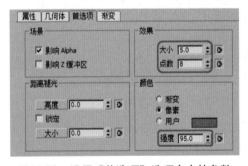

图11-73 设置【首选项】选项卡中的参数

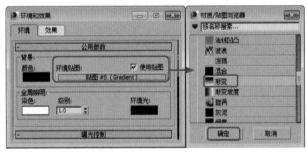

图11-74 选择【渐变】贴图

步骤8 使用同样的方法将添加的贴图复制到材质编辑器中，在【渐变参数】卷展栏中将【颜色1】的RGB值设置为0、0、0；将【颜色2】的RGB值设置为110、49、27；将【颜色3】的RGB值设置为255、71、0，将【颜色2位置】设置为0.5，如图11-75所示。设置完成后切换至【透】视图，渲染后效果如图11-76所示。

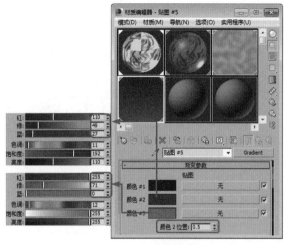

图11-75　设置【渐变参数】　　　　　　　图11-76　渲染后的效果

提示：按【P】键，可快速切换至【透视】视图。

# 第 12 章

# 星球爆炸动画

　　本章将讲解太空中星球爆炸效果的制作方法，主要涉及环境和大气效果、路径约束动画、注视约束动画空间扭曲、粒子系统和视频后期处理特效制作5个知识点。首先从制作太阳的火焰效果开始讲解；其次介绍使用约束制作陨石和摄影机的动画；再次讲解了使用爆炸空间扭曲模拟制作陨石碰撞地球后发生爆炸的效果；然后使用超级喷射粒子模拟爆炸后产生的粒子效果；最后通过【视频后期处理】对话框为粒子特效和动画场景添加后期特效。

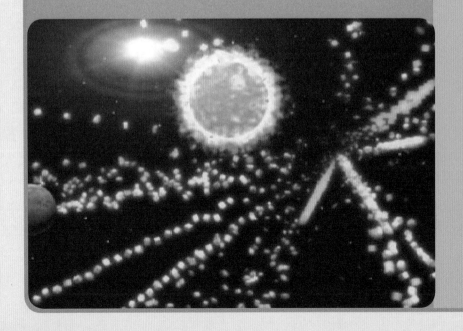

# 实例100　火效果应用——火焰动画

在3ds Max中【火】特效需要借助大气装置才能产生效果，下面将介绍使用【球体Gizmo】大气装置添加【火】特效，来模拟制作火焰效果的方法。

## 学习目标

掌握【火】特效的动画参数设置方法

## 制作过程

资源路径：案例文件\Chapter 12\原始文件\制作火焰动画\制作火焰动画.max

案例文件\Chapter 12\最终文件\制作火焰动画\制作火焰动画.max

**步骤1** 打开本例的最终文件预览一下最终效果，如图12-1所示。下面来讲解火焰效果的制作方法。打开原始场景文件，如图12-2所示。

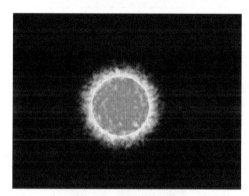

图12-1　火焰最终效果

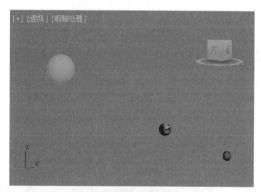

图12-2　打开原始场景文件

**步骤2** 选择【创建】|【辅助对象】|【大气装置】命令，单击【球体Gizmo】按钮，按住鼠标左键在视图中创建一个【球体Gizmo】，然后在【球体Gizmo参数】卷展栏中将【半径】设置为384.504，将【种子】设置为18 124，如图12-3所示。选择【修改】面板，在【大气和效果】卷展栏中单击【添加】按钮，在弹出的对话框中选择【火效果】，如图12-4所示，单击【确定】按钮，即可添加该效果。

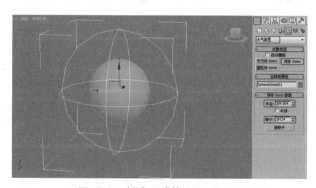

图12-3　创建【球体Gizmo】

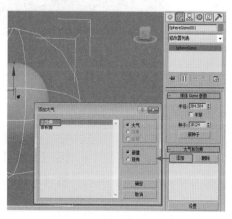

图12-4　选择【火效果】

步骤 3 在【大气和效果】卷展栏中选择【火效果】，单击【设置】按钮，打开【环境和效果】对话框，如图12-5所示。展开【火效果参数】卷展栏，按【N】键开启动画记录模式，在第0帧处将【图形】组中的【规则性】设置为0.3，将【特性】区域中的【火焰大小】设置为40.0，将【采样】设置为30，如图12-6所示。

图12-5 【环境和效果】对话框

图12-6 设置第0帧的火焰参数

步骤 4 使用【选择并移动】选项，在视图中调整【球体Gizmo】的位置，在【透】视图中选取一个好的观察角度，按【F9】键快速渲染一次，得到的火焰效果如图12-7所示。将时间滑块移至第100帧位置处，在【动态】选项组中将【相位】和【漂移】分别设置为1.0、0.15，如图12-8所示。

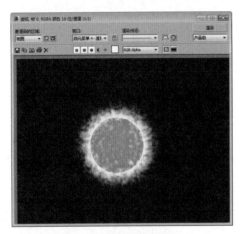

图12-7 渲染火焰效果

图12-8 设置第100帧的参数

提示：在【动态】选项组中可以设置火焰的动态效果，主要是为【相位】和【漂移】参数设置动画关键帧。

步骤 5 在【透】视图中按【F9】键快速渲染火焰，效果如图12-9所示。将时间移至第200帧处，在【动态】选项组中将【相位】和【漂移】分别设置为3.2、0.2，如图12-10所示。

步骤 6 在【透】视图中按【F9】键快速渲染火焰，效果如图12-11所示。将整个火焰的动画参数设置完毕后，打开【渲染设置】对话框，设置火焰的渲染参数，单击【渲染】按钮渲染火焰效果，如图12-12所示。

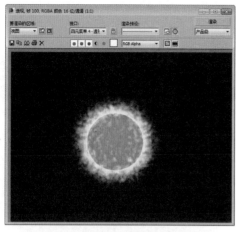

图12-9　渲染第100帧的火焰效果

图12-10　设置第200帧的参数

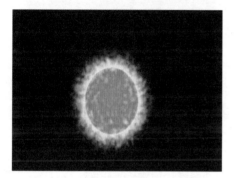

图12-11　渲染第200帧的火焰效果

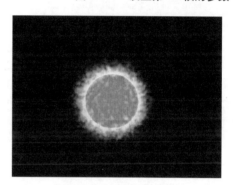

图12-12　渲染火焰效果

提示：一般在做一些大的场景文件时，如果是测试渲染建议将输出尺寸设置的小一些，以免浪费时间。

## 实例 101　路径约束应用——陨石动画

【路径约束】命令会对一个对象沿着样条线或在多个样条线平均距离间的移动进行限制。路径目标可以是任意类型的样条线，样条曲线（目标）为约束对象定义了一个运动的路径。目标可以使用任意的标准变换、旋转和缩放工具设置动画。以路径的子对象级别设置关键点，如顶点或分段，虽然这影响到受约束对象，但可以制作路径的动画。下面将讲解使用路径约束制作陨石动画的方法。

### 学习目标

掌握样条线路径的绘制编辑方法

掌握【路径约束】的添加和设置方法

### 制作过程

资源路径：案例文件\Chapter 12\原始文件\制作陨石动画\制作陨石动画.max

案例文件\Chapter 12\最终文件\制作陨石动画\制作陨石动画.max

步骤 1 打开本例的最终文件，先预览一下陨石运动的效果，如图12-13所示。下面来讲解这个效果的制作方法，打开原始场景文件，如图12-14所示。

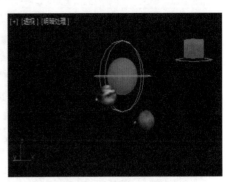

图12-13　陨石运动效果　　　　　　　　　　图12-14　打开场景原始文件

步骤 2 选择【创建】|【图形】|【线】命令，在地球和星球之间绘制一条样条线，如图12-15所示。将当前选择集定义为顶点，在视图中对线条进行优化，并调整顶点的位置，然后选择陨石对象，选择【动画】|【约束】|【路径约束】命令，如图12-16所示。

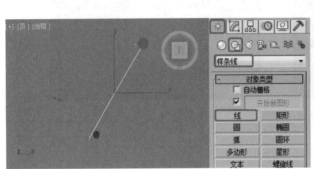

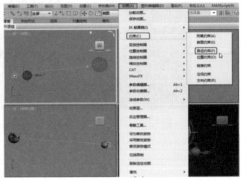

图12-15　绘制样条线　　　　　　　　　　　图12-16　选择【路径约束】命令

> 提示：【路径约束】还可以在【运动】命令面板中添加，与在【指定控制器】卷展栏中指定控制器的方法一样。

步骤 3 在视图中拾取样条线路径，此时陨石将自动跳转至样条线的起点上，如图12-17所示。在视图中拖动时间滑块可以预览到陨石沿着样条线运动，如图12-18所示。

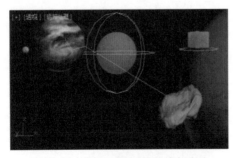

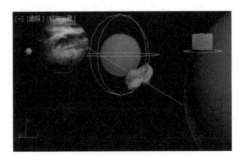

图12-17　将陨石置于样条线起点上　　　　　图12-18　陨石沿着样条线运动

步骤 4 选择陨石对象，在【运动】命令面板中访问【路径参数】卷展栏，并设置它的路径参数，如图12-19所示。此时在视图中拖动时间滑块可以预览陨石的运动效果，选取一个合适的角度，按F9键快速渲染一次场景，效果如图12-20所示。

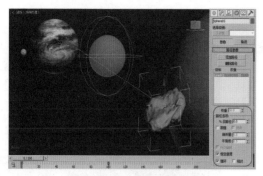

**图12-19　设置路径参数**

**图12-20　渲染场景效果**

> 提示：【恒定速度】复选框启用后，对象将沿着路径提供一个恒定的速度。禁用此复选框后，对象沿路径的速度变化依赖于路径上顶点之间的距离。

# 实例102　关键帧应用——摄影机动画

在3ds Max中，使用自动关键点模式制作动画是最简单的方法，其方法是使用【自动关键点】按钮 自动关键点 开启动画记录，在场景中对对象的位置、旋转和缩放所做的更改都会自动生成关键帧，记录成动画效果。

## 学习目标

掌握使用自动关键点模式设置动画的方法
掌握设置对象的移动变换关键点的方法

## 制作过程

资源路径：案例文件\Chapter 12\原始文件\制作摄影机动画\制作摄影机动画.max
　　　　　案例文件\Chapter 12\最终文件\制作摄影机动画\制作摄影机动画.max

**步骤1** 在讲解摄影机动画的制作方法之前，先打开本例的最终效果预览一下，如图12-21所示。打开原始文件，如图12-22所示。

**图12-21　摄影机动画效果**

**图12-22　打开原始场景文件**

**步骤2** 选择【创建】|【摄影机】|【目标】命令，创建一个目标摄影机，如图12-23所示。

在【参数】卷展栏中设置其参数，并调整其位置。在任意视图中按【C】键快速切换到摄影机视图，观察到的效果如图12-24所示。

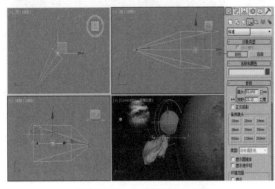
图12-23　创建摄影机对象

图12-24　摄影机视图效果

步骤 3　在视图中选择【Camera001】对象，按【N】键打开自动关键点记录模式，将时间滑块拖动至第70帧处，在状态栏中输入坐标值，如图12-25所示。将时间滑块拖动至第100帧处，在状态栏中输入坐标值，如图12-26所示。

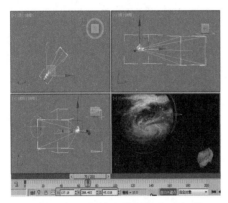
图12-25　在第70帧处输入坐标值

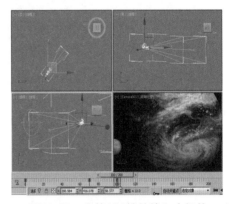
图12-26　在第100帧处输入坐标值

步骤 4　再在视图中选择Camera001.Target，将时间滑块拖动至第70帧处，在状态栏中输入坐标值，如图12-27所示。将时间滑块拖动至第100帧处，在状态栏中输入坐标值，如图12-28所示。

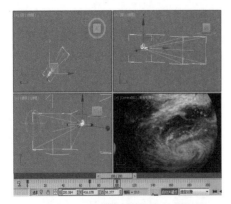
图12-27　在第70帧处输入坐标值

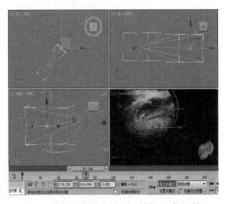
图12-28　在第100帧处输入坐标值

提示：在通过【动画】菜单指定注视约束时，3ds Max 会将一个旋转列表控制器指定到对象上。在【旋转列表】卷展栏的列表框中可以找到【注视约束】，这就是所指定的约束。要查看【注视约束】卷展栏，在列表框中双击【注视约束】选项即可。

步骤5 将摄影机目标对象的注视约束参数设置完成后，按【N】键关闭自动关键点记录模式，打开【渲染设置】对话框，设置场景的渲染参数，在第50帧处按【F9】键渲染摄影机视图，效果如图12-29所示。在第70帧处渲染场景画面的效果如图12-30所示。

图12-29 渲染第50帧的效果

图12-30 渲染第70帧的效果

# 实例103 空间扭曲应用——地球爆炸动画

【爆炸】空间扭曲可以将对象炸裂为许多单独的面。使用【爆炸】空间扭曲后会在场景中创建一个小三角图标，该图标代表爆炸的中心点，将对象绑定到该空间扭曲上就可以制作爆炸的效果。下面将介绍使用【爆炸】空间扭曲来模拟制作陨石碰撞地球后爆炸效果的方法。

## 学习目标

掌握【爆炸】空间扭曲的创建方法
掌握【爆炸】空间扭曲动画的参数设置

## 制作过程

资源路径：案例文件\Chapter 12\原始文件\制作地球爆炸动画\制作地球爆炸动画.max
案例文件\Chapter 12\最终文件\制作地球爆炸动画\制作地球爆炸动画.max

步骤1 在讲解使用【爆炸】空间扭曲制作地球爆炸的方法之前，先打开本例的最终文件预览一下地球爆炸的效果，如图12-31所示。打开本例的原始场景文件，如图12-32所示。

步骤2 选择【创建】|【空间扭曲】|【几何体/可变形】|【爆炸】命令，如图12-33所示。在地球的位置上创建一个爆炸空间扭曲，如图12-34所示。

步骤3 单击主工具栏中的【绑定到空间扭曲】按钮，将地球绑定到爆炸空间扭曲上，如图12-35所示。在视图中选择爆炸对象，按【N】键开启动画记录模式，在第0帧处设置【爆炸】空间扭曲参数，如图12-36所示。

提示：爆炸空间扭曲效果可以将物体爆炸为单独的碎片。

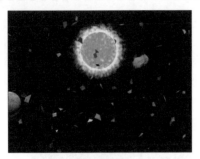

图12-31 地球爆炸动画效果

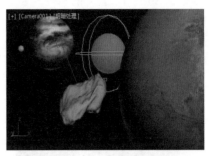

图12-32 打开原始场景文件

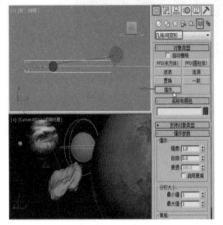

图12-33 选择【爆炸】命令

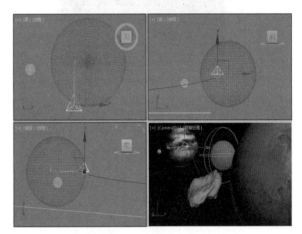

图12-34 创建爆炸空间扭曲

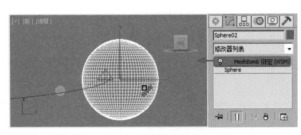

图12-35 绑定到爆炸空间扭曲

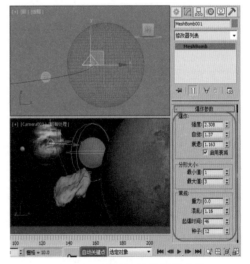

图12-36 设置第0帧的爆炸参数

步骤 4 将时间滑块移至第98帧处，设置【爆炸】对象的参数，如图12-37所示。在第132帧处设置爆炸参数，如图12-38所示。

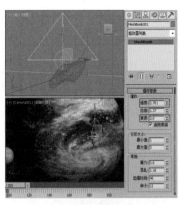

图12-37　设置第98帧的爆炸参数

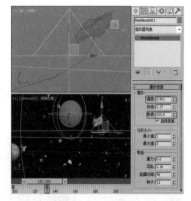

图12-38　设置第132帧的爆炸参数

> 📖 提示：爆炸效果距爆炸点的距离，以世界单位数表示。超过该距离的碎片不受【强度】
> 和【自旋】设置影响，但会受【重力】设置影响。

步骤 5 将时间滑块移至第200帧处，设置爆炸对象的参数，如图12-39所示。在视图中拖动时间滑块可以预览地球爆炸的全过程，选择其中某一帧的画面，按【F9】键渲染得到的效果如图12-40所示。

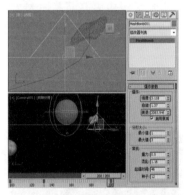

图12-39　设置第200帧的爆炸参数

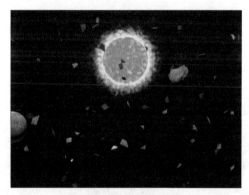

图12-40　渲染爆炸效果

## 实例 104　超级喷射粒子应用——粒子动画

【超级喷射】可以看做是【喷射】的高级版本，它可以发射受控制的粒子喷射，并包含所有新型粒子系统提供的功能。使用【超级喷射】粒子可以制作礼花爆炸、火焰喷射等效果。如果将它绑定到【路径跟随】空间扭曲上，还可以生成瀑布效果。下面将介绍使用【超级喷射】粒子模拟地球爆炸后发射出的粒子效果的方法。

### 学习目标

掌握【超级喷射】粒子的参数设置方法

### 制作过程

资源路径：案例文件\Chapter 12\原始文件\制作粒子动画\制作粒子动画.max

案例文件\Chapter 12\最终文件\制作粒子动画\制作粒子动画.max

步骤 1 在讲解使用【超级喷射】粒子制作爆炸效果中的粒子效果之前，先预览一下本例的最终效果，如图12-41所示。下面接着介绍该粒子效果的设置方法，在场景中创建一个【超级喷射】粒子发射器，将它放在爆炸空间扭曲上，如图12-42所示。

> 📖 提示：超级喷射粒子系统可以喷射出可控制的水滴状粒子，它与简单的喷射粒子系统相似，但是其功能更为强大。

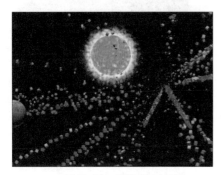

图12-41 喷射粒子效果

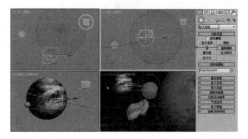

图12-42 创建【超级喷射】粒子发射器

步骤 2 选择【超级喷射】粒子发射器，在其【修改】命令面板中展开【基本参数】卷展栏，设置粒子的超级喷射参数，如图12-43所示。展开【粒子生成】卷展栏，设置粒子的数量和生成时间，如图12-44所示。

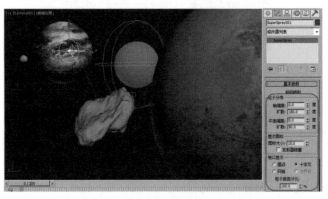

图12-43 设置粒子的超级喷射参数

图12-44 设置粒子数量和生成空间

步骤 3 在【粒子大小】选项组中设置粒子的大小参数，并在【粒子类型】卷展栏中选择粒子类型，如图12-45所示。在【粒子繁殖】卷展栏中设置其参数，如图12-46所示。

步骤 4 按【M】键打开【材质编辑器】对话框，选择一个标准材质球，设置它的基本参数，如图12-47所示。单击【漫反射】后面的颜色通道按钮，在弹出的对话框中选择【粒子年龄】贴图，并设置它的参数，如图12-48所示，将这个材质应用给超级喷射粒子对象。

> 📖 提示：【粒子年龄】贴图一般应用于粒子系统，它基于粒子的寿命更改粒子的颜色（或贴图），系统中的粒子以一种颜色开始。

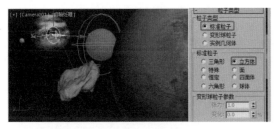

图12-45　设置粒子大小和类型

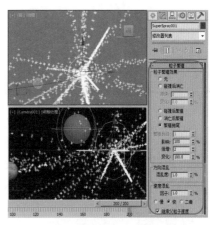

图12-46　设置【粒子繁殖】参数

图12-47　设置基本参数

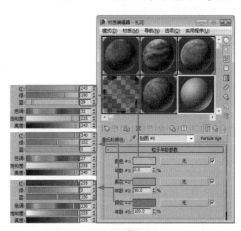

图12-48　添加【粒子年龄】贴图

步骤 5　选择粒子对象并在视图中右击，在弹出的快捷菜单中选择【对象属性】命令，弹出【对象属性】对话框，设置粒子的运动模糊参数，如图12-49所示。在视图中选取一个好的观察角度，按【F9】键快速渲染粒子效果，如图12-50所示。

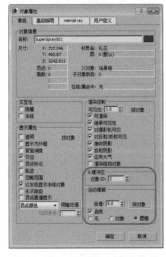

图12-49　设置运动模糊参数

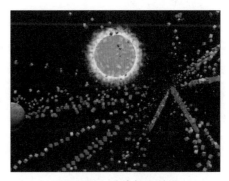

图12-50　渲染粒子效果

📖 提示：在3ds Max中，用户还可以在菜单栏中执行【编辑】|【对象属性】命令，打开【对象属性】对话框。

 **实例 105 视频后期处理应用——动画特效**

视频后期处理是3ds Max中自带的一个特效插件，它可以为场景提供不同类型事件的合成渲染输出，包括当前场景、位图图像和图像处理功能等。【视频后期处理】对话框中包含镜头光晕、镜头高光和光环等各种光效果，它以事件的形式进行渲染输出。下面将讲解使用【视频后期处理】对话框为动画添加动画特效的方法。

**学习目标**

掌握场景事件的添加方法
掌握镜头效果光晕的设置方法
掌握镜头效果光斑的设置方法

**制作过程**

资源路径：案例文件\Chapter 12\原始文件\制作动画特效\制作动画特效.max
案例文件\Chapter 12\最终文件\制作动画特效\制作动画特效.max

步骤1 在讲解动画的特效制作方法之前，先打开动画的最终效果预览一下，效果如图12-51所示。选择【渲染】|【视频后期处理】命令，打开【视频后期处理】对话框，如图12-52所示。

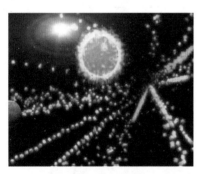

图12-51 动画特效

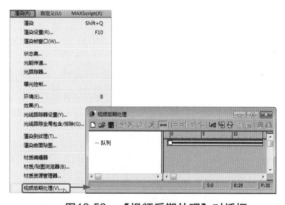

图12-52 【视频后期处理】对话框

步骤2 在【视频后期处理】对话框中单击【添加场景事件】按钮 ，在弹出的对话框中选择摄影机视图，将摄影机视图添加为场景事件，如图12-53所示。单击【添加图像过滤事件】按钮 ，在弹出的对话框中选择【星空】过滤器选项，如图12-54所示。

📖 提示：视频后期处理相当于一个视频后期处理软件，包括动态镜像的非线性编辑功能以及特殊效果处理功能，类似于After Effects或者Combustion等后期合成软件的性质。

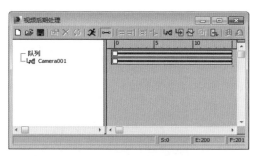

图12-53　添加场景事件

图12-54　选择【星空】过滤器选项

步骤 3 单击【设置】按钮，弹出【星星控制】对话框，设置星星参数，如图12-55所示。设置完成后，单击两次【确定】按钮，单击【执行序列】按钮 ✖，预览单帧的星空效果，如图12-56所示。

图12-55　设置星星参数

图12-56　单帧星空效果

步骤 4 按【M】键打开【材质编辑器】对话框，选择粒子喷射对象的材质，单击【材质ID通道】按钮，将材质ID设置为1，如图12-57所示。在【视频后期处理】对话框中继续单击【添加图像过滤事件】按钮 ⊞，添加【镜头效果光晕】效果，如图12-58所示。

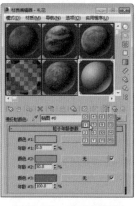

图12-57　设置材质ID

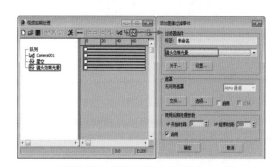

图12-58　添加【镜头效果光晕】效果

提示：为材质提供非零ID通道编号可令渲染器生成包含该编号值的材质ID通道。只有以PLA或RPF格式保存渲染的场景时，才能将此信息存储在图像中。ID通道数据可用于在渲染时渲染效果。

步骤5 进入【镜头效果光晕】的参数面板，在【属性】选项卡中设置参数，如图12-59所示的效果。在【首选项】选项卡中设置光晕的大小和颜色参数，如图12-60所示，设置完成后，单击【确定】按钮。

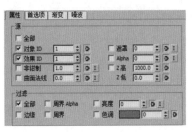

图12-59 在【属性】选项卡中设置参数

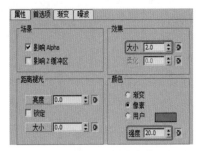

图12-60 设置【首选项】选项卡参数

步骤6 单击【辅助】对象面板中的【点】按钮，创建一个点辅助对象，如图12-61所示。在【视频后期处理】对话框中添加一个【镜头效果光斑】效果，如图12-62所示。

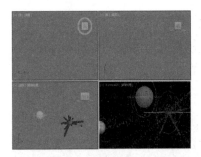

图12-61 创建点辅助对象

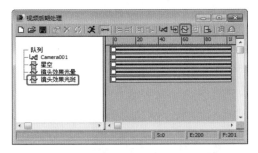

图12-62 添加【镜头效果光斑】效果

步骤7 打开【镜头效果光斑】对话框，在【镜头光斑属性】选项组中单击【节点源】按钮拾取点辅助对象，并设置其他参数，如图12-63所示。在【首选项】选项卡中选择光斑效果类型，如图12-64所示。

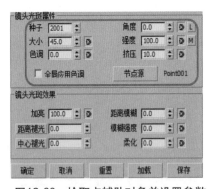

图12-63 拾取点辅助对象并设置参数

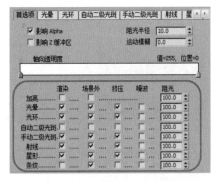

图12-64 选择光斑效果类型

提示：单击【节点源】按钮可以为镜头光斑效果选择源对象。镜头光斑源可以是场景中的任何对象，但通常为灯光，如目标聚光灯或泛光灯。单击此按钮会弹出【选择光斑对象】对话框，必须选择光斑的源以退出对话框。如果选择源对象并且随后为对象重命名，则必须重新选择此对象以确保镜头光斑的正确生成。

**步骤 8** 在【光晕】选项卡中设置光晕效果的【大小】为50.0，将【径向颜色】左侧色标的RGB值设置为157、142、102，在第70帧处添加一个色标，将其RGB值设置为108、90、70，将第100帧处的色标的RGB值设置为93、73、18，如图12-65所示。此时在队列对话框中预览到场景的效果如图12-66所示。

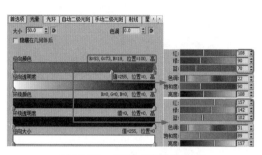

图12-65　设置【光晕】参数

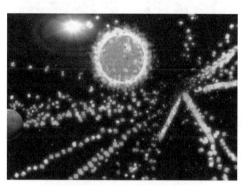

图12-66　预览镜头效果

**步骤 9** 在【自动二级光斑】选项卡中设置光斑参数，如图12-67所示。在【手动二级光斑】选项卡中设置光斑参数，如图12-68所示。

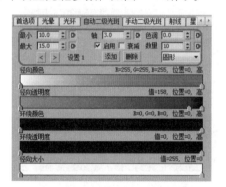

图12-67　设置自动二级光斑参数

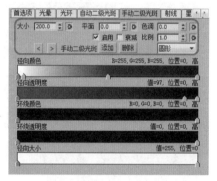

图12-68　设置手动二级光斑参数

**步骤 10** 在【星形】选项卡中设置参数，如图12-69所示。在【条纹】选项卡中设置场景的条纹效果，如图12-70所示。

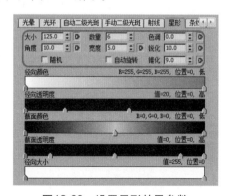

图12-69　设置星形效果参数

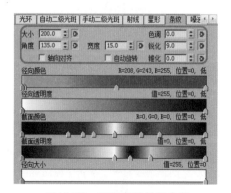

图12-70　设置条纹效果参数

**步骤 11** 单击【确定】按钮，将所有的效果参数保存，预览场景的镜头效果如图12-71所示。单击【执行序列】按钮，弹出【执行视频后期处理】对话框，设置动画渲染输出参数，如图12-72所示。

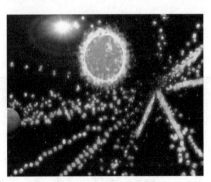

图12-71　镜头效果

图12-72　设置动画渲染输出参数

提示：在设置动画的序列输出参数之前，可以单击【添加图像输出事件】按钮，为动画特效设置输出的保存格式和路径。

步骤 12 单击【渲染】按钮，将整个动画渲染输出，其中在粒子效果部分的静帧截图效果分别如图12-73和图12-74所示。

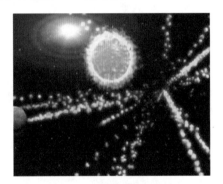

图12-73　粒子效果截图1

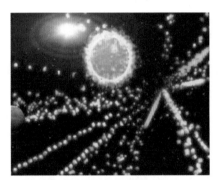

图12-74　粒子效果截图2